住房和城乡建设部“十四五”规划教材
高等职业教育土建类专业“互联网+”数字化创新教材

建筑装饰工程计量与计价

王存芳　肖云忠　主编
余　晖　吴水珍　张丽丽　肖　茜　副主编

中国建筑工业出版社

图书在版编目（CIP）数据

建筑装饰工程计量与计价 / 王存芳，肖云忠主编 ；
余晖等副主编. — 北京 ：中国建筑工业出版社，2023.2（2025.2 重印）
住房和城乡建设部"十四五"规划教材 高等职业教育土建类专业"互联网+"数字化创新教材
ISBN 978-7-112-28347-7

Ⅰ. ①建… Ⅱ. ①王… ②肖… ③余… Ⅲ. ①建筑装饰-工程造价-高等职业教育-教材 Ⅳ. ①TU723.3

中国国家版本馆 CIP 数据核字（2023）第 009732 号

本书是住房和城乡建设部"十四五"规划教材中的《建筑装饰工程计量与计价》，根据最新课程标准、标准规范、造价文件等，系统讲解了建筑装饰工程计量与计价相关知识，主要内容涵盖知识领域一建筑装饰工程计量与计价基础；知识领域二建筑装饰工程定额计价；知识领域三建筑装饰工程清单计价；知识领域四工程造价软件；知识领域五建筑装饰工程造价全过程工作。本书可供高职院校相关专业师生及相关从业人员参考使用。

本书教学资源获取方式：登录"建工书院"（http：//edu.cabplink.com）。

责任编辑：杜 川
责任校对：张惠雯

住房和城乡建设部"十四五"规划教材
高等职业教育土建类专业"互联网+"数字化创新教材
建筑装饰工程计量与计价
王存芳 肖云忠 主编
余 晖 吴水珍 张丽丽 肖 茜 副主编
*
中国建筑工业出版社出版、发行（北京海淀三里河路 9 号）
各地新华书店、建筑书店经销
北京鸿文瀚海文化传媒有限公司制版
建工社（河北）印刷有限公司印刷
*
开本：787 毫米×1092 毫米 1/16 印张：20¾ 字数：516 千字
2023 年 1 月第一版 2025 年 2 月第六次印刷
定价：**58.00** 元（赠教师课件）
ISBN 978-7-112-28347-7
（40694）

本书编审委员会

主　　编：王存芳　肖云忠

副 主 编：余　晖　吴水珍　张丽丽　肖　茜

主　　审：汪雄进

参编人员：胡　洋　肖毓珍　刘可敬　孙旭琴　肖金媛
罗忠萍　郭小翠　饶　婕　胡延辉　谢　颖

出版说明

党和国家高度重视教材建设。2016年，中办国办印发了《关于加强和改进新形势下大中小学教材建设的意见》，提出要健全国家教材制度。2019年12月，教育部牵头制定了《普通高等学校教材管理办法》和《职业院校教材管理办法》，旨在全面加强党的领导，切实提高教材建设的科学化水平，打造精品教材。住房和城乡建设部历来重视土建类学科专业教材建设，从“九五”开始组织部级规划教材立项工作，经过近30年的不断建设，规划教材提升了住房和城乡建设行业教材质量和认可度，出版了一系列精品教材，有效促进了行业部门引导专业教育，推动了行业高质量发展。

为进一步加强高等教育、职业教育住房和城乡建设领域学科专业教材建设工作，提高住房和城乡建设行业人才培养质量，2020年12月，住房和城乡建设部办公厅印发《关于申报高等教育职业教育住房和城乡建设领域学科专业“十四五”规划教材的通知》（建办人函〔2020〕656号），开展了住房和城乡建设部“十四五”规划教材选题的申报工作。经过专家评审和部人事司审核，512项选题列入住房和城乡建设领域学科专业“十四五”规划教材（简称规划教材）。2021年9月，住房和城乡建设部印发了《高等教育职业教育住房和城乡建设领域学科专业“十四五”规划教材选题的通知》（建人函〔2021〕36号）。为做好“十四五”规划教材的编写、审核、出版等工作，《通知》要求：（1）规划教材的编著者应依据《住房和城乡建设领域学科专业“十四五”规划教材申请书》（简称《申请书》）中的立项目标、申报依据、工作安排及进度，按时编写出高质量的教材；（2）规划教材编著者所在单位应履行《申请书》中的学校保证计划实施的主要条件，支持编著者按计划完成书稿编写工作；（3）高等学校土建类专业课程教材与教学资源专家委员会、全国住房和城乡建设职业教育教学指导委员会、住房和城乡建设部中等职业教育专业指导委员会应做好规划教材的指导、协调和审稿等工作，保证编写质量；（4）规划教材出版单位应积极配合，做好编辑、出版、发行等工作；（5）规划教材封面和书脊应标注“住房和城乡建设部‘十四五’规划教材”字样和统一标识；（6）规划教材应在“十四五”期间完成出版，逾期不能完成的，不再作为《住房和城乡建设领域学科专业“十四五”规划教材》。

住房和城乡建设领域学科专业“十四五”规划教材的特点，一是重点以修订教育部、住房和城乡建设部“十二五”“十三五”规划教材为主；二是严格按照专业标准规范要求编写，体现新发展理念；三是系列教材具有明显特点，满足不同层次和类型的学校专业教学要求；四是配备了数字资源，适应现代化教学的要求。规划教材的出版凝聚了作者、主审及编辑的心血，得到了有关院校、出版单位的大力支持，教材建设管理过程有严格保障。希望广大院校及各专业师生在选用、使用过程中，对规划教材的编写、出版质量进行反馈，以促进规划教材建设质量不断提高。

住房和城乡建设部“十四五”规划教材办公室

2021 年 11 月

前　言

《建筑装饰工程计量与计价》是建筑装饰工程专业的一门专业核心课程。通过本课程的教学与训练使学生具备装饰施工员、装饰监理员、装饰造价员、装饰审计员岗位所需的各专项能力，形成比较全面可靠的职业能力。

本教材以1+X证书《工程造价数字化应用职业技能等级标准》中1+X工程造价《建筑装饰工程计量与计价》课程标准为教材编写的标准，立足工程造价专业背景，以多个真实的装饰装修工程计量与计价为例，本着"实用"和"必需"为度的原则，结合《建设工程工程量清单计价规范》GB 50500—2013、《江西省房屋建筑与装饰工程消耗量定额及统一基价表》（2017版）内容选择知识点，详细解析建筑装饰工程定额计价和清单计价相关的概念、工程造价的计价方法、广联达造价软件建模和运算，为建筑装饰工程造价问题的提出、协调及解决提出多渠道的备选方案；从而培养学生应具备的工程造价领域的专业知识与技能。

教材编写的具体方法：1. 注重工艺流程的介绍，例如对建筑装饰装修工程楼地面、墙柱面、天棚面、门窗等部位施工流程的介绍，其中牵涉到对装饰材料、构造做法的介绍。虽然说这些内容可能具有地域性或个体性，但我们的目的是抛砖引玉，在教学中可以对学生起到启发思维的作用，引导学生认识建筑装饰装修工程的新工艺、新材料，新构造，从而能够更准确地进行工程计量与计价；2. 注重典型案例的选择，真实工程实景图片的感观。由于学生对工程施工过程从没有接触过，对课本只能停留在理论学习、空间想象的阶段，而大量的工程实景照片可以弥补学生对工程案例的感观，特别是有一些照片具有工艺连续性、逻辑性的特点。3. 注重将数据化、信息化融入教材，对一些难懂的概念、工作任务的完成过程制作了动画、视频并配备文字讲解，形成高质量的二维码数字化教学资源与之链接，方面线上线下学习。4. 针对《建设工程工程量清单计价规范》GB 50500—2013、《江西省房屋建筑与装饰工程消耗量定额及统一基价表》（2017版）完整内容，课后的习题与答案、完整的工程及与之配套的装饰装修预算等，教材也将其纳入数字化建设内容，方便学习查找。

本教材全部由江西建设职业技术学院的各位老师编写完成，具体分工如下：绪论、工程量定额计价以及清单计价概述部分由刘小庆编写；建筑装饰工程概述由余晖编写；建筑装饰工程施工图纸识读部分由王存芳、罗忠萍、胡延辉编写；建筑装饰工程计量、计价概述部分由肖金媛编写；建筑面积计算由刘可敬、肖毓珍、王存芳编写；刘可敬制作了所有视频及动画。

前期关于《江西省房屋建筑与装饰工程消耗量定额及统一基价表》2004 版内容部分，胡洋编写了关于楼地面装饰工程定额与清单的计量与计价、垂直运输及超过增加费定额计量与计价部分；肖毓珍编写了关于墙柱面装饰工程定额与清单的计量与计价部分；王存芳编写了关于天棚装饰工程定额与清单的计量与计价部分；吴水珍编写了关于油漆、涂料及裱糊工程以及其他装饰工程定额与清单的计量与计价、建筑装饰施工图预算部分；王存芳与饶婕编写关于门窗工程定额与清单的计量与计价部分；孙旭琴编写关于装饰脚手架及成品保护费定额计量与计价、措施项目工程量清单编制及清单计价部分；饶婕编写关于广联达软件应用部分。后期由肖云忠将《江西省房屋建筑与装饰工程消耗量定额及统一基价表》2004 版内容全部修改为 2017 版内容。肖茜和郭小萃编写 2021 版广联达软件应用部分。

全书由王存芳担任主编并负责统稿。

由于编者水平有限，本书难免存在不足和疏漏之处，敬请专家、读者批评指正。

目　录

知识领域二　建筑装饰工程定额计价

知识领域三　建筑装饰工程清单计价

绪论

一、课程的性质与作用

本课程的性质：《建筑装饰工程计量与计价》课程是培养学生装饰工程计量与计价理论与实践能力的课程，是装饰工程技术专业中一门技术性、专业性、实践性、综合性和政策性都很强的重要课程。

本课程的作用：通过对本门课程的学习和不同类型的建筑装饰工程施工图预算、建筑装饰工程施工预算、建筑装饰工程结算、工程量清单和工程量清单计价的综合训练，使学生初步掌握建筑装饰工程计量与计价的技能。通过校内外实训基地实训和施工企业顶岗实习的实训，培养学生态度严谨、工作踏实、诚实守信等良好的职业素质以及吃苦耐劳、团结协作、严谨规范、精心施工的爱岗敬业精神。

二、课程的研究对象与任务

工程计量与计价是确定工程造价的重要工作。工程计量，就是指测量计算建筑安装工程的工程数量。工程计价，就是指计算和确定建筑安装工程的工程造价。从建设项目划分来看，装饰工程属于建筑工程中的一般土建工程。装饰工程计量与计价就是通过测量计算装饰工程的工程数量采用定额计价模式或工程量清单计价模式确定装饰工程的工程造价。

本课程是研究现行装饰工程定额计量计价与工程量清单计量计价的一门课程。它主要是研究装饰工程产品生产成果和生产消耗之间的定量关系及装饰工程产品价格构成。从研究完成一定装饰工程产品的生产消耗的数量规律着手，合理地确定单位装饰工程产品的消耗的数量标准和装饰工程产品的价格，在此基础上，加强建筑企业管理和经济核算，力求用最少的人力，物力和财力，生产出更好、更多的建筑产品。

合理地确定在正常的施工条件、合理的施工组织、完成规定计量单位的合格产品的人工、材料、机械台班消耗量定额，按照统一工程量计算规则、统一的工程量清单项目编制规则及相关说明列项，计算装饰工程的工程量，是本课程计量部分所要研究的对象。装饰工程产品是商品，它具有商品的属性，装饰工程产品价值也要通过货币的形式表现出来。如何正确应用相关规范、定额、合同等，在项目实施各阶段，根据各阶段不同要求，遵循计价的原则、程序和科学的计价方法进行装饰工程的合理计价定价，是本课程计价部分研究的对象。

本课程的主要任务是：通过本课程的学习，让学生掌握装饰工程定额计量和计价和装饰工程工程量清单计量和计价的基本理论、基本知识和基本技能，培养学生具备最基本的收集资料和对工程问题进行处理的能力、发现问题和解决问题的能力、相关技术规范应用的能力、工程计量与计价的能力、自我学习的能力，使学生具备装饰施工员、装饰监理员、装饰造价员、装饰审计员岗位所需的各项专项能力，形成比较全面可靠的职业能力。

一方面通过本课程的学习，学生可了解基本建设的概念、内容、分类，了解建设项目的概念、熟悉建设项目的划分和基本建设程序，掌握装饰工程造价文件的分类、组成及编制方法，正确地使用定额与统一基价表，合理地运用建筑装饰工程产品价格的费用组成，正确计算出装饰工程产品的价格，具有编制和审核装饰工程施工图预算（标底）、竣工结算等定额计量和计价能力；另一方面，通过本课程的学习，熟悉和掌握装饰工程的工程量计算方法和清单计价的确定方法，正确使用国家统一的《建设工程工程量清单计价规范》GB 50500—2013、《房屋建筑与装饰工程工程量计价规范》GB 50854—2013、国家或省级、行业建设主管部门颁发的计价依据和办法，装饰工程设计文件，与装饰工程有关的标准、规范、技术资料、造价信息、招标文件及补充通知、答疑纪要、施工现场情况、工程特点及常规施工方案等其他相关资料，编制单位工程装饰工程量清单及进行投标报价。掌握装饰工程工程量清单及工程量清单计价的编制技能。为今后从事工程造价工作打下基础。

三、课程的内容和学习方法

（一）本课程内容

共分为六部分，即绪论和五个知识领域：

1. 绪论，主要介绍课程的性质与作用、研究对象与任务、课程的学习方法与要求、本课程与其他学科的关系。为更好地学习以下章节做好准备。
2. 知识领域一，主要内容为建筑装饰工程计量与计价基础。
3. 知识领域二，主要内容为建筑装饰工程定额计量与计价。
4. 知识领域三，主要内容为建筑装饰工程清单计量与计价。
5. 知识领域四，主要内容为工程造价软件应用。
6. 知识领域五，主要内容为建筑装饰工程造价全过程工作。

（二）本课程学习方法和要求

1. 必须与专业基础课、专业课程有机结合

要学好装饰工程计量与计价课程，要求具备识读建筑装饰工程施工图的能力；具备建筑装饰材料及构造的基本知识；具有建筑装饰施工机具的基本知识；具备建筑装饰施工的基本知识和技能等相关知识和能力。因此要求学生学好前修课程和平行课程，并与这些课程有机结合才能学好本课程。

2. 学会定额计价是前提

本课程要学会定额计量与计价与工程量清单计价两种计价模式，定额计价是基础，由于国有资金必须采用清单计价，故清单计价为今后学习重点。应要求学生熟悉工程量计算规则和清单计价规范，为今后从事计价工作打好基础。同时要让学生能适应不同地区和不

同情况的计价方法。

3. 本课程地方性和政策性很强

定额计价和清单计价具有很多地方和政策性的特点，教学时一定要结合当地定额和清单计价方法和政策文件进行教学，同时应让学生学会收集相关资料，使用当地定额和造价信息进行计量与计价。

4. 理论必须与实践相结合

研究本课程的基本方法是马克思主义的唯物辩证法。在教学中要注重理论联系实际，有条件的班可组织学生到工地参观以及到施工企业工程造价科和造价咨询公司顶岗实习，以增强学生的实践操作能力。同时要认真完成作业，及时进行归纳和总结，以取得事半功倍的效果。本课程以面授、上机课、学生自学三者结合的形式教学。教学过程中应结合课程内容联系工程实践，做一个完整的单位工程施工图预算和工程量清单编制及工程量清单计价实训。

四、本课程与其他学科的关系

装饰设计、建筑装饰材料·构造与施工等属于装饰工程技术科学的范畴；政治经济学、建筑经济学、建筑装饰施工组织与管理、工程监理等属于装饰工程管理科学的范畴。装饰工程计量与计价则是介于装饰工程技术科学与装饰工程管理科学的一门交叉学科，是工程造价管理学科的专业课程。无论是装饰工程设计、施工，还是建设项目管理或装饰企业经营管理，都必须掌握和应用定额和计价规范，编制投资估算、设计概算、施工图预算、施工预算、工程结算，合理确定和有效控制工程造价。同时又要求从事装饰工程造价管理的人员既懂装饰工程技术、又有扎实的装饰工程技术基础，且懂经济、法律和公共关系知识及很强的经济意识，并且要求能运用上述科学技术，编制工程造价估、概、预算和结算。本课程的前修课程、平行课程和后续课程如下：

前修课程：建筑装饰制图与阴影透视、建筑装饰材料·构造与施工、房屋建筑基础知识、建筑装饰设计、室内环境与设备。

平行课程：建筑工程测量、建筑装饰施工组织与管理、建筑装饰工程质量检验与检测、建筑设计、建筑法规及相关知识、工程监理概论。

后续课程：心理健康教育、就业指导、毕业设计、顶岗实习。

知识领域一

建筑装饰工程计量与计价基础

单元一 Chapter 01

建筑装饰工程概述

知识点

1. 建筑装饰工程的划分；
2. 建筑装饰工程的分类与内容。

能力目标

1. 了解装饰工程含义、分类；
2. 能进行建筑装饰工程划分。

一、建筑装饰工程的划分

（一）基本建设的概述

1. 基本建设的概念

基本建设是指国民经济各部门固定资产的形成过程。即基本建设是把一定的建筑材料、机器设备等，通过建造、购置和安装等活动，转化为固定资产，形成新的生产能力或使用效益的过程。与此相关的其他工作，如土地征用、房屋拆迁、青苗赔偿、勘察设计、招标投标、工程监理等也是基本建设的组成部分。

固定资产是指企业使用期限超过 1 年的房屋、建筑物、机器、机械、运输工具以及其他与生产、经营有关的设备、器具、工具等。不属于生产经营主要设备的物品，单位价值在 2000 元以上，并且使用年限超过 2 年的，也应当作为固定资产。

2. 建设项目的概念

建设项目又称基本建设项目，是基本建设活动的体现。它是指按一个总体规划进行设计、施工，经济上实行独立核算，又有独立法人的组织机构负责建设或运营可以形成生产能力或用使用价值的一个或若干个单项工程的总称。

3. 基本建设程序

基本建设程序就是指建设项目在工程建设的全过程中各项工作所必须遵循的先后顺序，它是基本建设过程及其规律的反映。建设程序分为若干个阶段，这些阶段有严格的先后次序，不能任意颠倒而违反它的发展规律。

基本建设程序由决策阶段、设计阶段、招标投标阶段、施工阶段和竣工验收阶段、交付使用阶段组成，每个阶段都有相应的工作内容必须要完成。为了便于准确地控制建设投资，相应的工作内容就有对应的造价计算，并且越到建设后期造价计算越接近工程实际价格。我国基本建设程序的各个阶段与工程多次计价之间的关系如图 1-1-1 所示。

（二）建筑装饰工程的划分

基本建设工程中，建筑安装工程造价的计算比较复杂。为了能准确地计算出工程造价，必须把建筑安装工程的组成分为简单的，便于计算的基本构成项目，并将分解出的这些基本项目经计算后进行汇总以求出工程总造价。为此，将建设项目由大到小划分为建设项目、单项工程、单位工程、分部工程、分项工程五个组成部分，它们的关系如图 1-1-2 所示。

1. 建设项目

建设项目是固定资产再生产的基本单位，一般是指经批准包括在一个总体设计或初步设计范围内进行建设，经济上实行统一核算，行政上有独立组织形式，实行统一管理的建

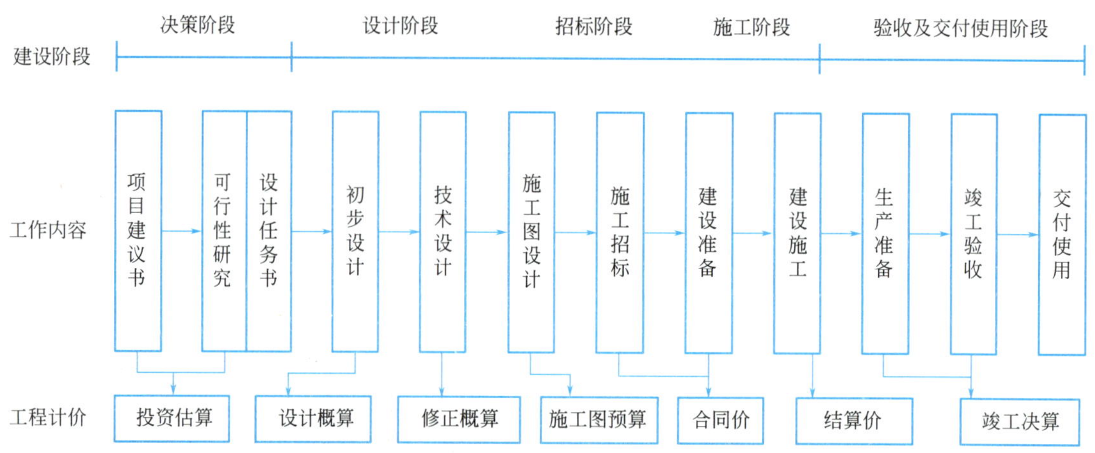

图 1-1-1　我国基本建设程序与工程多次计价之间的关系

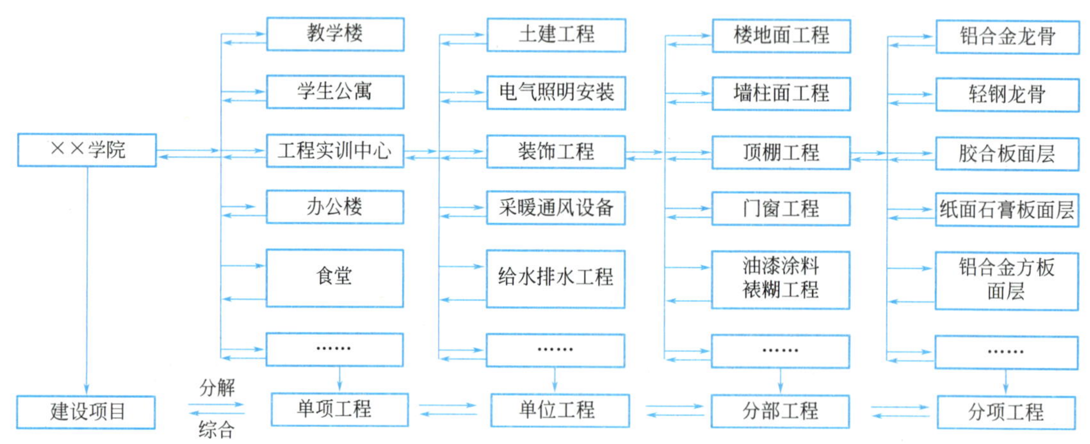

图 1-1-2　建设项目划分及分解与综合示意图

设单位。我们通常以一个企业、事业行政单位或独立的工程作为一个建设项目，如一座工厂、一所学校、一所医院等。一个建设项目一般会进一步被划分为单项工程、单位工程、分部工程及分项工程。

一个建设项目中，可以有几个单项工程，也可能只有一个单项工程。

2. 单项工程（又称工程项目）

单项工程是按建成后所起的作用来划分的，它是建设项目的组成部分，一个建设项目，可以是一个单项工程，也可以是多个单项工程。一般是指有独立设计文件，建成后能独立发挥生产能力或工程效益的项目。

3. 单位工程

单位工程是指具有单独设计，可以独立组织施工的各种专业工程。它是单项工程中具有独立施工条件的工程，是单项工程的组成部分。通常按照不同性质的工程内容，根据组织施工和编制工程预算的要求，将一个单项工程划分为若干单位工程。如工业建设中一个车间是一个单项工程，车间的厂房建筑是一个单位工程，车间的设备安装又是一个单位工程。单位工程一般划分为：

（1）建筑工程：根据其组成部分的性质、作用又可分为若干个单位工程。

① 一般土建工程：包括房屋及构筑物和各种结构工程和装饰工程。

② 卫生工程：包括室内外给水、排水管道、采暖、通风及民用煤气管道工程等。

③ 工业管道工程：包括蒸汽、压缩空气、煤气、输油管道工程等。

④ 特殊构筑物工程：包括各种设备基础、高炉、烟囱、桥梁涵洞工程等。

⑤ 电气照明工程：包括室内外照明、线路架设、变电及配电设备安装。

（2）设备及其安装工程：设备购置与安装，二者有密切的联系，因此在工程报价中把二者结合起来，组成设备及其安装工程，其中又可分为两个单位工程。

① 机械设备及其安装工程：包括各种工艺设备、各种起重运输设备、动力设备等的购置及其安装工程。

② 电器设备及其安装工程：包括传动电器、吊车电器设备、起重控制设备等的购置及其安装工程。

4. 分部工程

分部工程是单位工程的组成部分，是按建筑安装工程的结构、部位或工序划分的，如一般房屋建筑可分为土（石）方工程、桩与地基基础工程、砌筑工程、混凝土及钢筋混凝土工程、装饰工程等。其中每一部分称为分部工程，每一分部工程都是由不同的工种、不同的材料和不同的施工机械完成。

5. 分项工程

分项工程是分部工程的组成部分，是对分部工程的再分解，是建筑产品的共同要素，也是工程计价中的最基本的计量单位，是指在分部工程中能用较简单的施工过程生产出来，并能适当计量和估价的基本构造。一般是按不同的施工方法，不同的材料，不同的规格划分的，如砌筑工程就可以分解成砖基础、实心墙、空斗墙、空花墙、围墙等分项工程，分项工程的子项目简称子目，每个分项工程有多个子目。分部、分项工程是工程计量计价，制定检查施工作业计划，核算工、料费的依据，也是计算施工产值和投资完成额的基础，所以分部分项工程量、单价及费用计算是定额计量计价的主要工作。建筑产品是结构复杂、体型庞大的工程，要对这类产品进行统一的定价是不容易的，这就需要按照一定的规则，将建筑产品进行分解，层层分解到构成完整建筑产品的共同要素——分项工程为止，从而实现对建筑产品定价的目的。

二、建筑装饰工程的分类与内容

（一）建筑装饰工程概念

在建筑学中，建筑装饰和装修一般不易划分开。通常建筑装修是指为了满足建筑使用功能的要求，在主体结构工程以外进行的装潢和修饰，如门、窗、栏杆、楼梯、隔断装潢，墙柱、梁、顶棚、地面、楼梯等表面的装饰。建筑装饰是为了满足视觉要求对建筑进行的艺术加工，如在建筑物内外加设的绘画、雕塑等。

在工程施工中，人们习惯把装饰和装修两者统称为装饰工程，把在建筑设计中随土建工程一起施工的一般装修，称为“粗装修”；而把有专业设计，在后期施工的专业装饰以及给水排水、电器照明、采暖、通风、空调等部件的装饰，称为“精装饰”。随着科学技术的进步和专业分工的发展，近年来精装饰与装修分离，在建筑业中逐步形成一个新的专业，即建筑装饰工程专业。

（二）建筑装饰工程的分类

建筑装饰工程按建筑物的内外部位可以分成室外装饰和室内装饰。

1. 建筑室外装饰

建筑室外装饰工程是指对建筑物外部环境和建筑体量的总体装饰，包括外墙面、室外入口（门头）、阳台、窗楣、遮阳板、栏杆、檐口、大门、围墙和其他装饰构件以及室外园林、廊道、绿化、小品的布置等进行的美化、防护和保护的工作。

外墙面是构成建筑物外观的主要因素，直接影响到城市面貌和街景，因此外墙面的装饰一般应根据建筑物本身的使用要求和周围环境等因素来选择饰面，通常选用具有抗老化、耐光照、耐风化、耐水、耐腐蚀和耐大气污染的外墙面饰面材料。外墙面装饰具有保护墙体、改善墙体的物理性能、美化建筑立面的基本功能。目前外墙面装饰一般有石材幕墙饰面、金属幕墙饰面、玻璃幕墙饰面、涂料饰面等。

建筑物主要的入口部分即门头包括雨篷、外门、门廊、台阶、花台或花池等。

2. 建筑室内装饰

建筑室内装饰是根据建筑物的使用性质、所处环境和相应标准，运用物质技术手段和建筑美学原理，创造功能合理、舒适优美、满足人们物质和精神生活需要的室内环境。这一空间环境既具有使用价值，满足相应的功能要求，同时也反映了历史文脉、建筑风格、环境气氛等精神因素。

（三）建筑装饰工程的内容

建筑装饰工程的内容广泛多样，按建筑装饰行业习惯，建筑装饰工程一般包括下列主要内容。

1. 楼地面工程

楼地面工程主要包括：地砖、石材、塑料地板、水磨石地面、木地板、地毯饰面以及特殊构造地面等。

2. 墙、柱面工程

墙、柱面工程主要包括：天然石材饰面、人造石材饰面、金属板墙、柱面、玻璃饰面，玻璃幕墙，复合涂层墙柱，裱贴壁纸墙柱，木饰面墙柱，装饰布饰面墙柱及特殊性能墙柱面等。

3. 吊顶工程

吊顶工程按骨架和面层不同分类。骨架包括：轻钢龙骨、木龙骨、铝合金龙骨、复合材料龙骨等；面层包括：石膏板、木胶合板、矿棉板、吸声板、花纹装饰板、铝合金板条、塑料扣板等。

4. 门窗工程

门按材料不同可分为木门、钢木门、塑钢门、铝合金门、不锈钢门、装饰铝板门、彩板组合门、防火门、防火卷帘门等；按制作形式不同可分为推拉门、平开门、转门、自动门、弹簧门等。窗按材料不同可分为木窗、铝合金窗、钢窗（实腹、空腹）、塑钢窗、彩板窗；按开关方式分为平开窗、推拉窗、固定窗、上下翻窗等。按窗玻璃形式不同可分为：净片玻璃窗、毛玻璃窗、花纹玻璃窗、有色玻璃窗，以及单、双层、钢化、防火、热反射、镭射中空玻璃窗等。

5. 装饰屋面工程

装饰屋面主要包括：锥体采光顶棚，圆拱采光顶棚，彩色玻璃钢屋面，彩色镁质轻质板屋面，中空玻璃，夹丝玻璃，夹胶玻璃、钢化玻璃顶棚，有机玻璃屋面及镀锌铁皮屋面等。

6. 楼梯与楼梯扶手工程

其按栏板材料分：玻璃栏板、有机玻璃栏板、镶贴面板栏板、方钢立柱、铸铁花饰立柱、不锈钢管立柱等。

其按扶手材料分：不锈钢扶手、铝合金扶手、木扶手、黄铜扶手、塑钢扶手、柚木扶手等。

7. 细部装饰工程

细部装饰工程包括的内容比较多而繁杂，这里仅列举其中的一部分：不锈钢花饰、铜花饰、木收口条、吊顶木封边条，铝合金风口、木风口、卫生间镶镜，不锈钢浴巾杆、毛巾杆、卫生间洗手盆、花岗石台座，嵌墙壁柜、柚木窗台板、花岗石窗台板、铝合金窗台板、塑料踢脚板、柚木踢脚板、地砖踢脚板，水泥砂浆表面涂漆踢脚板等。

8. 各种配件

各种配件主要包括：窗帘盒、窗帘轨、窗帘、暖气罩、挂镜线、门窗套，门牌、招牌、烟感探测器、消防喷淋头、音响广播器材、舞厅灯光器材等。

9. 灯具

灯具主要包括：普通照明灯具如日光灯、筒灯等，装饰灯具如吊灯、花纹吊灯、吸顶灯、壁灯、台灯、坐地灯、床头灯以及各种指示灯如出口灯、安全灯等。

10. 家具

家具可分为：固定的和移动的柜、橱、台、床、桌、椅、凳、茶几、沙发等。

11. 外装饰工程

外装饰工程仅包括玻璃幕墙和复合铝板外墙面。周边环境工程有时也列入装饰工程范围内。

三、复习思考题

（一）填空题

1. 建筑装饰工程一般包括下列主要内容：（　　　　），（　　　　），（　　　　），门窗工程，装饰屋面工程，楼梯与楼梯扶手工程，细部装饰工程，各种配件，灯具，家具和外装饰工程。

2. 建设项目指按一个总体规划进行设计、施工，可以形成生产能力或用使用价值的（　　　　）或（　　　　）单项工程的总称。

3. 建设项目一般进一步划分为（　　　　）、（　　　　）、（　　　　）及分项工程。

（二）单选题

1. 一般指有独立设计文件，建成后能独立发挥生产能力或工程效益的项目是（　　）。

A. 单项工程　　B. 单位工程　　C. 分部工程　　D. 分项工程

2. 具有独立设计文件，能够独立地组织施工，但建成后不能独立发挥生产能力或工程效益的项目是（　　）。

A. 单项工程　　B. 单位工程　　C. 分部工程　　D. 分项工程

（三）判断题

1. 分项工程是单项工程（或工程项目）的最基本构成要素。（　　）

2. ×××县医院建设工程是一个单项项目。（　　）

（四）问答题

1. 建筑装饰工程的内容有哪些？

2. 建筑装饰工程项目是如何划分的？

单元二 Chapter 02

建筑装饰工程施工图纸识读

知识点

1. 建筑装饰工程施工图的特点和组成；
2. 建筑装饰工程施工图中常见的图例；
3. 建筑装饰工程施工图识读。

技能点

1. 能识读建筑装饰工程施工图常用图例；
2. 能识读简单的建筑装饰工程施工图纸。

能力目标

具备识读简单的建筑装饰工程施工图纸的能力。

建筑装饰工程施工图分基本图和详图两部分。基本图包括平面布置图、地面平面图、天棚平面图、装饰立面图、装饰剖面图；详图包括装饰构配件详图和装饰节点详图。

一、建筑装饰工程施工图的特点和组成

（一）建筑装饰工程施工图的特点

建筑装饰工程施工图（简称：装饰施工图）与建筑施工图一样，均是按国家现行建筑制图标准，采用相同的材料图例，按照正投影原理绘制而成的。装饰施工图与建筑施工图相比，具有其自身的特点：

① 装饰施工图要表现的内容多，它不仅要标明建筑的基本结构（装饰设计的依据），还要标明装饰的形式、结构与构造。

② 室内装饰施工图往往有些图样绘制得比较细腻、生动。

③ 装饰施工图中平、立面布置施工图中可以允许加画阴影和配景。

④ 标准定型化设计少。装修施工图可采用的标准图较少，大多数装修节点需要单独画详图说明。

⑤ 装饰施工图中的尺寸标注的灵活性。

⑥ 装饰工程图中家具等陈设内容的不确定性。

⑦ 装饰施工图有时采用较大比例绘制。

⑧ 在装饰施工图中往往附有方案效果图、直观大样图进行辅助说明。

（二）建筑装饰工程施工图的组成

装饰施工图是在建筑各工种施工图的基础上修改、完善而成的。

装饰施工图也要对图纸进行归纳与编排。将图纸中未能详细标明或图样不易标明的内容写成施工总说明，将门、窗和图纸目录归纳成表格，并将这些内容放在首页。装饰施工图的图纸的排布顺序原则是：先施工的图纸排在前，后施工的图纸排在后；基本装饰施工图排在先，水暖电技术性施工图排在后；总体施工图说明性图纸在前，分项详细性交代图纸在后。并由此顺序来从大到小安排图序号和图号。

一般一套装饰施工图的主要内容如下：

①效果图；②设计说明、图纸目录；③平面布置图；④地面布置图；⑤综合天棚图；⑥天棚造型及尺寸定位图；⑦天棚照明及电气设备定位图；⑧装修立面图；⑨剖面图；⑩装修细部的详图和节点图。

二、建筑装饰工程施工图中常见的图例

装饰施工图常用图例见表 1-2-1 至表 1-2-7：

常用建筑装饰装修材料图例表　　表 1-2-1

序号	名称	图例	备注
1	夯实土壤	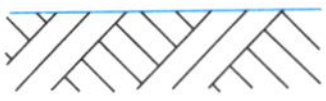	—
2	砂砾石、碎砖三合土		—
3	大理石	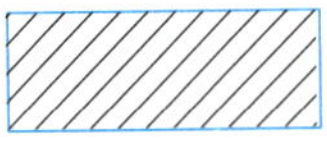	—
4	毛石	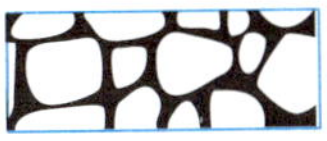	必要时注明石料块面大小及品种
5	普通砖	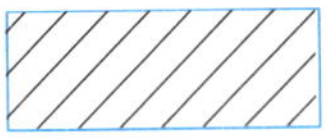	包括实心砖、多孔砖、砌块等砌体。断面较窄不易绘出图例线时，可涂黑
6	轻质砌块砖	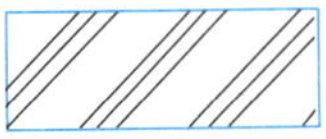	指非承重砖砌体
7	轻钢龙骨纸面石膏板隔墙	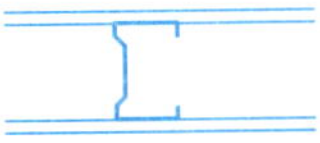	注明隔墙厚度
8	饰面砖		包括铺地砖、陶瓷锦砖等
9	混凝土	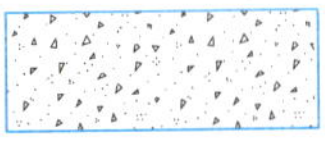	①指能承重的混凝土及钢筋混凝土；②各种强度等级、骨料、添加剂的混凝土；③在剖面图上画出钢筋时，不画图例线；④断面图形小，不易画出图例线时，可涂黑
10	钢筋混凝土	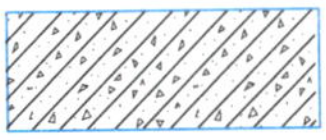	
11	多孔材料	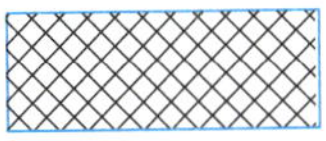	包括水泥珍珠岩、沥青珍珠岩、泡沫混凝土、非承重加气混凝土、软木、蛭石制品等
12	纤维材料	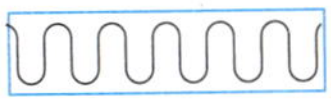	包括矿棉、岩棉、玻璃棉、麻丝、木丝板、纤维板等
13	泡沫塑料材料	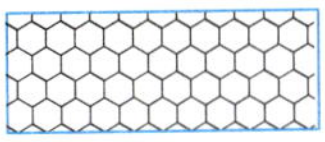	包括聚苯乙烯、聚乙烯、聚氨酯等多孔聚合物类材料
14	密度板		注明厚度

续表

序号	名称	图例	备注
15	实木	（立面）	①上图为垫木、木砖或木龙骨，表面为粗加工； ②下图木制品表面为细加工； ③所有木制品在立面图中能见到细纹的，均可采用下图例
16	胶合板	（小尺度比例） （大尺度比例）	注明厚度、材种
17	木工板		注明厚度
18	饰面板		注明厚度、材种
19	木地板		注明材种
20	石膏板		①注明厚度； ②注明纸面石膏板、布面石膏板、防火石膏板、防水石膏板、圆孔石膏板、方孔石膏板等品种名称
21	金属		①包括各种金属，注明材料名称； ②图形小时，可涂黑
22	液体	断面 平面	—
23	玻璃砖		①为玻璃砖断面； ②注明厚度
24	橡胶		注明天然或人造橡胶

续表

序号	名称	图例	备注
25	普通玻璃	断面 立面	—
26	磨砂玻璃		为玻璃立面，应注明材质、厚度
27	夹层（夹绢、夹纸）玻璃		为玻璃立面，应注明材质、厚度
28	镜面		为镜子立面，应注明材质、厚度
29	塑料		包括各种软、硬塑料及有机玻璃等，应注明厚度
30	胶		应注明胶的种类、颜色等
31	地毯		为地毯剖面，应注明种类
32	防水材料		构造层次多或比例大时，应采用上图
33	粉刷		采用较稀的点
34	窗帘		箭头所示为开启方向

建筑构造、装饰构造、配件图例表　　表 1-2-2

序号	名称	图例	备注
1	检查孔		左图为明装检查孔， 右图为暗藏式检查孔
2	孔洞		—
3	门洞	h=×× w=××	h 为门洞高度； w 为门洞宽度

给水排水图例

表 1-2-3

序号	名称	图例	序号	名称	图例
1	生活给水管	—— J ——	9	方形地漏	
2	热水给水管	RJ	10	带洗衣机插口地漏	
3	热水回水管	—— RH ——	11	毛发聚集器	平面　系统
4	中水给水管	—— ZJ ——	12	存水湾	
5	排水明沟	坡向 →	13	闸阀	
6	排水暗沟	坡向 →	14	角阀	
7	通气帽	成品　铅丝球	15	截止闸	
8	圆形地漏		—	—	—

灯光照明图例

表 1-2-4

序号	名称	图例	序号	名称	图例
1	艺术吊灯		5	暖光筒灯	
2	吸顶灯		6	射灯	
3	射墙灯		7	轨道射灯	
4	冷光筒灯		8	格栅射灯	

续表

序号	名称	图例	序号	名称	图例
9	300mm×1200mm日光灯盘日光灯管以虚线表示		12	壁灯	
10	600mm×600mm日光灯盘日光灯管以虚线表示		13	水下灯	
11	暗灯槽		14	踏步灯	

消防、空调、弱电图例　　表 1-2-5

序号	名称	图例	序号	名称	图例
1	条形风口		10	温感	W
2	回风口		11	监控头	
3	出风口		12	防火卷帘	F
4	排气扇		13	电脑接口	C
5	消防出口	EXIT	14	电话接口	T
6	消火栓	HR	15	电视器件箱	
7	喷淋		16	电视接口	TV
8	侧喷淋		17	卫星电视出线座	SV
9	烟感	S	18	音响出线盒	M

续表

序号	名称	图例	序号	名称	图例
19	音响系统分线盒	M	24	音量控制器	
20	电脑分线箱	HUB	25	可视对讲室内主机	T
21	红外双鉴探头		26	可视对讲室外主机	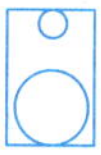
22	扬声器		27	弱电过路接线盒	R
23	吸顶式扬声器		—	—	—

开关、插座图例　　**表 1-2-6**

序号	名称	图例	序号	名称	图例
1	插座面板（正立面）		8	地插座（平面）	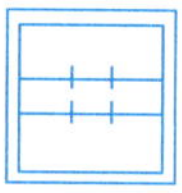
2	电话接口（正立面）		9	二极扁圆插座	
3	电视接口（正立面）		10	二三极扁圆插座	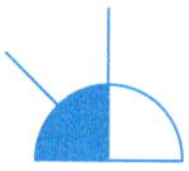
4	单联开关（正立面）		11	二三极扁圆地插座	
5	双联开关（正立面）		12	带开关二三极插座	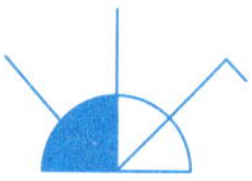
6	三联开关（正立面）		13	普通型三极插座	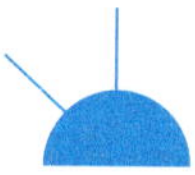
7	四联开关（正立面）		14	防溅二三极插座	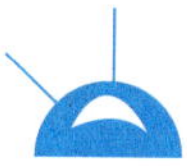

续表

序号	名称	图例	序号	名称	图例
15	带开关防溅二三极插座		22	单联双控翘板开关	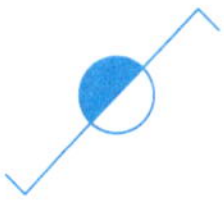
16	三相四极插座	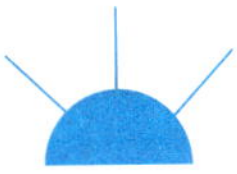	23	双联双控翘板开关	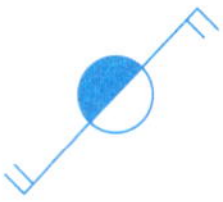
17	单联单控翘板开关	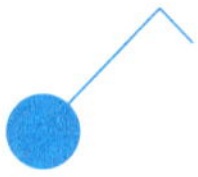	24	三联双控翘板开关	
18	双联单控翘板开关	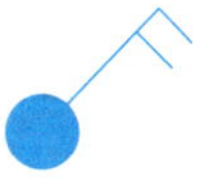	25	四联双控翘板开关	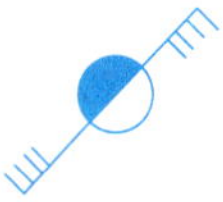
19	三联单控翘板开关	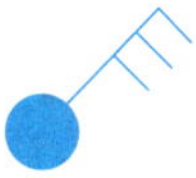	26	配电箱	
20	四联单控翘板开关	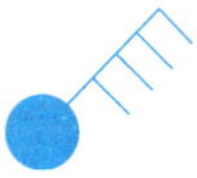	27	弱电综合分线箱	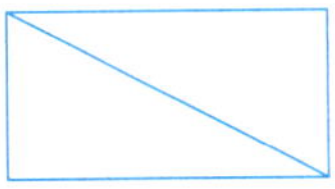
21	声控开关	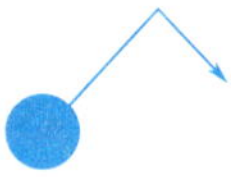	28	电话分线箱	

常用家具设备等图例　　表 1-2-7

名称	图例	名称	图例	名称	图例
双人床	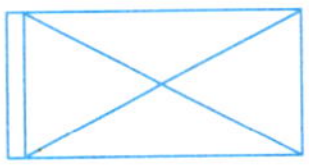	浴盆		灶具	
单人床	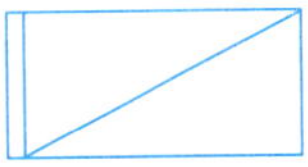	蹲便器		洗衣机	 W
沙发	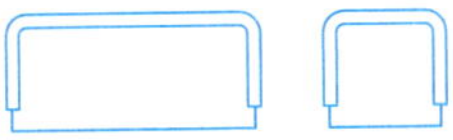	坐便器		空调器	ACU

续表

名称	图例	名称	图例	名称	图例
凳、椅		洗手盆		吊扇	
桌、茶几		洗菜盆		电视机	
地毯		拖布池		台灯	
花卉、树木		淋浴器		吊灯	
衣橱		地漏	%	吸顶灯	
吊柜		帷幔		壁灯	

三、建筑装饰工程施工图识读

（一）装饰平面图

装饰平面图包括平面布置图、地面平面图、天棚平面图、天棚造型及尺寸定位图、天棚照明及电气设备定位图。

1. 平面布置图

平面布置图是假想用一个水平的剖切平面，在窗台上方将经过内外装饰的房屋整个剖开，移去上面部分向下所作的水平投影图。它的作用主要是用来表明建筑室内外各种装饰布置的平面形状、位置、大小和所用材料，表明这些布置与建筑主体结构之间以及这些布置相互之间的关系等。

（1）平面布置图的主要内容

平面布置图主要内容包括建筑平面图的有关内容，包括建筑平面图上由剖切引起的墙柱断面和门窗洞口、定位轴线及其编号、建筑平面结构的各部尺寸、室外台阶、雨篷、花台、阳台及室内楼梯和其他细部布置等内容。

平面布置图需要标明楼地面、门窗和门窗套、护壁板或墙裙、隔断、装饰柱等装饰结构的平面形式和位置。

门窗的平面形式主要用图例表示，其装饰应按比例和投影关系绘制。平面布置图上应标明门窗是里皮装、外装还是中装，并应注上它们各自的设计编号。

（2）装饰施工图中的符号及其应用

1）内视符

为了表示室内立面图在装饰平面布置图中的位置，应在平面布置图上用内视符号注明视点位置、方向及立面编号。内视符号中圆圈用细实线绘制，根据图面比例圆圈直径可选8～12mm。立面编号宜用拉丁字母或阿拉伯数字（图 1-2-1）。

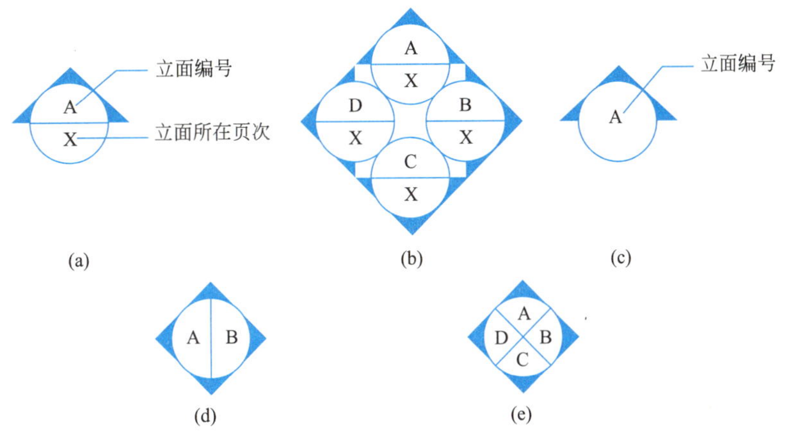

图 1-2-1　立面索引符号

（a）例 1；（b）例 2；（c）例 3；（d）例 4；（e）例 5

2）索引符

表示局部放大图样在原图上的位置及本图样所在页码，应在被索引图样上使用详图索引符号，见图 1-2-2：

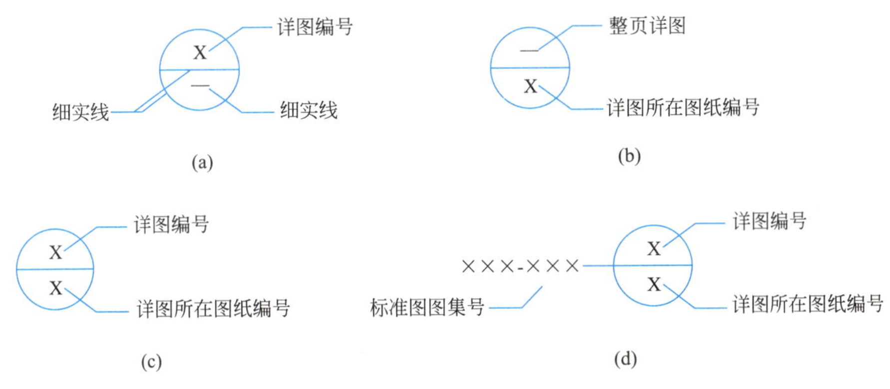

图 1-2-2　局部放大图详图索引符号

（a）本页索引方式；（b）整页索引方式；（c）不同页索引方式；（d）标准图索引方式

3）引出线

引出线起止符号可采用圆点绘制，也可采用箭头绘制（图 1-2-3）。起止符号的大小应与本图样尺寸的比例相一致。

多层构造或多个部位共用引出线，应通过被引出的各层或各部分，并以引出线起止符号指出相应位置。引出线上的文字说明一般注写在横线的上方，有时也注写在横线的端部。注写顺序一般与被说明的层次一致，若层次为横向排序，则由上至下的说明顺序与从左到右的层次一致（图 1-2-4）。

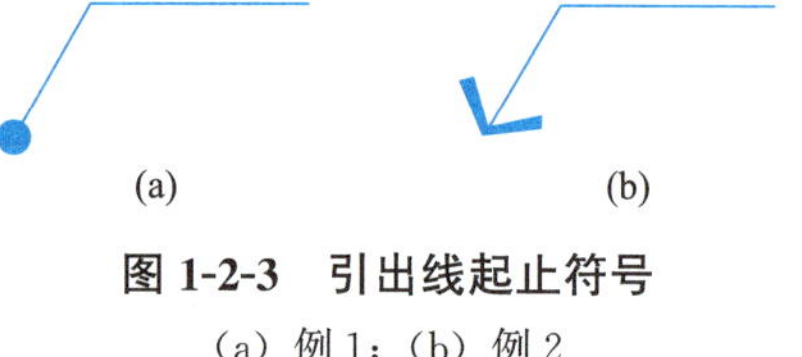

图 1-2-3　引出线起止符号

（a）例 1；（b）例 2

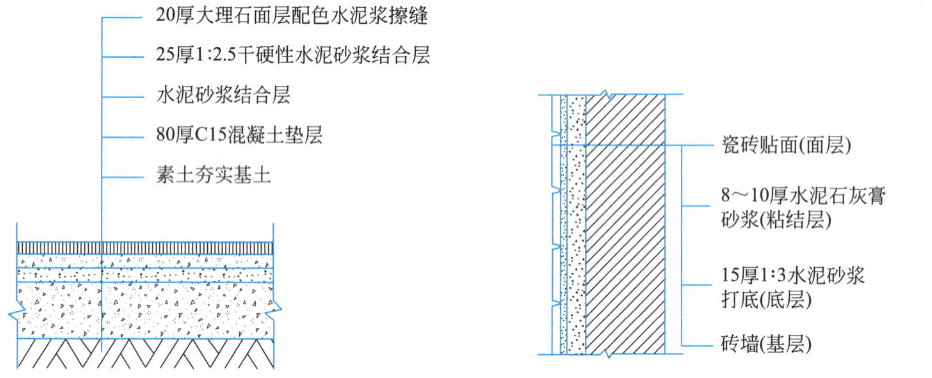

图 1-2-4　多层构造引出线

4）其他符号（图 1-2-5）

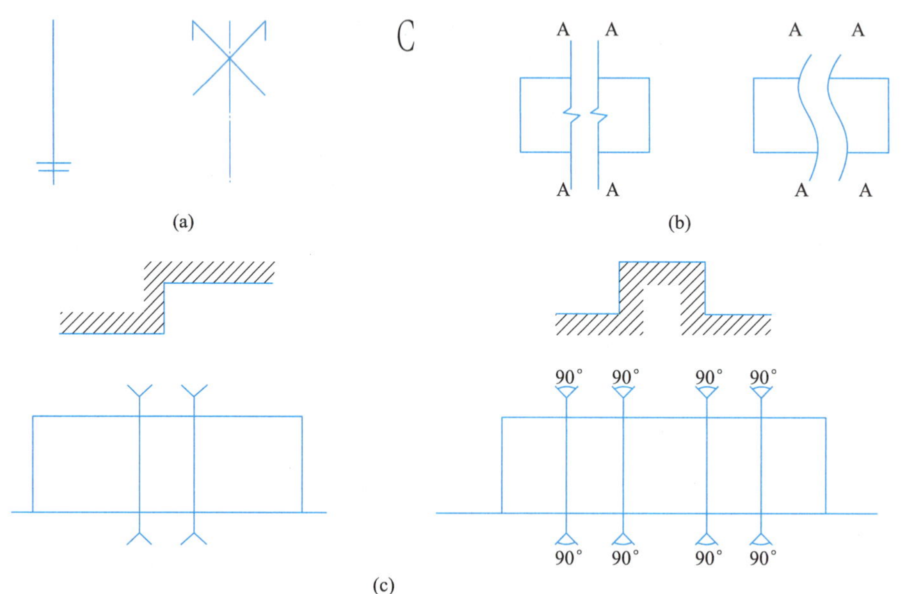

图 1-2-5　其他符号图例

（a）三类对称符号；（b）连接符号；（c）立面转角符号

（3）平面布置图的阅读方法与步骤

1）看平面布置图要先看图名、比例、标题栏，认定该图是什么布置图。再看建筑平面基本结构及其尺寸，把各房间名称、面积以及门窗、走廊、楼梯等的主要位置和尺寸了解清楚。然后看建筑平面结构内的装饰结构和装饰设置的平面布置等内容。

2）通过对各房间和其他空间主要功能的了解，明确为满足功能要求所设置的设备与设施的种类、规格和数量，以便制订相关的购买计划。

3）通过图中对装饰面的文字说明，了解各装饰面对材料规格、品种、色彩和工艺制作的要求，明确各装饰面的结构材料与饰面材料的衔接关系与固定方式，并结合面积作材料计划和施工安排计划。

4）面对众多的尺寸，要注意区分建筑尺寸和装饰尺寸。在装饰尺寸中，又要分清其中的定位尺寸、外形尺寸和结构尺寸。定位尺寸是确定装饰面或装饰物在平面布置图上位置的尺寸。外形尺寸是装饰面或装饰物的外轮廓尺寸，由此可确定装饰面或装饰物的平面形状与大小。结构尺寸是组成装饰面和装饰物各构件及其相互关系的尺寸，平面布置图上为了避免重复，同样的尺寸往往只代表性地标注一个，读图时要注意将相同的构件或部位归类。

5）通过平面布置图上的内视符号，明确视点位置、立面编号和投影方向，并进一步查出各投影方向的立面图。

6）通过平面布置图上的投影符号，明确投影面编号和投影方向，并进一步查出各投影方向的立面图。

7）通过平面布置图上的剖切符号，明确剖切位置及其剖视方向，进一步查阅相应剖面图。

8）通过平面布置图上的索引符号，明确被索引部位及详图所在位置。

概括起来，阅读装饰平面布置图应抓住面积、功能、装饰面、设施以及与建筑结构的关系这五个要点。

2. 地面平面图，也称为地面材料标识图

（1）地面平面图的基本内容与表示方法

地面平面图是在室内布置可移动的装饰要素（如家具、设备、盆栽等）的理想状态下，假想用一个水平的剖切平面，在略高于窗台的位置，将经过内外装修的房屋整个剖开，移去以上部分向下所作的水平投影图。

地面平面图的作用主要是用来表明建筑室内外各种地面的造型、色彩、位置、大小、高度。并表明房间内固定布置与建筑主体之间、各种布置与地面之间，以及不同的地面之间的相互关系等。

（2）地面平面图的阅读方法与步骤

1）看图名、比例。

2）看外部尺寸，了解与装饰平面布置图的房间是否相同，弄清图示中是否有错、漏以及不一致的地方。

3）看房间的内部地面装修。看大面材料，看工艺做法，看质地、图案、花纹、色彩、标高，看造型及起始位置，确定定位放线的可能性、实际操作的可能性，并提出施工方案和调整设计方案。

4）通过地面平面图上的剖切符号，明确剖切位置及其剖视方向，进一步查阅相应的剖面图。

5）通过地面平面图上的索引符号，明确被索引部位及详图所在的位置。

3. 天棚平面图

天棚平面图有两种形成方法：一是假想房屋水平剖开后，移去下面部分向上作直接正投影而成；二是采用影像投影法，将地面视为镜面，对镜中顶棚的形象作正投影而成。天棚平面图一般都采用镜像投影法绘制。天棚平面图的作用主要是用来表明天棚装饰的平面形状、尺寸和材料，以及灯具和其他各种室内顶部设施的位置和大小等。

（1）天棚平面图的基本内容与表示方法

天棚平面图一般都采用镜像投影法绘制，表明墙柱和门窗洞口位置；天棚装饰造型的平面形式和尺寸；顶部灯具的种类、式样、规格、数量及布置形式和安装位置；空调风口以及顶部消防与音响设备等设施的布置形式与安装位置；墙体顶部有关装饰配件（如窗帘盒、窗帘等）的形式与位置；天棚剖面构造详图的剖切位置及剖面构造详图的所在位置。

天棚的跌级变化应结合造型平面分区线用标高的形式来表示，由于所注是天棚各构件底面的高度，因而标高符号的尖端应向上。

（2）天棚平面图的识读方法与步骤

1）首先应弄清楚天棚平面图与平面布置图各部分的对应关系，核对天棚平面图与平面布置图在基本结构和尺寸上是否相符。

对于某些有跌级变化的天棚，要分清它的标高尺寸和线型尺寸，并结合造型平面分区线，在平面上建立起三维空间的尺度概念。

2）通过天棚平面图，了解顶部灯具和设备设施的规格、品种和数量。

3）通过天棚平面图上的文字标注，了解天棚所用材料的规格、品种及其施工要求。

4）通过天棚平面图上的索引符号，找出详图对照阅读，弄清楚天棚的详细构造。

当天棚过于复杂时，应分成综合天棚图、天棚造型及尺寸定位图、天棚照明及电气设备定位图等多种图纸进行绘制。

（二）装饰立面图

装饰立面图包括室外装饰立面图和室内装饰立面图。

室外装饰立面图是将建筑物经装饰后的外部形象向铅直投影面所作的正投影图。它主要表明屋顶、檐头、外墙面、门头与门面等部位的装饰造型、装饰尺寸和饰面处理，以及室外水池、雕塑等建筑装饰小品布置等内容。

室内装饰立面图的形成比较复杂，且形式不一。目前常采用的形成方法有以下两种：一是假想将室内空间垂直剖开，移去剖切平面前面的部分，对余下部分作投影而成。二是假想将室内各墙面沿面与面相交处拆开，移去暂时不予图示的墙面，将剩下的墙面及其装饰布置向铅直投影面作投影而成。

室内装饰立面图主要表明建筑内部某一装饰空间的立面形式、尺寸及室内配套布置等内容。

1. 装饰立面图的基本内容和表示方法

在装饰立面图上使用相对标高，即以室内地面为标高零点，并以此为基准来标明装饰立面图上有关部位的标高。它表明室内外立面装饰的造型和式样，并用文字说明其饰面材料的品名、规格、色彩和工艺要求；室内外立面装饰造型的构造关系和尺寸、衔接收口形式；室内外立面上各种装饰（如壁画、壁挂、金属字等）的式样、位置和尺寸大小；门窗、花格、装饰隔断等设施的高度尺寸和安装尺寸；室内外立面上的所用设备及其位置尺寸和规格尺寸。

2. 装饰立面图的识读方法与步骤

（1）明确装饰立面图上与该工程有关的各部分尺寸和标高。

（2）通过图中不同线型的含义，搞清楚立面上有几种不同的装饰面，以及这些装饰面所选用的材料与施工工艺要求。

（3）立面上各装饰面之间的衔接收口较多，这些内容在立面图上标示得比较简要，多在节点详图中详细标明。

（4）明确装饰结构之间以及装饰结构与建筑主体之间的连接固定方式，以便提前准备预埋件和紧固件。

（5）要注意设施的安装位置，确定电源开关、插座的安装位置和安装方式，以便在施工中留位。

（6）阅读室内装饰立面图时，要结合平面布置图、天棚平面图和该室内其他立面图对照阅读，明确该室内的整体做法与要求。

（三）装饰剖面图

装饰剖面图是用假想平面将室外某装饰部位或室内某装饰空间垂直剖开而得的正投影图。它主要表明上述部位或空间的内部结构情况，或者装饰结构与建筑结构、结构材料与饰面材料之间的构造关系等。

1. 装饰剖面图的基本内容

装饰剖面图表明建筑的剖面基本结构和剖切空间的基本形状，并标注出所需的建筑主体结构的有关尺寸和标高；表明装饰结构的剖面形状、构造形式、材料组成及固定与支承构件的相互关系；装饰结构与建筑主体之间的衔接尺寸与连接方式；剖切空间内可见实物的形状、大小与位置；装饰结构和装饰面上的设备安装方式或固定方法；节点详图和构件详图的所示部位与详图所在的位置。

2. 装饰剖面图的识读方法与步骤

（1）阅读装饰剖面图时，首先要求对照平面布置图，看清楚剖切面的编号是否相同，了解该剖面的剖切位置和剖视方向。

（2）在众多图像和尺寸中，要分清哪些是建筑主体结构的图形和尺寸，哪些是装饰结构的图形和尺寸。

（3）当装饰结构与建筑结构所用材料相同时，它们的剖断面的表示方法是一致的。

（4）通过对剖面图中所示内容的阅读研究，明确装饰工程各部位的构造方法、构造尺寸、材料要求与工艺要求。

(5) 建筑装饰形式变化多，程式化的做法少。

(6) 阅读装饰剖面图要结合平面布置图和天棚平面图进行，某些室外装饰剖面图还要结合装饰立面图来综合阅读，才能全方位地理解剖面图示内容。

(四) 装饰详图

1. 装饰详图的形成与特点

装饰详图又称大样图。它是把在装饰平面图、地面平面图、天棚平面图、装饰立面图中无法表达清楚的部分，按比例放大，按有关正投影作图原理而绘制的图样。装饰详图与基本图之间有从属关系，因此设计绘制时应保持构造做法的一致性。装饰详图具有以下特点：

(1) 装饰详图的绘制比例较大，材料的标示必须符合国家有关的制图标准。

(2) 装饰详图必须交代清楚构造层次及做法，因而尺寸标注必须准确，语言描述必须恰当，并尽可能采用通用的语汇，文字较多。

(3) 装饰细部做法很难统一，导致装饰详图多，绘图工作量大，因而尽可能选用标准图集，对习惯做法可以只作说明。

(4) 装饰详图可以在详图中再套详图，因此应注意详图索引的隶属关系。

2. 装饰详图识读方法与步骤

(1) 阅读装饰构配件详图时，应先看详图符号和图名，弄清楚从何图索引而来。

(2) 有的构配件详图自有立面图和平面图，有的装饰构配件图的立面形状或平面形状及其尺寸就在被索引图样上，不再另行画出。因此，阅读时要注意联系被索引图样，并进行周密的核对，检查它们之间在尺寸和构造方法上是否相符。

(3) 通过阅读，了解各部件的装配关系和内部结构，紧紧抓住尺寸、详图做法和工艺要求三个要点。

四、复习思考题

图 1-2-6～图 1-2-16 是某酒店二层局部装饰施工图，请识读出装饰平面图、装饰立面图、装饰剖面图、装饰详图的内容。

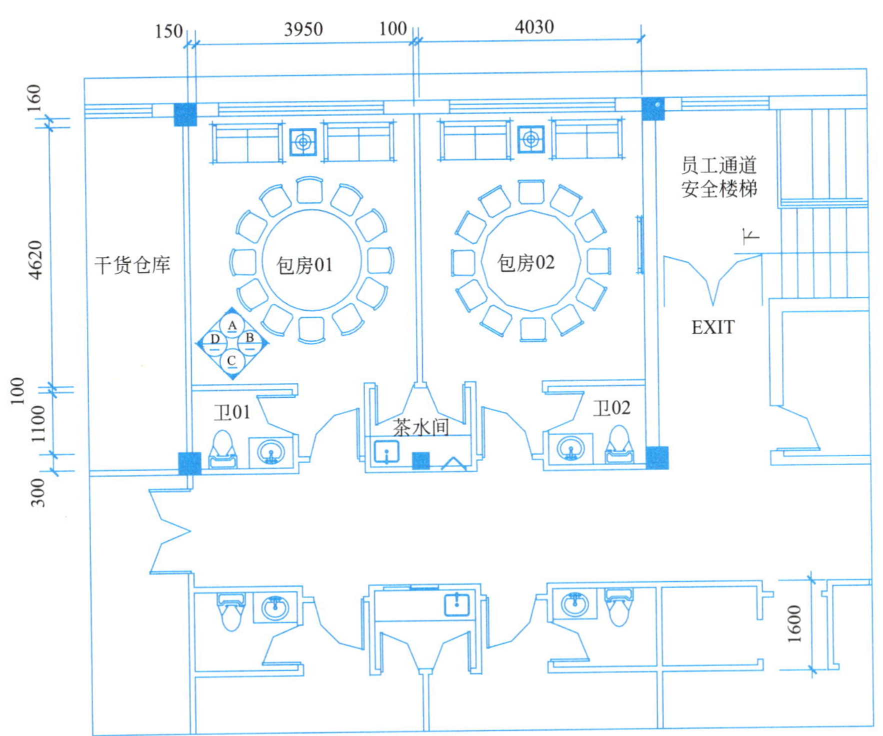

图 1-2-6　二层局部平面布置图

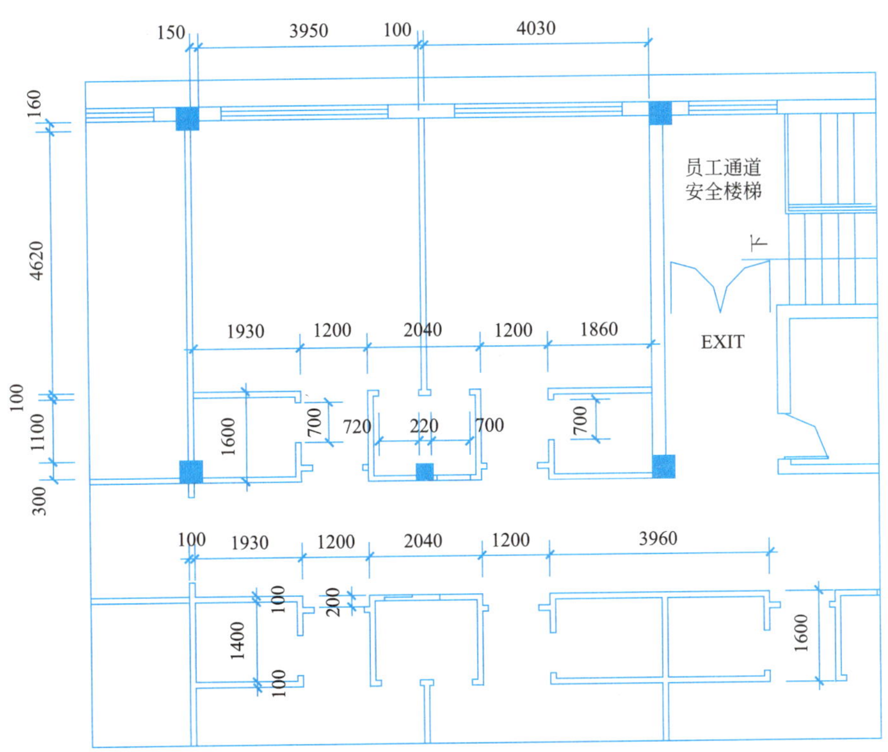

图 1-2-7　二层局部隔墙布置图

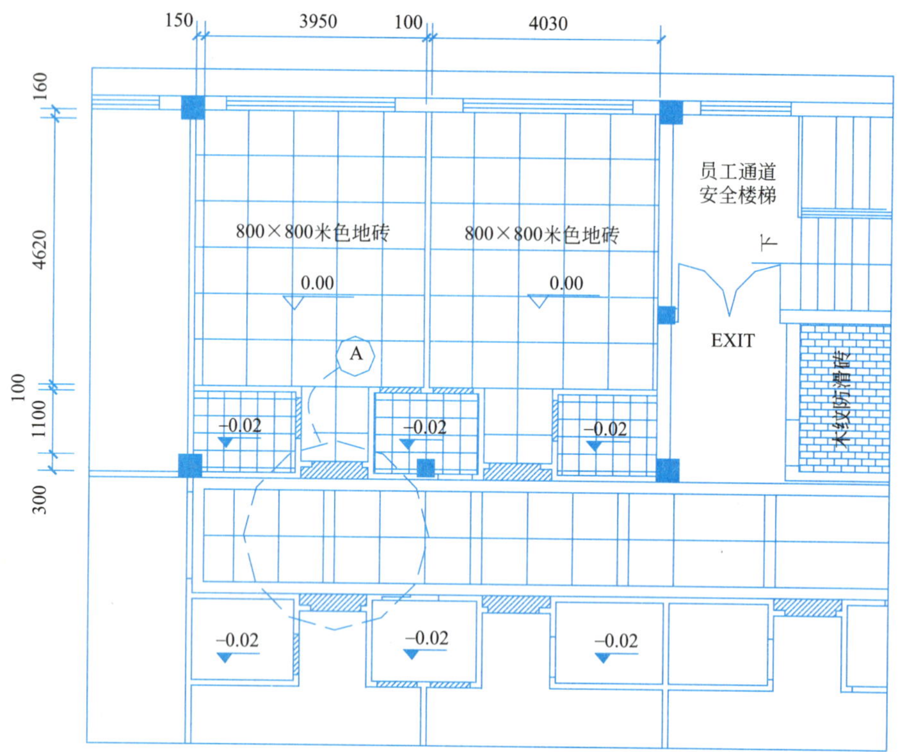

图 1-2-8　二层局部地面铺装图

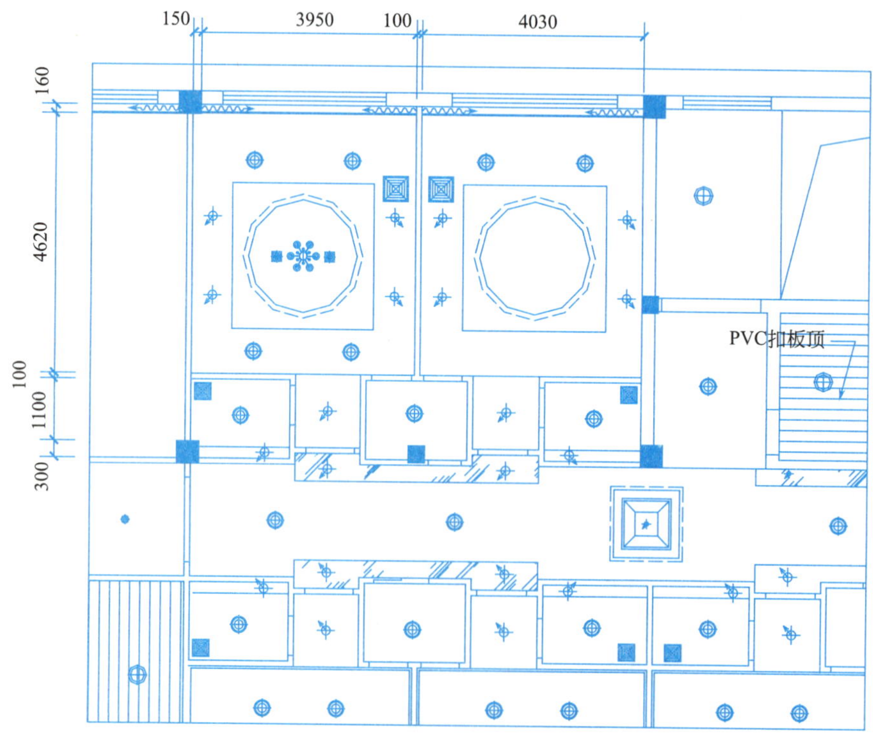

图 1-2-9　二层局部天花布置图

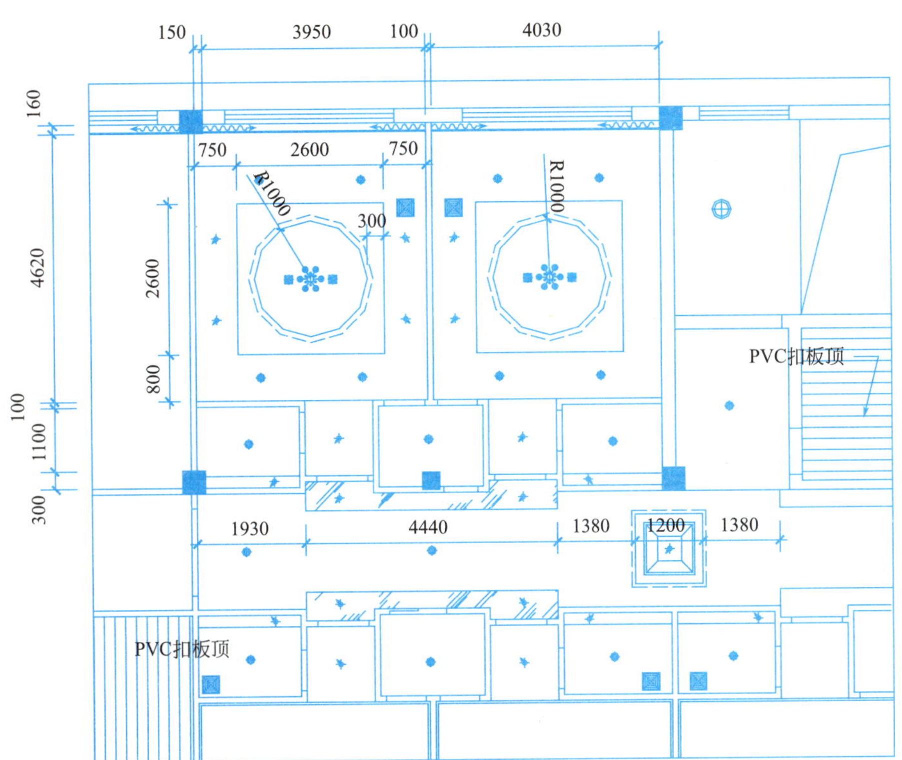

图 1-2-10　二层局部天花尺寸定位图

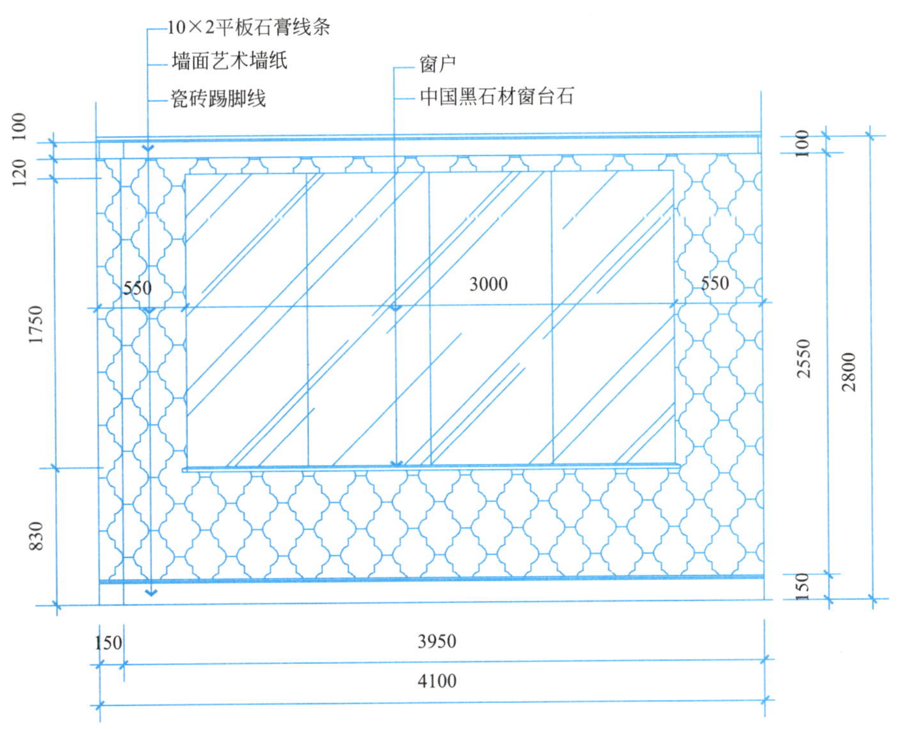

图 1-2-11　包房（1）A 立面图

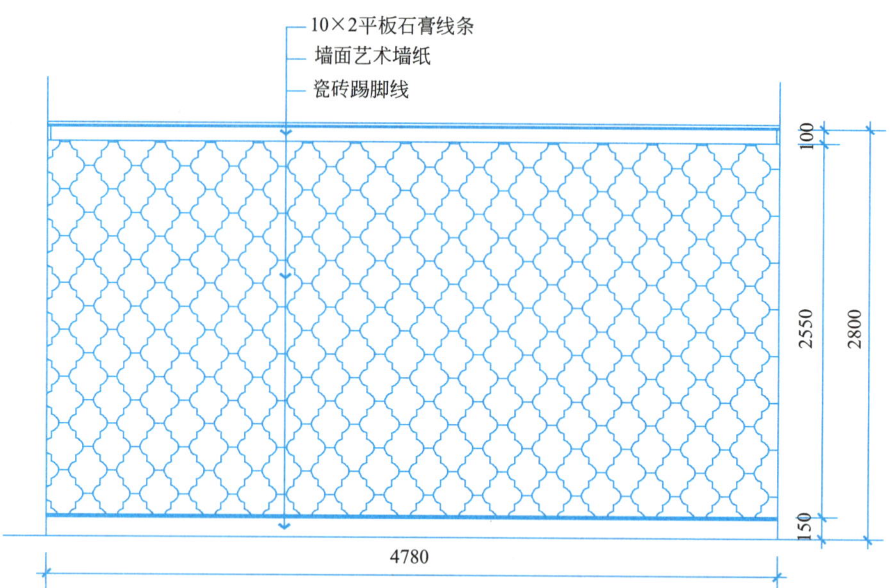

图 1-2-12　包房（1）B 立面图

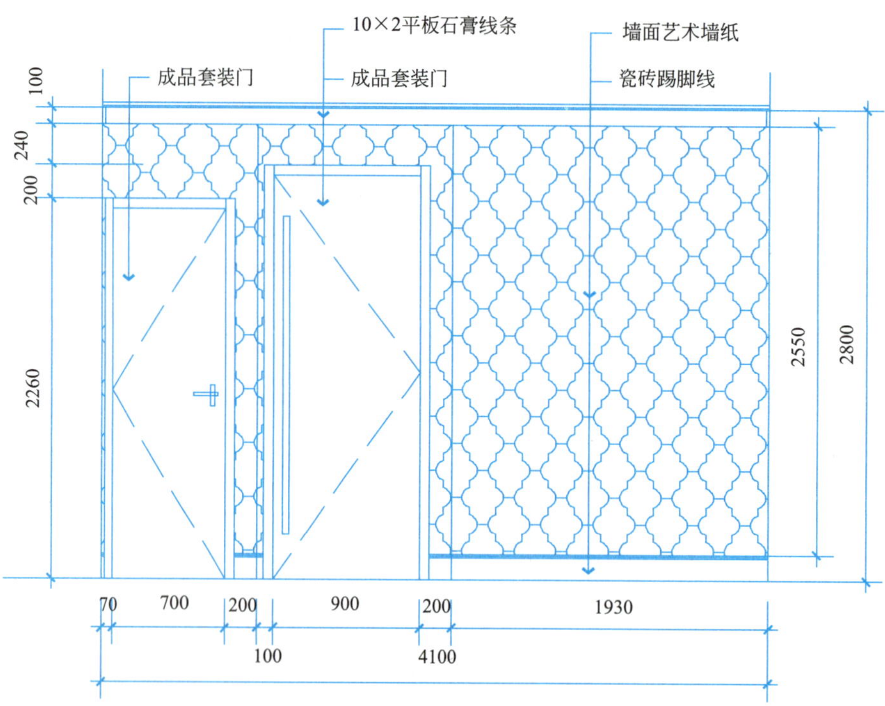

图 1-2-13　包房（1）C 立面图

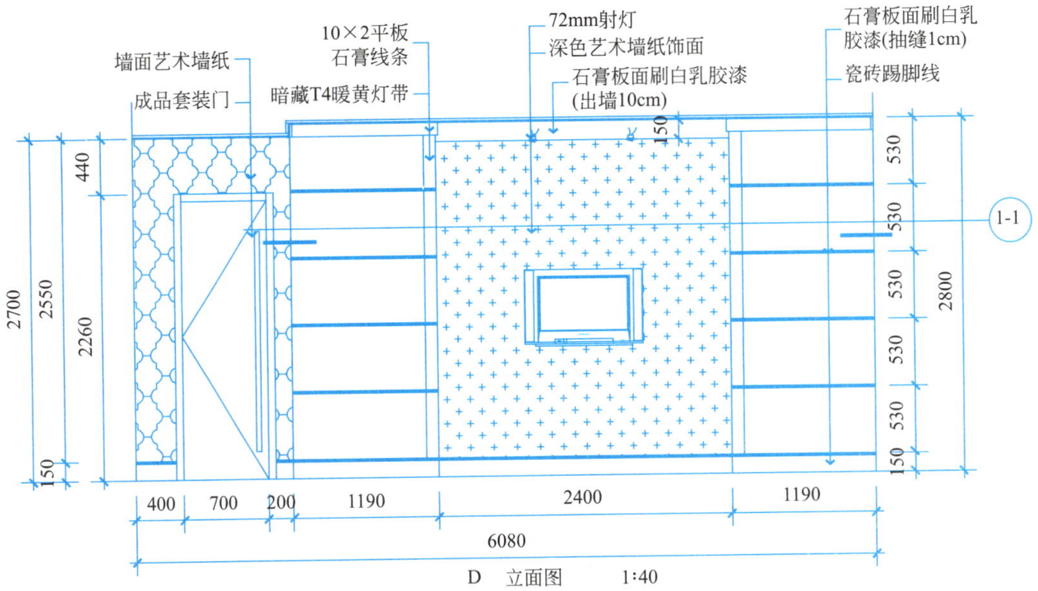

墙面艺术墙纸
成品套装门
10×2平板
石膏线条
暗藏T4暖黄灯带
72mm射灯
深色艺术墙纸饰面
石膏板面刷白乳胶漆
(出墙10cm)
石膏板面刷白乳
胶漆(抽缝1cm)
瓷砖踢脚线
150
1-1
2700
2550
2260
440
150
530
530
530
530
530
150
2800
400
700
200
1190
2400
1190
6080
D　立面图　1:40

(a)

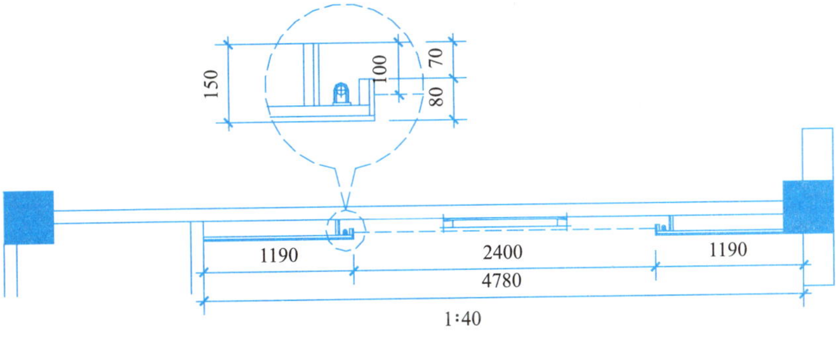

150
100
70
80
1190
2400
1190
4780
1:40

(b)

图 1-2-14　包房（1）D 立面图　1∶40

（a）包房（1）；（b）1-1 剖面图

中国黑门槛石磨防滑槽
800×200咖啡色地砖
800×800米色地砖
200
800
800
200
200
2400
200
地面材料 A 大样图 1:40
800×200咖啡色地砖
800×800米色地砖
中国黑门槛石磨双边
0.12
0.00
银色艺术马赛克
地面材料 B 大样图 1:40

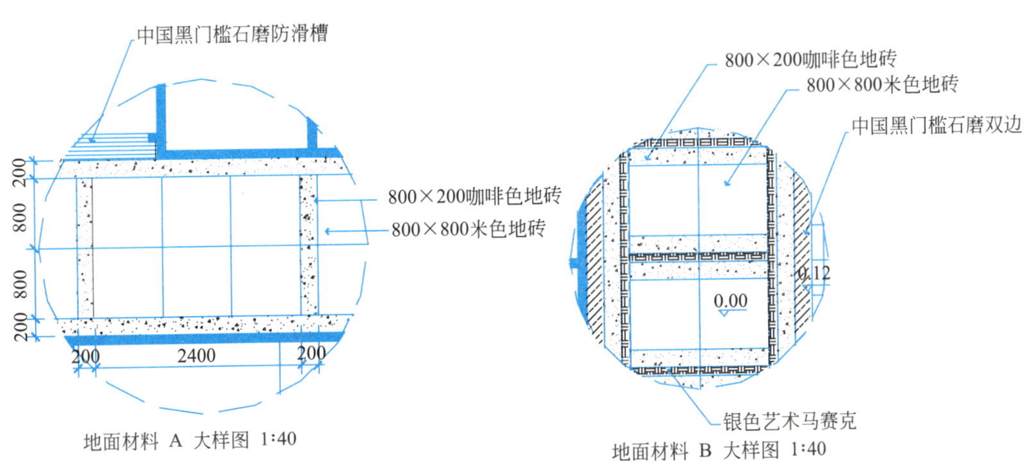

图 1-2-15　地面铺装详图（一）

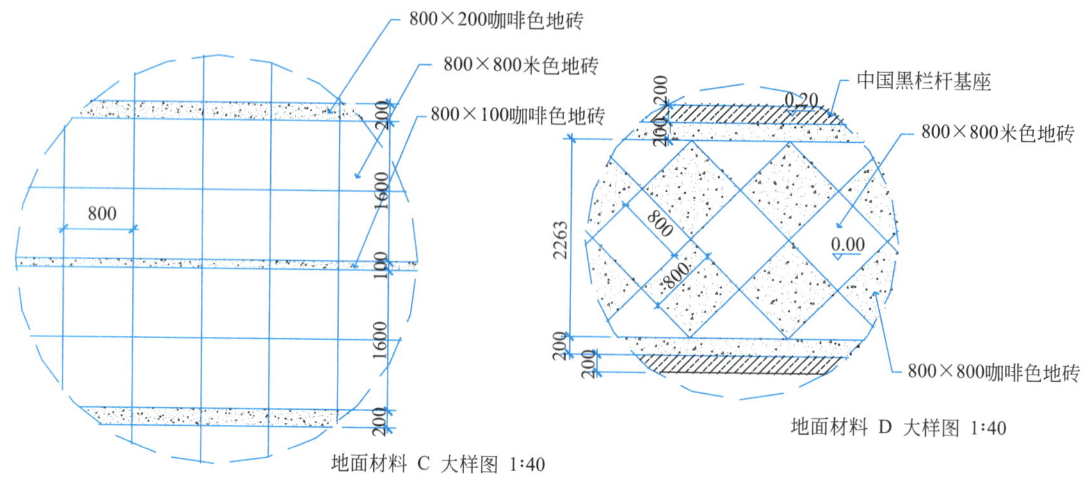

800×200咖啡色地砖
800×800米色地砖
800×100咖啡色地砖
800
200
1600
100
1600
200
中国黑栏杆基座
0.20
800×800米色地砖
0.00
2263
800
800
800×800咖啡色地砖
地面材料 D 大样图 1:40

地面材料 C 大样图 1:40

图 1-2-15 地面铺装详图（二）

2000
300
1400
300
200
300
400
150
900
150
2.90
420
1-1
2.80
2.70
1380
150
240
420
240
150
1380
2.80
2.70
72mm射灯
石膏板面贴
艺术墙纸
暗藏T4灯管
轻钢龙骨石膏板
隔墙
石膏板面刷白乳胶漆
72mm射灯
夹芯板底面贴5mm黑色镜面
(a) 1:40
石膏板面贴艺术墙纸
120
80
2.70
[72mm射灯
120
80
200
2.90
2.70
石膏板面刷白乳胶漆
暗藏T4灯管
2.50
150
40
200
420
200
40
150
900
(b) 1:10

图 1-2-16 过道天花详图

(a) 过道天花大样图；(b) 1-1 剖面图

2.
地面、墙面、顶棚装饰实例分析

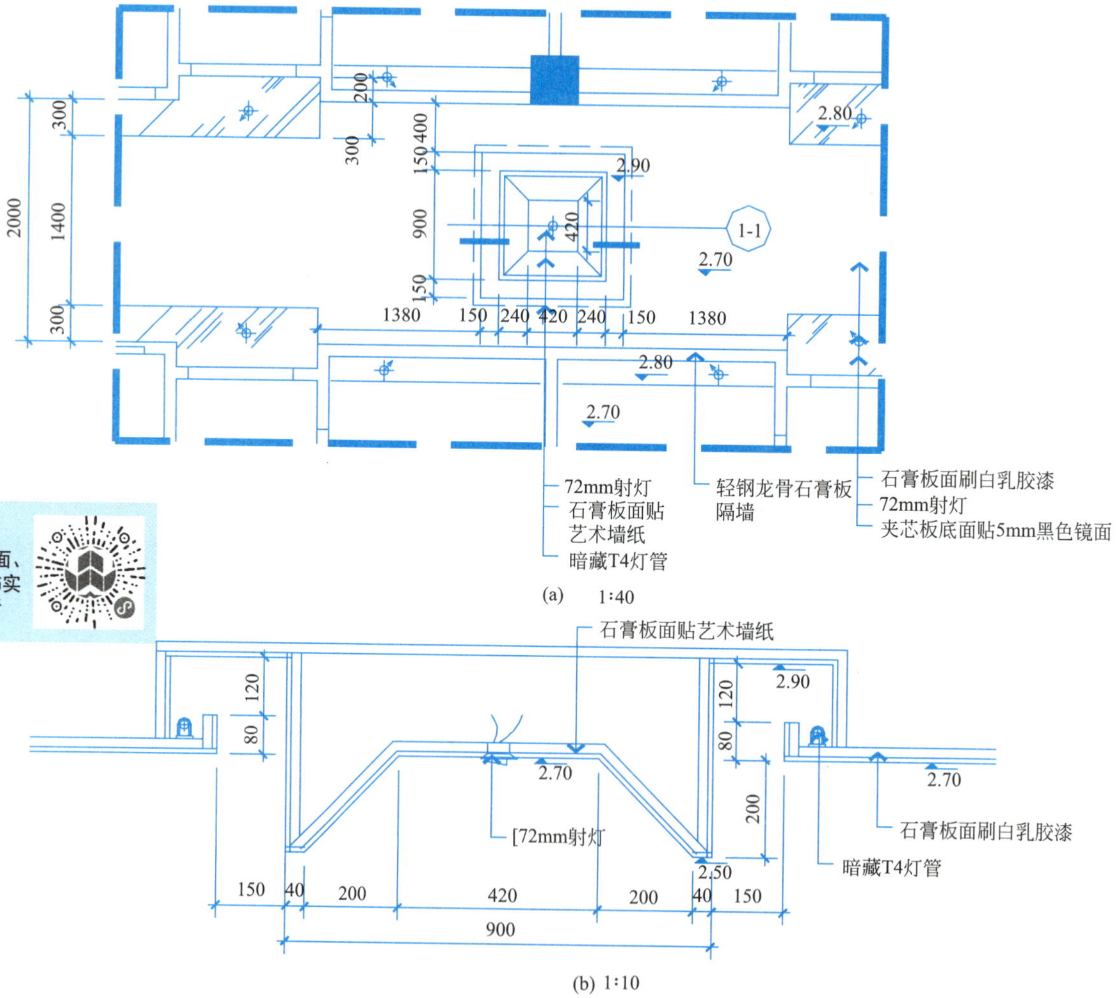

单元三 Chapter 03

建筑装饰工程计量概述

知识点

1. 建筑装饰工程量概念；
2. 建筑装饰工程量计算的作用；
3. 建筑装饰工程量计算的原则和方法；
4. 建筑装饰工程量计算的程序。

技能点

掌握建筑装饰工程量计算方法、程序。

能力目标

能进行建筑装饰工程量计算训练。

一、建筑装饰工程量概念

3. 建筑装饰工程计量概述（知识点1、知识点2）

在编制施工图预算时，我们的基础工作是计算工程量，它是施工图预算的重要组成部分。准确地计算工程量对正确确定工程造价有直接影响，并对建设单位、施工企业、管理部门的管理工作有重要的现实意义。

工程量是指用物理计量单位或自然计量单位表示的分项工程的实物数量。

物理计量单位以物体的某种物理属性为计量单位，一般是指以公制度量表示的长度、面积、体积等的单位。如建筑面积以“m^2”为计量单位，管道工程、装饰线等工程量以“m”为计量单位。

自然计量单位以施工对象本身自然属性为计量单位，一般以“个”“台”“套”等为计量单位。如门窗、五金工程以“个（套）”为计量单位。

工程量是编制施工图预算的原始数据，也是作业计划、资源供应计划、建筑统计、经济核算的依据，正确地计算工程量对正确确定工程造价和建设单位、施工企业、管理部门加强管理工作有重要的现实意义。

二、建筑装饰工程量计算的作用

① 建筑装饰工程的工程计价以工程量为基本依据，因此，工程量计算的准确与否，直接影响工程造价的准确性，以及工程建设的投资控制。

② 建筑装饰工程的工程量是建筑装饰施工企业编制施工作业计划，合理安排施工进度，组织现场劳动力、材料以及机械的重要依据。

③ 建筑装饰工程的工程量是建筑装饰施工企业进行工程统计、编制工程形象进度统计报表，向工程建设投资方结算工程价款的重要依据。

④ 建筑装饰工程的工程量是建筑装饰施工企业检查计划执行情况，进行统计分析的重要依据。

三、建筑装饰工程量计算的原则和方法

（一）建筑装饰工程量计算原则

1. 计算口径要一致：计算工程量时，施工图列出的分项工程口径（指分项工程包括

的工作内容和范围）必须与预算定额中相应分项工程的口径一致。

2. 计算规则要一致：工程量计算必须与预算定额中规定的工程量计算规则相一致，以保证计算结果准确。

3. 计量单位要一致：各分项工程的计量单位，必须与预算定额中相应项目计量单位一致。

4. 计算顺序要合理：计算工程量时，要按照一定的顺序逐一计算。一般先划分单项或单位工程项目，再确定工程的分部分项内容。针对定额和施工图纸确定分部分项工程项目后，对于每一个分项工程项目的计算都要按照统一的顺序进行。

(二) 建筑装饰工程量计算的方法

工程量的计算方法，就是指工程量的计算顺序。一个单位工程的工程项目（指分项工程）少则几十项，多则上百项，为了节约时间，加快计算进度，避免漏算和重复计算，同时为了方便审核，必须按一定的顺序依次进行。工程量计算时，常用以下的计算顺序。

1. 单位工程计算顺序

（1）按施工顺序计算法。即按工程的施工先后顺序来计算工程量。计算时先地下、后地上；先底层，后上层。如一般的民用建筑工程可按照土石方、基础、主体、楼面、屋面、门窗安装、内外墙抹灰、油漆等顺序进行计算。

（2）按定额项目分部属性计算法。即按《全国统一建筑装饰装修工程消耗量定额》GYD-901—2002 中的顺序分别计算每个分项的工程量。这种方法尤其适用于初学人员计算工程量。

2. 分项工程计算顺序

为了防止漏算和重复计算，对于同一分项内容，一般有以下几种计算方法。

（1）按照顺时针方向计算法，即从施工平面图的左上角开始，自左至右，然后再由上而下，最后回到左上角为止，按顺时针方向逐步计算。例如，计算外墙、外墙基础等分项，可以按照此种方法进行计算。

（2）按先横后竖、先上后下、先左后右顺序计算法，即从施工平面图左上角开始按照先横后竖、先上后下、先左后右顺序进行工程量计算。例如，楼地面工程、天棚工程等分项，可以按照此种方法进行计算。

（3）按图样编号顺序计算法，即按照施工图样上所标注的构件编号顺序进行工程量计算。例如，门窗、屋架等分项工程，可以按照此种方法进行计算。

实际计算时，几种方法经常结合起来使用。

四、建筑装饰工程量计算的程序

1. 列出分项工程项目名称

根据拟建工程施工图样，按照一定的计算顺序，列出分项工程名称。

2. 列出工程量计算式

分项工程名称列出后，按规定的计算规则列出计算式。

3. 计算工程量计算式

计算式列出后，应对取定数据进行一次复核，核定无误后，对工程量进行计算。

4. 调整计算单位

工程量计算通常以“m、m^2、m^3”等为计量单位，而定额中往往以“10m、$100m^2$、$100m^3$”等为计量单位，因此应对工程量单位进行调整，使其与定额单位一致。

五、复习思考题

（一）填空题

1. 工程量是指用（　　　　）或（　　　　）表示的分项工程的实物数量。
2. 物理计量单位以“（　　　　）”为计量单位。
3. 自然计量单位以“（　　　　）”为计量单位。

（二）简答题

1. 建筑装饰工程量计算有何作用?
2. 简述建筑装饰工程量计算的原则和方法。
3. 简述建筑装饰工程量计算的程序。

单元四 Chapter 04

工程造价概述

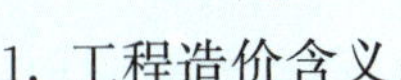

知识点

1. 工程造价含义；
2. 工程造价文件的分类；
3. 工程造价的作用；
4. 工程计价基本原理、方法。

技能点

1. 了解工程造价文件的种类；
2. 掌握工程计价方法。

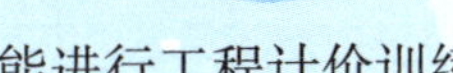

能力目标

能进行工程计价训练。

一、工程造价含义

工程造价通常指工程的建造价格，在市场经济条件下，工程造价存在两种不同的含义。

第一种含义。工程造价是指建设一项工程预期开支或实际开支的全部固定资产投资费用。这一含义是从投资者（业主）的角度定义的。投资者选定一个投资项目，为了获得预期的效益，就要通过对项目进行可行性研究以作投资决策，然后进行勘察设计招标、工程施工招标、设备采购招标，工程施工管理直至竣工验收等一系列投资管理活动。在整个投资活动过程中所支付的全部费用形成固定资产和无形资产，所有这些开支就构成了工程造价。从这个意义上说，工程造价就是完成一个工程建设项目所需费用的总和。

第二种含义。工程造价是指工程价格，即为建成一项工程，预计或在实际土地市场、设备市场、技术劳务市场以及承包市场等交易活动中所形成的建造安装工程的价格和建设工程总价格。工程造价的第二种含义是以商品经济和市场经济为前提的。它以工程这种特定的商品形式作为交易对象，通过招标或其他交易方式，在进行多次预估的基础上，最终由市场形成价格。在这里，工程范围和内涵可以是涵盖范围很大的一个建设项目，也可以是一个单项工程，或者是整个建设过程中的某个阶段。

二、工程造价文件的分类

前面我们已经学习了建设项目的建设程序，在不同的建设程序会出现不同的计价文件来反映这一阶段建设项目的资金投入状况，并实施控制，因此我们需要系统地了解这些造价文件的种类和作用。工程计价、估价或编制工程概预算，均属于工程造价的范畴，从广泛意义上讲是指通过编制各类价格文件对拟建工程造价进行的预先测算和确定的工程。建设工程分阶段进行，由初步构想到设计图样再到工程建设产品，逐步落实，以建设工程为主体、为对象的工程造价，也逐步地深化、细化直至实现实际造价。所以，工程造价是一个由一系列不同用途、不同层次的各类价格所组成的建设工程造价体系，包括建设项目投资估算、设计概算、施工图预算、施工预算、竣工结算、竣工决算价格等。

（一）投资估算

投资估算是指在项目建议书和可行性研究阶段以及编制设计任务书阶段，由可行性研究主管部门或建设单位对建设项目投资数额进行估计的经济文件。

（二）设计概算

设计概算是在工程初步设计或扩大初步设计阶段，根据初步设计或扩大初步设计图纸及技术文件、预算定额及有关取费标准等而编制的概算造价经济文件。工程各项费用的总和称为设计总概算。设计概算一般由设计单位编制。

（三）施工图预算

施工图预算是在工程施工图设计完成后工程开工前由施工单位根据施工图图纸、施工方案、工程预算定额及有关取费标准而编制的工程造价的经济性文件。

其预算造价较概算造价更为详尽和准确，是编制招标价格和进行工程结算的重要依据。

（四）施工预算

施工预算是在施工阶段，根据施工图纸、施工方案、施工定额而编制的，用以体现施工中所需消耗的人工、材料、机械台班的数量标准。施工预算一般是由施工单位编制。

（五）竣工结算

竣工结算是指一个单项工程、单位工程、分部工程、分项工程在竣工验收阶段，由施工单位根据合同、设计变更、技术核定单、现场签证、隐蔽工程记录、预算定额、材料价格、有关取费标准等竣工资料编制，经建设或委托的监理单位签认，作为结算工程造价依据的经济文件。

（六）竣工决算

竣工决算是指建设项目在竣工验收合格后，由业主或委托方根据各局部工程竣工结算和其他工程费用等实际开支的情况，进行计算和编制的综合反映该建设项目从筹建到竣工投产或交付使用的全过程，各项资金的使用情况和建设成果的总结性经济文件。

综上所述，工程建设造价文件在不同的阶段相互之间有不同的形式和内容，造价文件的表现形式如图 1-4-1 所示。

从图 1-4-1 中可以看出不同时期的造价文件都对应控制着下一实施程序的造价，一环扣一环，使得项目投资有序地投入。在此执行过程中我们通常所说的“三算”是指：设计概算、施工图预算、竣工结算，前者是后者的计价依据和控制范围。

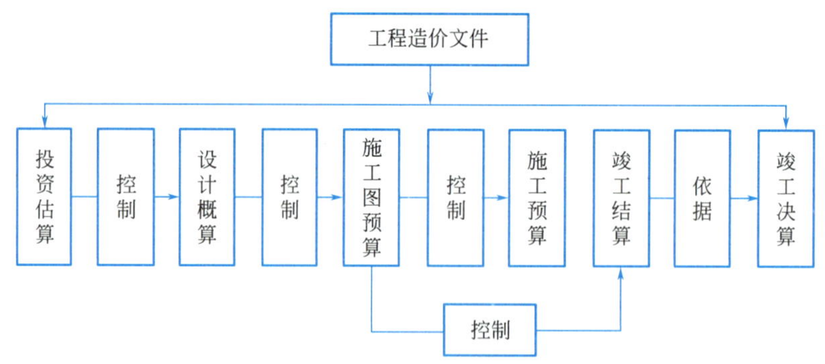

图 1-4-1　造价文件的表现形式

三、工程造价的作用

① 工程造价是项目决策的依据。
② 工程造价是制订投资计划和控制投资的依据。
③ 工程造价是筹集建设资金的依据。
④ 工程造价是评价投资效果的重要指标。
⑤ 工程造价是合理进行利益分配和调节产业结构的手段。

四、工程计价基本原理、方法

（一）工程计价基本原理

工程计价即是对投资项目造价（或价格）的计算，也称工程预算。由于工程项目的技术经济特点，如体积大、生产周期长、价值高以及交易在先、生产在后等，使得工程项目造价形成过程，机制与其他商品有较大不同。

工程项目是单件性与多样性组成的集合体。每一个工程项目的建设都需要按业主的特定需要单独设计、单独施工，不能批量生产和按整个工程项目确定价格，只能以特殊的计价程序和计价方法来确定，即要将整个项目进行分解，划分为可以按定额等技术经济参数测算价格的基本单元子项或称分部、分项工程。工程计价的主要特点是按工程分解结构进行，将整个工程分解至基本项就很容易计算出基本子项的费用。一般来说，分解结构层次越多，基本子项也越细，计算也越精确。

任何一个建设项目都可以分解为一个或几个单项工程。单项工程是具有独立意义的，能够发挥功能要求的完整的建筑安装产品。任何一个单项工程都是由一个或几个单位工程组成，作为单位工程的各类建筑工程和安装工程仍然是一个比较复杂的综合实体，还需要进一步化解。就建筑工程来说，包括的单位工程有：一般土建工程、给水排水工程、暖卫工程、电气照明工程、室外环境、道路工程以及单独承包的建筑装饰工程等。单位工程细分下来，由许多结构构件、部件、成品与半成品等所组成。以单位工程中的一般土建工程来说，通常是指房屋建筑的结构工程和装修工程，按其结构组成部分可以分为基础、墙体、楼地面、门窗、楼梯、屋面、内外装修等。这些部分是由不同的建筑安装工人利用不同工具和使用不同材料完成的。从这个意义上来说，单位工程又可以按照施工顺序细分为土石方工程，砌体工程、混凝土及钢筋混凝土工程、木结构工程、楼地面工程等分部工程。

对于上述房屋建筑的一般土建工程分解成分部工程后，虽然每一部分都包括不同的结构和装修内容，但是从建筑工程估价的角度来看，还需要把分部工程按照不同的施工方法，不同的构造及不同的规格，加以更为细致的分解，划分为更为简单、细小的部分。经过这样逐步分解到分项工程后，就可以得到基本构造要素了。找到了适当的计量单位，就可以采取一定的估价方法，进行分部组合汇总，计算出某工程的全部造价。

工程造价的计算从分解到组合的特征和建设项目的组合性有关。一个建设项目是一个工程综合体。这个综合体可以分解为许多有内在联系的独立和不能独立的工程，那么建设项目的工程计价过程就是一个逐步组合的过程。

（二）工程计价的基本方法

工程计价的形式和方法有多种，各不相同，但工程计价的基本过程和原理是相同的。如果仅从工程费用计算角度分析，工程计价的顺序如图 1-4-2 所示。

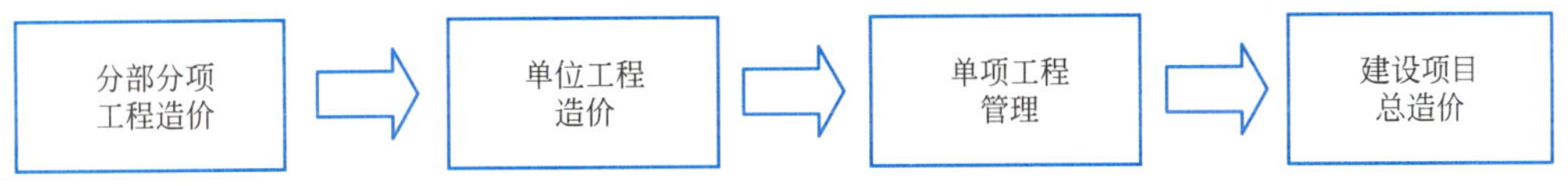

图 1-4-2　工程计价顺序示意图

影响工程造价的主要因素是两个，即基本构造要素的单位价格和基本构造要素的实物工程数量，可用下列基本计算式 1-4-1 表达：

$$\text{工程造价} = \sum(\text{工程量} \times \text{单位价格}) \tag{1-4-1}$$

基本子项的单位价格高，工程造价就高，基本子项的实物工程数量大，工程造价也就大。

在进行工程造价时，实物工程量的计量单位是由单位价格的计量单位决定的。如果单位价格计量单位的对象取得较大，得到的工程估算比较粗糙，反之，则工程估算比较准确。

基本子项的工程实物量可以通过工程量计算规则和设计图纸计算而得，可以直接反映工程项目的规模和内容。

对基本子项的单位价格分析，可以有直接费用单价和综合单价两种形式。

1. 直接费单价

直接费单价是指分部分项工程单位价格仅仅考虑人工、材料、机械资源要素的消耗量所形成的价格，即式 1-4-2：

单位价格＝（分部分项工程的资源要素消耗量×资源要素的价格） （1-4-2）

资源要素消耗量的数据经过长期的收集、整理和积累形成的工程建设定额，是工程计价的重要依据。其与劳动生产率、社会生产力水平、技术和管理水平密切相关。业主方工程计价的定额反映的是社会平均生产力水平；而工程项目承包方进行计价的定额反映的是该企业技术与管理水平的企业定额。资源要素的价格是影响工程造价的关键因素。在市场经济体制下，工程计价时采用的资源要素的价格应该是市场价格。

2. 综合单价

如果在单位价格中还考虑直接费以外的其他费用，如管理费、利润等，则构成的是综合单价。

不同的单价形式形成不同的计价模式。

五、复习思考题

（一）填空题

1. 工程计价是对（ ）的计算，也称（ ）。
2. 影响工程造价的主要因素是两个，即（ ）和（ ）。
3. 基本子项的单位价格分析，可以有（ ）和（ ）两种形式。

（二）问答题

1. 什么是工程造价？
2. 简述工程造价文件的分类。
3. 简述工程计价的作用。

单元五 Chapter 05

建筑面积计算

知识点

1. 建筑面积概念；
2. 计算建筑面积的作用；
3. 计算建筑面积的规定（方法）；
4. 不计算建筑面积的规定

技能点

能熟练计算建筑面积。

一、建筑面积的概念

6.
建筑面积相关知识

建筑面积是以“m^2”为计量单位反映房屋建筑规模的实物量指标，它广泛应用于基本建设计划、统计、设计、施工和工程概预算等各个方面，在建筑工程造价管理方面起着非常重要的作用，是房屋建筑计价的主要指标之一。

建筑面积是指建筑物外墙外围所围成空间的水平面积，如果计算多、高层住宅的建筑面积，则是各层建筑面积之和。建筑面积包括使用面积，辅助面积和结构面积。

使用面积是指建筑物各层平面布置中可直接为生产或生活使用的净面积的总和。如办公建筑中的办公室、会议室等所占面积，住宅建筑中起居室、卧室等所占的面积。

辅助面积是指建筑物各层平面布置中为辅助生产或生活所占的净面积的总和。例如走廊、楼梯、阳台、卫生间等所占的面积。

使用面积和辅助面积的总和称“有效面积”。

结构面积是指建筑物各层平布置中的墙体、柱等结构所占面积的总和（不含抹灰厚度所占面积）。

二、计算建筑面积的作用

建筑面积是一项重要的技术经济指标。在一定时期内完成建筑面积的多少，标志着一个国家工农业生产发展状况，人民生活居住条件的改善和文化生活福利设施发展的程度。其主要作用有：

① 建筑面积是衡量建设规模的指标。根据项目立项批准文件所核准的建筑面积，是初步设计的重要控制指标。对于国家投资的项目，施工图的建筑面积不得超过初步设计的5%，否则必须重新报批。

② 建筑面积是确定各个经济技术指标的基础。在工程建设的众多技术经济指标中，大多数以建筑面积为基数，建筑面积是核算估算、概算、预算的一个重要数据基础，是计算和确定工程造价，并分析工程造价和设计合理性的一个基础指标。

工程单位面积造价（也叫工程单方造价）=工程造价÷建筑面积；

人工单耗指标=工程人工工日耗用量÷建筑面积；

材料单耗指标=工程材料耗用量÷建筑面积。

③ 建筑面积是计算建筑工程相关分部分项工程量与有关工程费用项目的依据。如楼地面工程量的大小与建筑面积直接相关；工程措施费中，高层建筑增加费的工程量就是以超高部分建筑面积计算。

④ 建筑面积是建设投资、建设项目可行性研究等工作的重要计算指标。

三、计算建筑面积的规定（方法）

工业与民用建筑的建筑面积计算的一般原则是：凡在结构上、使用上形成一定具有使用功能的建筑物和构筑物，并能单独计算出其水平面积及其相应的消耗的人工、材料和机械用量的，应计算建筑面积，反之不应计算建筑面积。

建筑面积的计算主要依据是《建筑工程建筑面积计算规范》GB/T 50353—2013。规范适用于新建、扩建、改建的工业与民用建筑工程建设全过程的建筑面积计算。

规范内容包括总则、术语、计算建筑面积的规定三个部分以及规范条文说明。现综合起来讲解。

第一部分总则阐述了规范制定目的、适用范围、建筑面积计算应遵循的原则等。第二部分列举了30条术语，对建筑面积计算规定中涉及的建筑物有关部位的名词作了解释或定义。第三部分计算建筑面积的规定共有30条，包括建筑面积计算范围、计算方法和不计算建筑面积的范围。规范条文说明对建筑面积计算规定中的具体内容、方法做了细部界定和说明，以便能准确地使用规定和方法。

（一）术语

1. 建筑面积：建筑物（包括墙体）所形成的楼地面面积。

【说明】建筑面积：建筑物（包括墙体）所形成的楼地面面积，是所占平面图形的大小，包括墙体所占的面积，因此计算建筑面积时，我们首先以外墙结构外围水平面积计算。建筑面积还包括附属于建筑物的室外阳台、雨篷、檐廊、室外走廊、室外楼梯等建筑部件的面积。

2. 自然层：按楼、地面结构分层的楼层。

3. 结构层高：楼面或地面结构层上表面到上部结构层上表面之间的垂直距离。

4. 围护结构：围合建筑空间的墙体、门、窗。

5. 建筑空间：以建筑界面限定的、供人们生活和活动的场所。

【说明】凡是具备可出入可利用条件（设计中可能标明了使用用途，也可能没有标明使用用途或使用用途不明确）的围合空间均属于建筑空间。

6. 结构净高：楼面或地面结构层上表面到上部结构层下表面之间的垂直距离。

7. 围护设施：为保障安全而设置的栏杆、栏板的围栏。

8. 地下室：室内地平面低于室外地平面的高度超过室内净高的1/2的房间。

9. 半地下室：室内地平面低于室外地平面的高度超过室内净高的1/3，且不超过1/2的房间。

10. 架空层：仅有结构支撑而无外围护结构的开敞空间。

11. 走廊：建筑物中的水平交通空间。

12. 架空走廊：专门设置在建筑物二层或二层以上，作为不同建筑物之间水平交通的空间。

13. 结构层：整体结构体系中承重的楼板层。

【说明】特指整体结构体系中承重的楼层，包括板、梁等构件。结构层承受整个楼层的全部荷载，并对楼层的隔声，防火等起主要作用。

14. 落地橱窗：突出外墙而且根基落地的橱窗。

【说明】落地橱窗是指在商业建筑临街面设置的下槛落地、可落在室外地坪也可落在室内首层地板，用来展览各种样品的玻璃窗。

15. 凸窗（飘窗）：突出建筑物外墙面的窗户。

【说明】凸窗（飘窗）既然作为窗，就有别于楼梯板的延伸，也就是不能把楼梯板延伸出去的窗，称为凸窗（飘窗）。凸窗（飘窗）的窗台应只是墙面的一部分且距（楼）地面应有一定的高度。

16. 檐廊：建筑物挑檐下的水平交通空间。

【说明】檐廊附属于建筑物底层外墙，有屋檐作为顶盖，其下部一般有柱或栏杆、栏板等的水平交通空间。

17. 挑廊：挑出建筑物外墙的水平交通空间。

18. 门斗：建筑物入口处二道门之间的空间。

19. 雨篷：建筑出入口上方为遮挡雨水而设置的部件。

【说明】1. 雨篷是指建筑物出入口上方、凸出墙面、为遮挡雨水而单独设立的建筑部件。2. 雨篷划分为有柱雨篷（包括独立柱雨篷、多柱雨篷。柱墙混合支撑雨篷、墙支撑雨篷）和无柱雨篷（悬挑雨篷）。3. 如突出建筑物且不单独设立顶盖，利用上层结构板（如楼板、阳台地板）进行遮挡，则不视为雨篷，不计算建筑面积。4. 对于无柱雨篷如顶盖高度达到或超过两个楼层时，也不视为雨篷，不计算建筑面积。

20. 门廊：建筑物入口前有顶棚的半围合空间。

【说明】门廊是指建筑物出入口，无门，三面或两面有墙，上部有板（或借用上部楼板）围护的部位。

21. 楼梯：由连续行走的梯级、休息平台和围护安全的栏杆（或栏板）扶手以及相应的支托结构组成的作为楼层之间垂直交通使用的建筑部件。

22. 阳台：附设于建筑物外墙，设有栏杆或栏板，可供人活动的室外空间。

23. 主体结构：接受、承担和传递建设工程所有上部荷载，维持上部结构整体性、稳定性和安全性的有机联系的构造。

24. 变形缝：防止建筑物在某些因素作用下引起开裂甚至破坏而预留的构造缝。

【说明】变形缝是指在建筑物因温差、不均匀沉降以及地震而可能引起结构破坏变形的敏感部位或其他必要的部位，预先设缝将建筑物断开，令断开后建筑物的各部分成为独立的单元，或者是划分为简单规则的段，并令各段之间的缝达到一定的宽度，以能够适应变形的需要。根据外界破坏因素的不同，变形缝一般分为伸缩缝、沉降缝、抗震缝三种。

25. 骑楼：建筑底层沿街面后退且留出公共人行空间的建筑物。

【说明】骑楼是指沿街二层以上用承重柱支撑骑跨在公共人行空间之上，其底层沿街面后退的建筑物。

26. 过街楼：跨越道路上空并与两边建筑相连接的建筑。

【说明】过街楼是指当有道路在建筑群穿过时为保证建筑物之间的功能联系，设置跨越道路上空使两边建筑相连接的建筑物。

27. 建筑物通道：为穿过建筑物而设置的建筑空间。

28. 露台：设置在屋面、首层地面或雨篷上的供人活动的有围护设施的平台。

【说明】露台应满足四个条件：一是位置，设置在屋面、地面或雨篷顶；二是可以出入；三是有维护设施；四是无盖。这四个条件须同时满足。如果设置在首层并有围护设施的平台，且其上层为同体量阳台则该平台应视为阳台，按阳台的规则计算建筑面积。

29. 勒脚：在房屋外墙接近地面部位设置的饰面保护构造。

30. 台阶：联系室内外地坪或同楼层不同标高而设置的阶梯形踏步。

【说明】台阶是指建筑物出入口不同标高地面或同楼层不同标高处设置的供人行走的阶梯式连接构件。室外台阶还包括与建筑物的出入口连接处的平台。

（二）计算建筑面积的规定（方法）

1. 建筑物的建筑面积应按自然层外墙结构外围水平面积之和计算。结构层高在 2.20m 及以上的，应计算全面积；结构层高在 2.20m 以下的，应计算 1/2 面积。

【说明】建筑面积计算，在主体结构内形成的建筑空间，满足计算面积结构层高要求的均应按本条规定计算建筑面积。主体结构外的室外阳台、雨篷、檐廊、室外走廊、室外楼梯等按相应条款计算建筑面积。当外墙结构本身在一个层高范围内不等厚时，以楼地面结构标高处的外围水平面积计算。

【例 1】某单层建筑平面示意图如图 1-5-1，结构层高为 7.8m，求其建筑面积。

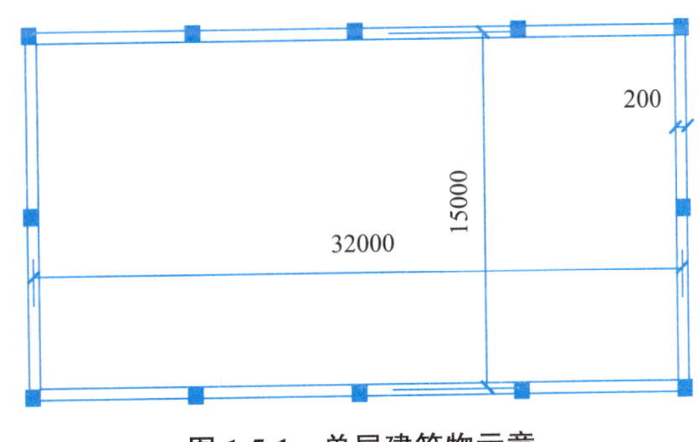

图 1-5-1 单层建筑物示意

【解】

$$S=(32+0.1\times2)\times(15+0.1\times2)=489.44\text{m}^2$$

【例 2】某建筑平面简图如图 1-5-2 和图 1-5-3 所示，其中①-②轴为单层框架结构，②-③轴为四层框架结构，求该建筑的建筑面积。

【解】

①-②轴单层框架结构建筑面积 $S=(24+0.1-0.1)\times(8+0.1\times2)=196.80\text{m}^2$

②-③轴四层框剪结构建筑面积 $S=(10+0.1\times2)\times(30+0.1\times2)\times4$

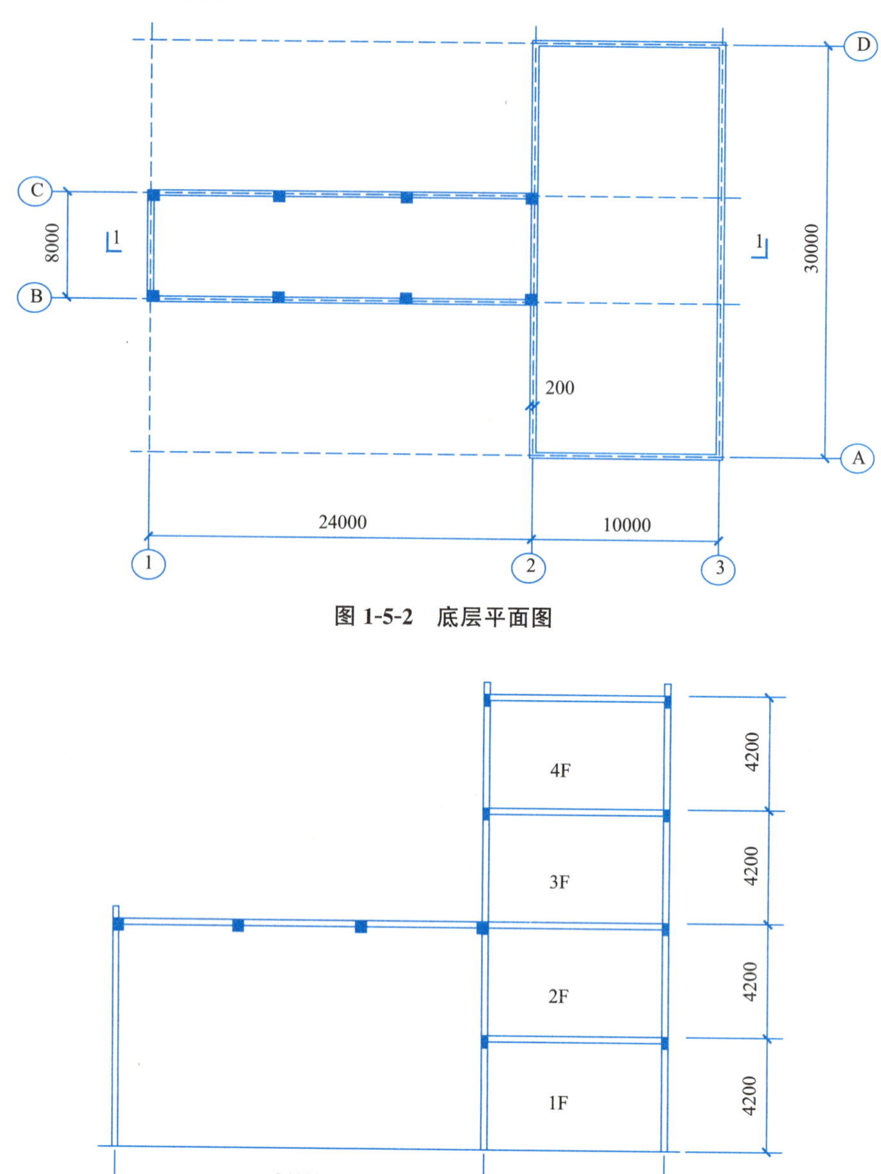

图 1-5-2 底层平面图

图 1-5-3 剖面图

$=1232.16\text{m}^2$

所以该建筑的总建筑面积 $S=196.8+1232.16=1428.96\text{m}^2$

【说明】单层建筑物的建筑面积，应按其外墙结构外围水平面积计算，并结构层高在 2.20m 及以上者应计算全面积；结构层高不足 2.20m 者应计算 1/2 面积。

多层建筑物的建筑面积为各层建筑面积的总和。其首层应按其外墙结构外围水平面积计算；二层及以上楼层应按其外墙结构外围水平面积计算。层高在 2.20m 及以上者应计算全面积；层高不足 2.20m 者应计算 1/2 面积。

同一建筑物如结构、层数不同时，应分别计算建筑面积。

高低连跨建筑高跨与低跨墙体分界线以高跨外边线为分界线。

2. 建筑物内设有局部楼层时，对于局部楼层的二层及以上楼层，有围护结构的应按其围护结构外围水平面积计算，无围护结构的应按其结构底板水平面积计算，且结构层高在 2.20m 及以上的，应计算全面积，结构层高在 2.20m 以下的，应计算 1/2 面积。

9.
建筑面积-
局部楼层案例

【例 3】某建筑如图 1-5-4 及图 1-5-5 所示，求其建筑面积。

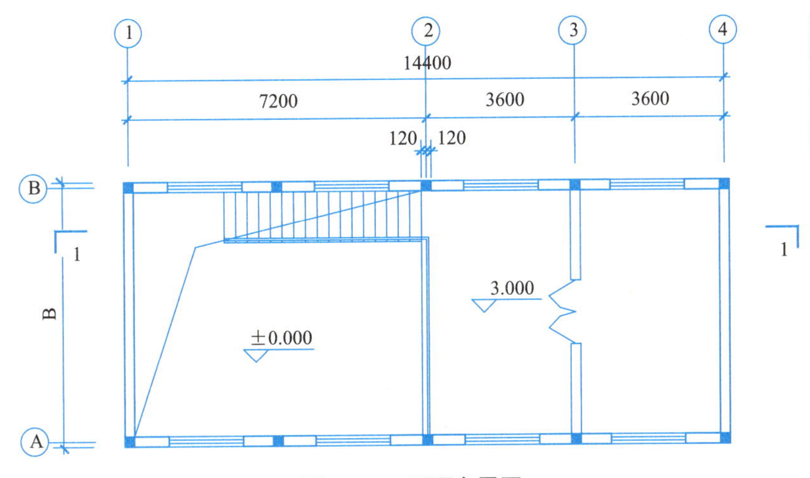

图 1-5-4　平面布置图

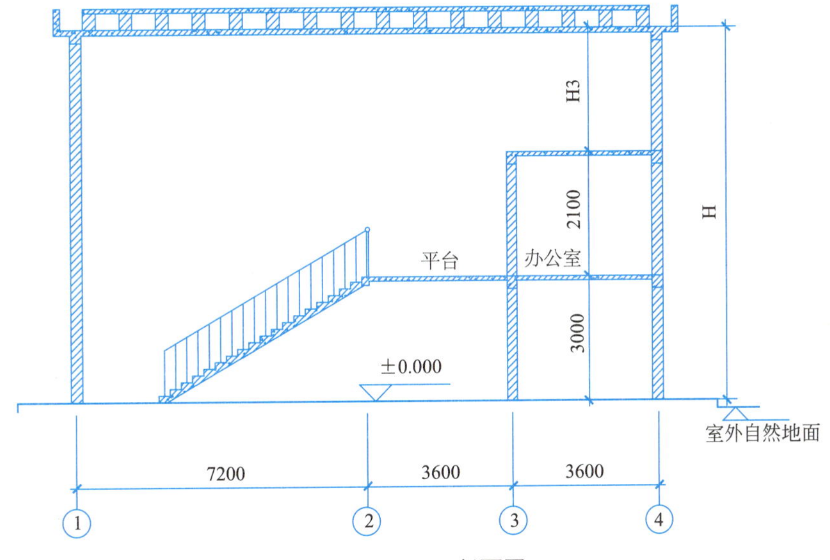

图 1-5-5　1-1 剖面图

【解】

A：底层计算全部面积 $S=(14.4+0.24)\times(6+0.24)=91.354m^2$

B：平台没有围护结构，计算一半面积 $S=(6+0.24)\times3.6\times0.5=11.232m^2$

C：办公室层高＜2200mm，计算一半面积 $S=(6+0.24)\times(3.6+0.24)\times0.5$
$=11.981m^2$

D：该建筑的总建筑面积 $S=91.354+11.232+11.981=114.567m^2$

3. 对于形成建筑空间的坡屋顶，结构净高在 2.10m 及以上的部位应计算全面积；结构净高在 1.20m 及以上至 2.10m 以下的部位应计算 1/2 面积；结构净高在 1.20m 以下的部位不应计算建筑面积。

【例 4】某建筑如图 1-5-6 及图 1-5-7 所示，求其建筑面积。

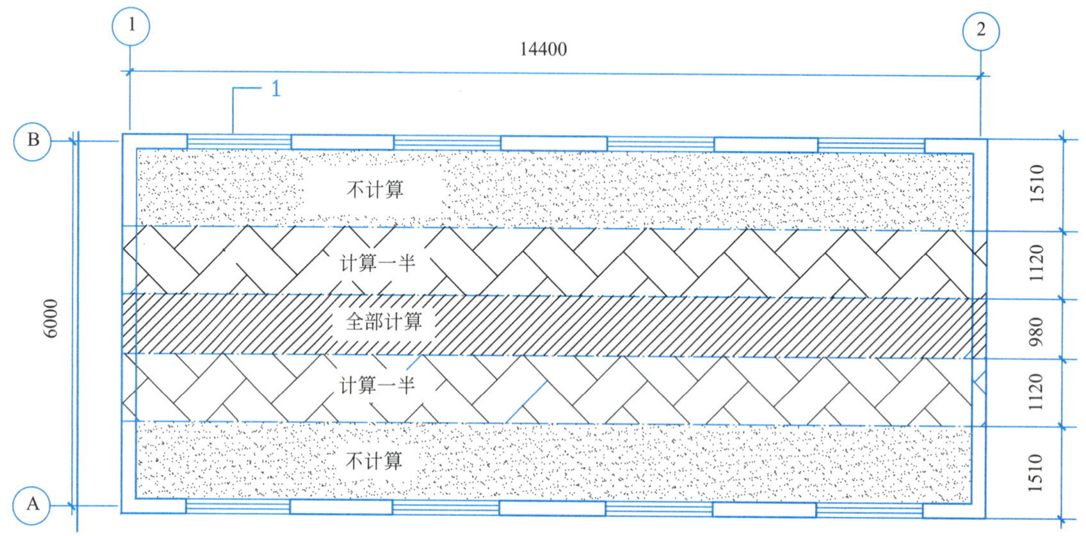

图 1-5-6　平面图

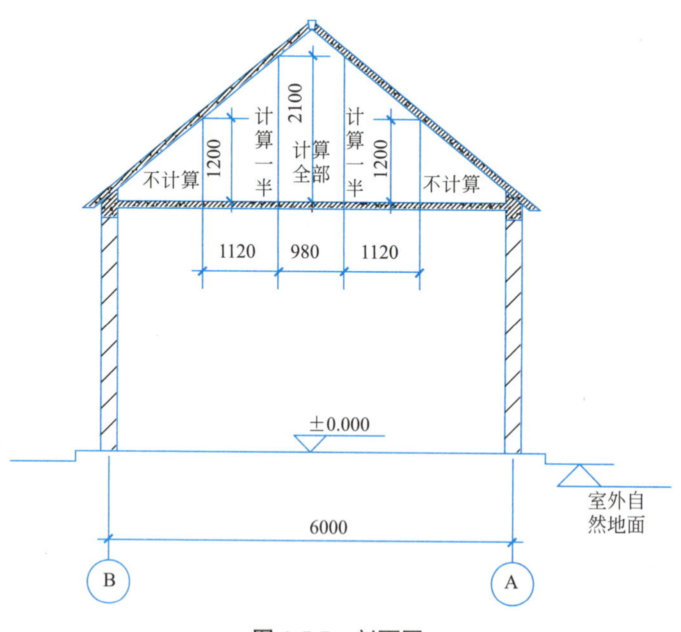

图 1-5-7　剖面图

【解】

A 净高≥2100mm，计算全部面积：$S=(14.4+0.24)\times 0.98=14.347\text{m}^2$

B 1200mm≤净高＜2100mm，计算一半面积：$S=(14.4+0.24)\times 1.12\times 2\times \frac{1}{2}$

$=16.397m^2$

所以该坡屋面的建筑面积 $S=14.347+16.397=30.744m^2$

4. 对于场馆看台下的建筑空间，结构净高在 2.10m 及以上的部位应计算全面积；结构净高在 1.20m 及以上至 2.10m 以下的部位应计算 1/2 面积；结构净高在 1.20m 以下的部位不应计算建筑面积。室内单独设置的有围护设施的悬挑看台，应按看台结构底板水平投影面积计算建筑面积。有顶盖无围护结构的场馆看台应按其顶盖水平投影面积的 1/2 计算面积。

【说明】场馆看台下的建筑空间因其上部结构多为斜板，所以采用净高的尺寸划定建筑面积的计算范围和对应规则。室内单独设置的有围护设施的悬挑看台，因其看台上部设有顶盖且可供人使用，所以按看台板的结构底板水平投影计算建筑面积。“有顶盖无围护结构的场馆看台”中所称的“场馆”为专业术语，指各种“场”类建筑，如：体育场、足球场、网球场、带看台的风雨操场等（图 1-5-8）。

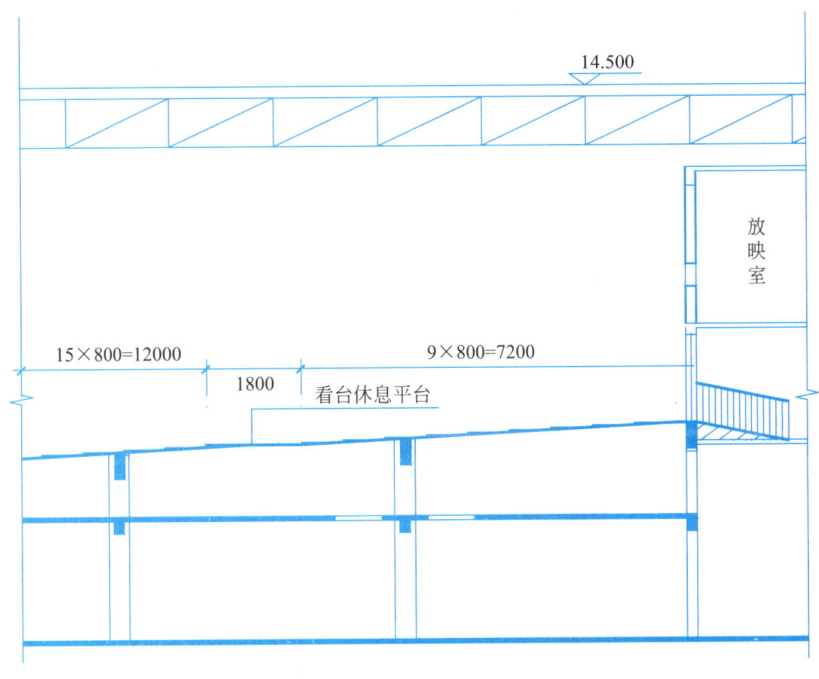

图 1-5-8

5. 地下室、半地下室应按其结构外围水平面积计算。结构层高在 2.20m 及以上的，应计算全面积；结构层高在 2.20m 以下的，应计算 1/2 面积。

【说明】地下室作为设备、管道层按本规范第 26 条执行，地下室的各种竖向井道按本规范第 19 条执行，地下室的围护结构不垂直于水平面的按本规范第 18 条规定执行。

【例 5】某建筑如图 1-5-9、图 1-5-10 所示，求其建筑面积。

【解】

S＝地下室建面＋出入口建面

地下室建筑面积 $S=(12.30+0.24)\times(10.00+0.24)=128.41m^2$

出入口建筑面积 $S=2.10\times0.80+6.00\times2.00=13.68m^2$

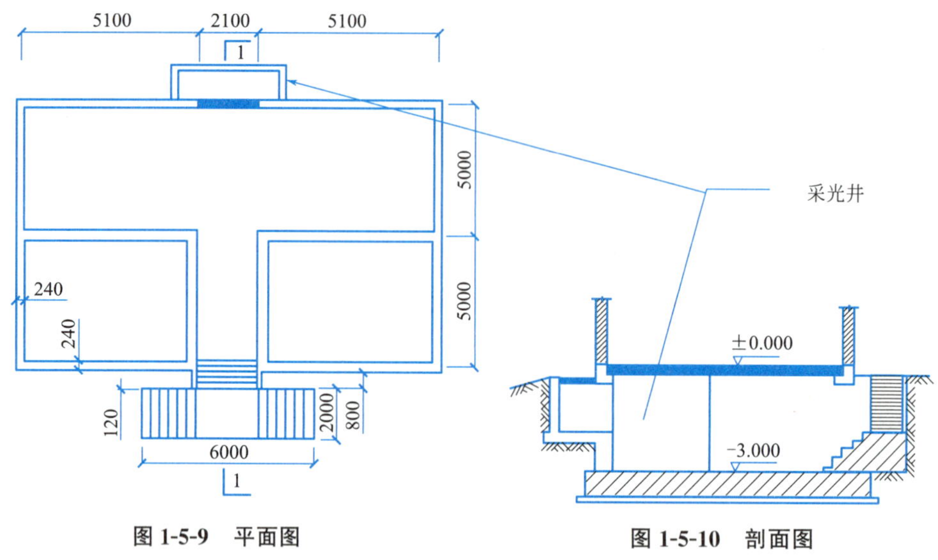

图 1-5-9　平面图　　　　图 1-5-10　剖面图

该地下室的建筑面积 $S=128.41+13.68=142.09\text{m}^2$

6. 出入口外墙外侧坡道有顶盖的部位，应按其外墙结构外围水平面积的 1/2 计算面积。

【说明】出入口坡道分有顶盖出入口坡道和无顶盖出入口坡道，出入口坡道顶盖的挑出长度，为顶盖结构外边线至外墙结构外边线的长度；顶盖以设计图纸为准，对后增加及建设单位自行增加的顶盖等，不计算建筑面积。顶盖不分材料种类（如钢筋混凝土顶盖、彩钢板顶盖、阳光板顶盖等）。

7. 建筑物架空层及坡地建筑物吊脚架空层，应按其顶板水平投影计算建筑面积（图 1-5-11）。结构层高在 2.20m 及以上的，应计算全面积；结构层高在 2.20m 以下的，应计算 1/2 面积。

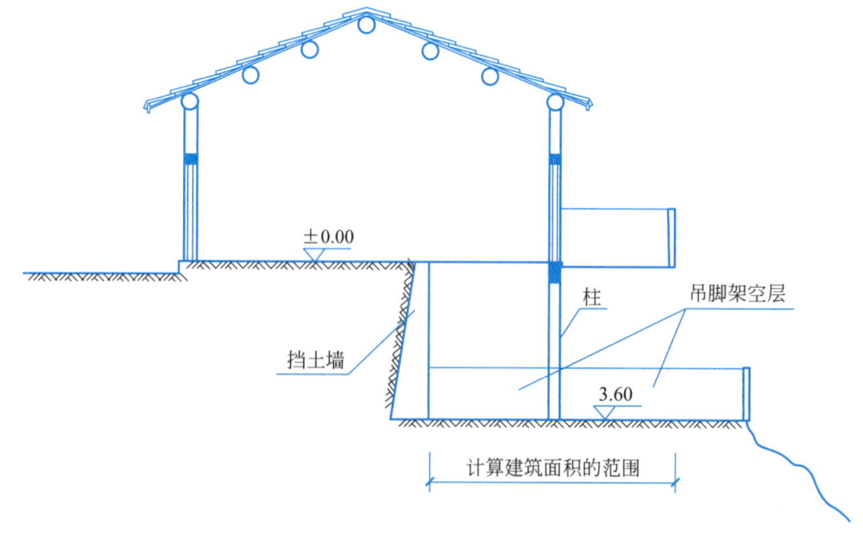

图 1-5-11　坡地吊脚架空层

【说明】本条既适用于建筑物吊脚架空层、深基础架空层建筑面积的计算，也适用于目前部分住宅、学校教学楼等工程在底层架空或在二楼或以上某个甚至多个楼层架空，作为公共活动、停车、绿化等空间的建筑面积的计算。架空层中有围护结构的建筑空间按相关规定计算。

8. 建筑物的门厅、大厅应按一层计算建筑面积，门厅、大厅内设置的走廊应按走廊结构底板水平投影面积计算建筑面积（图 1-5-12 至图 1-5-14）。结构层高在 2.20m 及以上的，应计算全面积；结构层高在 2.20m 以下的，应计算 1/2 面积。

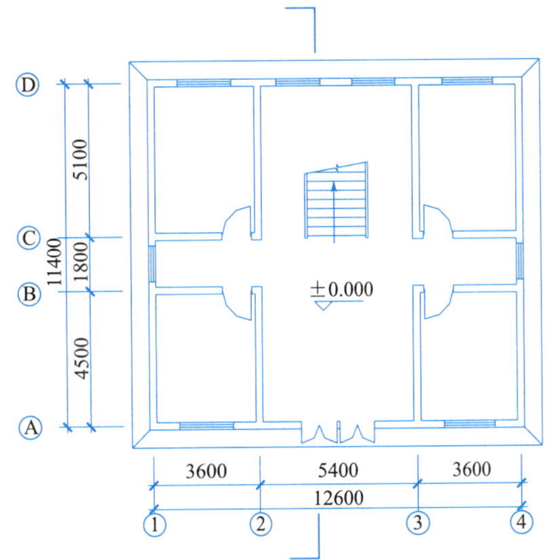

图 1-5-12　底层平面图

9. 对于建筑物间的架空走廊，有顶盖和围护设施的，应按其围护结构外围水平面积计算全面积；无围护结构、有围护设施的，应按其结构底板水平投影面积计算 1/2 面积（图 1-5-15）。

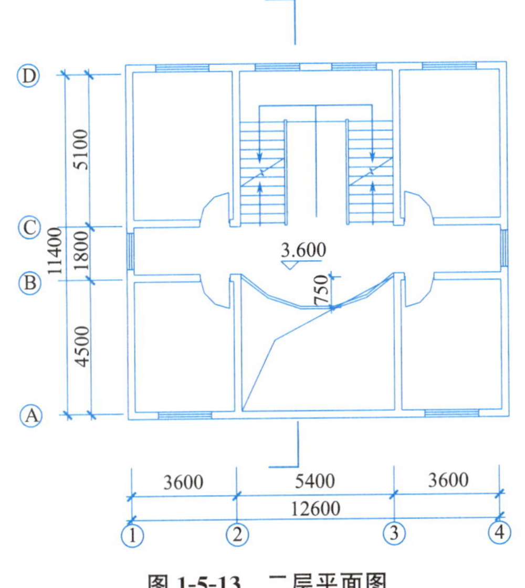

图 1-5-13　二层平面图

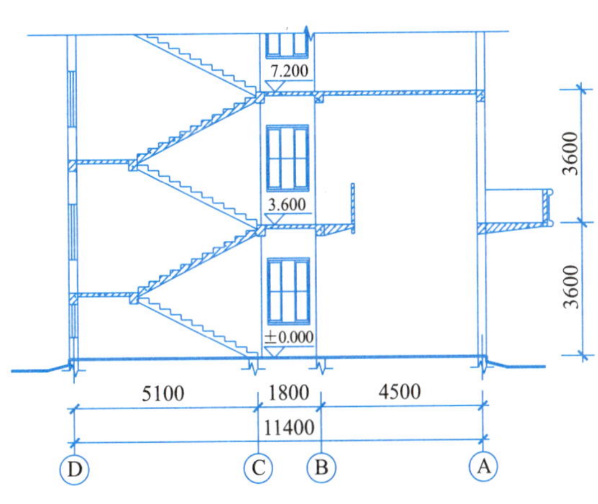

图 1-5-14　剖面图

10. 对于立体书库、立体仓库、立体车库，有围护结构的，应按其围护结构外围水平面积计算建筑面积；无围护结构、有围护设施的，应按其结构底板水平投影面积计算建筑面积。无结构层的应按一层计算，有结构层的应按其结构层面积分别计算。结构层高在 2.20m 及以上的，应计算全面积；结构层高在 2.20m 以下的，应计算 1/2 面积。

【说明】本条主要规定了图书馆中的立体书库、仓储中心的立体仓库、大型停车场的立体车库等建筑的建筑面积计算规则。起局部分隔、存储等作用的书架层、货架层或可升

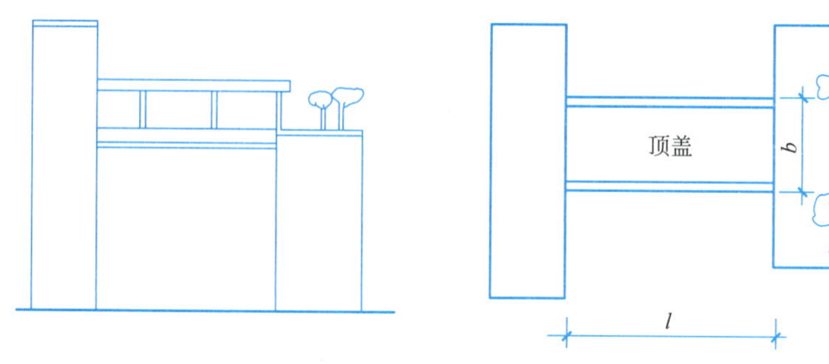

图 1-5-15 有顶盖的架空走廊

降的立体钢结构停车层均不属于结构层，故该部分分层不计算建筑面积（图 1-5-16）。

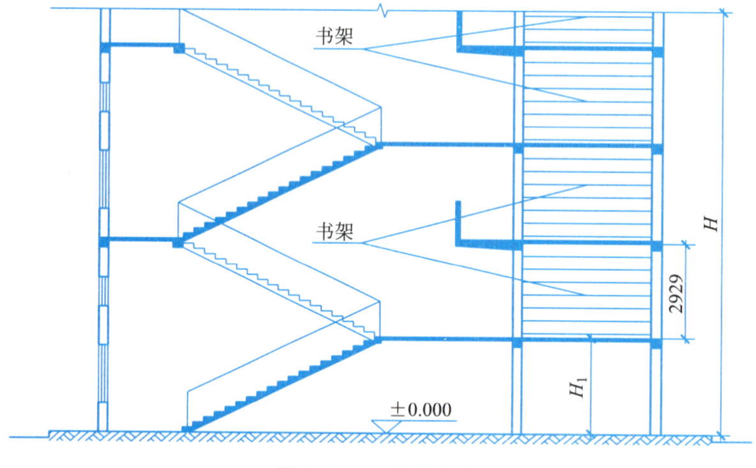

图 1-5-16 立体书库

11. 有围护结构的舞台灯光控制室，应按其围护结构外围水平面积计算。结构层高在 2.20m 及以上的，应计算全面积；结构层高在 2.20m 以下的，应计算 1/2 面积。

12. 附属在建筑物外墙的落地橱窗，应按其围护结构外围水平面积计算。结构层高在 2.20m 及以上的，应计算全面积；结构层高在 2.20m 以下的，应计算 1/2 面积。

13. 窗台与室内楼地面高差在 0.45m 以下且结构净高在 2.10m 及以上的凸（飘）窗，应按其围护结构外围水平面积计算 1/2 面积。

14. 有围护设施的室外走廊（挑廊），应按其结构底板水平投影面积计算 1/2 面积；有围护设施（或柱）的檐廊，应按其围护设施（或柱）外围水平面积计算 1/2 面积。

15. 门斗应按其围护结构外围水平面积计算建筑面积，且结构层高在 2.20m 及以上的，应计算全面积；结构层高在 2.20m 以下的，应计算 1/2 面积。

16. 门廊应按其顶板的水平投影面积的 1/2 计算建筑面积；有柱雨篷应按其结构板水平投影面积的 1/2 计算建筑面积；无柱雨篷的结构外边线至外墙结构外边线的宽度在 2.10m 及以上的，应按雨篷结构板的水平投影面积的 1/2 计算建筑面积。

【说明】雨篷分为有柱雨篷和无柱雨篷。有柱雨篷，没有出挑宽度的限制，也不受跨越层数的限制，均计算建筑面积。无柱雨篷，其结构板不能跨层，并受出挑宽度的限制，设计出挑宽度大于或等于 2.10m 时才计算建筑面积。出挑宽度，系指雨篷结构外边线至外墙结构外边线的宽度，弧形或异形时，取最大宽度。

17. 设在建筑物顶部的、有围护结构的楼梯间、水箱间、电梯机房等，结构层高在 2.20m 及以上的应计算全面积；结构层高在 2.20m 以下的，应计算 1/2 面积。

18. 围护结构不垂直于水平面的楼层，应按其底板面的外墙外围水平面积计算。结构净高在 2.10m 及以上的部位，应计算全面积；结构净高在 1.20m 及以上至 2.10m 以下的部位，应计算 1/2 面积；结构净高在 1.20m 以下的部位，不应计算建筑面积。

12. 建筑面积-阳台知识点

13. 建筑面积-阳台技能点

14. 建筑面积-外墙带外保温层

【说明】本条文对于向内、向外倾斜均适用。在划分高度上，本条使用的是结构净高，与其他正常平楼层按层高划分不同，但与斜屋面的划分原则一致。由于目前很多建筑设计追求新、奇、特，造型越来越复杂，很多时候无法明确区分什么是围护结构、什么是屋顶，因此对于斜围护结构与斜屋顶采用相同的计算规则，且只要外壳倾斜就按结构净高划段，分别计算建筑面积。

19. 建筑物的室内楼梯、电梯井、提物井、管道井、通风排气竖井、烟道，应并入建筑物的自然层计算建筑面积。有顶盖的采光井应按一层计算面积，且结构净高在 2.10m 及以上的，应计算全面积；结构净高在 2.10m 以下的，应计算 1/2 面积。

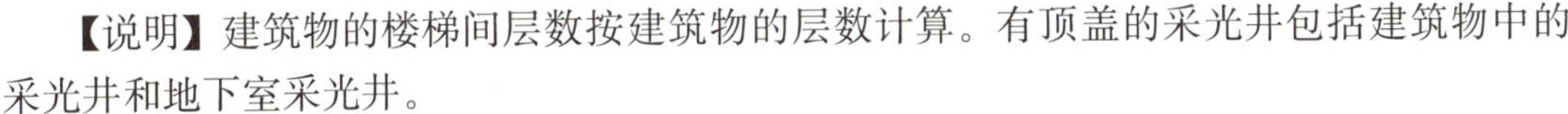

【说明】建筑物的楼梯间层数按建筑物的层数计算。有顶盖的采光井包括建筑物中的采光井和地下室采光井。

20. 室外楼梯应并入所依附建筑物自然层，并应按其水平投影面积的 1/2 计算建筑面积。

【说明】室外楼梯的层数为室外楼梯所依附的楼层数，即梯段部分投影到建筑物范围的层数，利用室外楼梯下部的建筑空间不得重复计算建筑面积；利用地势砌筑的为室外踏步，不计算建筑面积。

21. 在主体结构内的阳台，应按其结构外围水平面积计算全面积；在主体结构外的阳台，应按其结构底板水平投影面积的 1/2 计算建筑面积。

【说明】建筑物的阳台，不论其形式如何，均以建筑物主体结构为界分别计算建筑面积。

22. 有顶盖无围护结构的车棚、货棚、站台、加油站、收费站等，应按其顶盖水平投影面积的 1/2 计算建筑面积。

23. 以幕墙作为围护结构的建筑物，应按幕墙外边线计算建筑面积。

【说明】幕墙以其在建筑物中所起的作用和功能来区分。直接作为外墙起围护作用的幕墙，按其外边线计算建筑面积；设置在建筑物墙体外起装饰作用的幕墙，不计算建筑面积。

24. 建筑物的外墙外保温层，应按其保温材料的水平截面积计算，并计入自然层建筑面积。

【说明】建筑物外墙外侧有保温隔热层的，保温隔热层以保温材料的净厚度乘以外墙结构外边线长度按建筑物的自然层计算建筑面积，其外墙外边线长度不扣除门窗和建筑物外已计算建筑面积构件（如阳台、室外走廊、门斗、落地橱窗等部件）所占长度。当建筑物外已计算建筑面积的构件（如阳台、室外走廊、门斗、落地橱窗等部件）有保温隔热层时，其保温隔热层也不再计算建筑面积。外墙是斜面者按楼面楼板处的外墙外边线长度乘以保温材料的净厚度计算。外墙外保温以沿高度方向满铺为准，某层外墙外保温铺设高度未达到全部高度时（不包括阳台、室外走廊、门斗、落地橱窗、雨篷、飘窗等），不计算建筑面积。保温隔热层的建筑面积是以保温隔热材料的厚度来计算的，不包含抹灰层、防潮层、保护层（墙）的厚度。建筑外墙外保温见图 1-5-17。

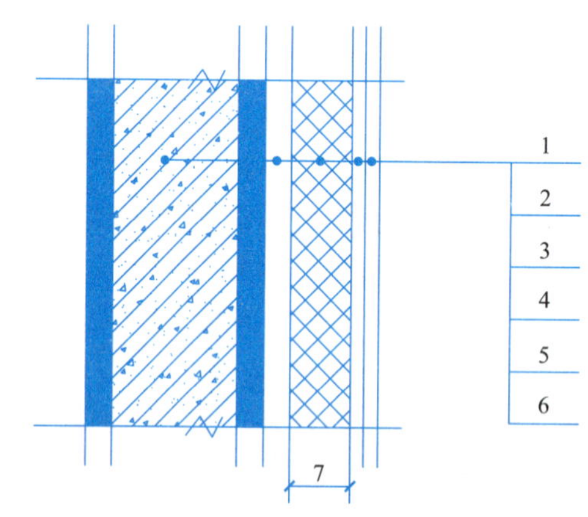

图 1-5-17　建筑外墙外保温

1—墙体；2—粘结胶浆；3—保温材料；4—标准网；5—加强网；6—抹面胶浆；7—计算建筑面积部位

25. 与室内相通的变形缝，应按其自然层合并在建筑物建筑面积内计算。对于高低联跨的建筑物，当高低跨内部连通时，其变形缝应计算在低跨面积内。

【说明】本规范所指的与室内相通的变形缝，是指暴露在建筑物内，在建筑物内可以看得见的变形缝。

26. 对于建筑物内的设备层、管道层、避难层等有结构层的楼层，结构层高在 2.20m 及以上的，应计算全面积；结构层高在 2.20m 以下的，应计算 1/2 面积。

【说明】设备层、管道层虽然其具体功能与普通楼层不同，但在结构上及施工消耗上并无本质区别，且本规范定义自然层为“按楼地面结构分层的楼层”，因此设备、管道楼层归为自然层，其计算规则与普通楼层相同。在吊顶空间内设置管道的，则吊顶空间部分不能被视为设备层、管道层。

四、不计算建筑面积的规定

1. 与建筑物内不相连通的建筑部件。

【说明】本款指的是依附于建筑物外墙外不与户室开门连通，起装饰作用的敞开式挑台（廊）、平台，以及不与阳台相通的空调室外机搁板（箱）等设备平台部件。

2. 骑楼、过街楼底层的开放公共空间和建筑物通道（图 1-5-18、图 1-5-19）。

3. 舞台及后台悬挂幕布和布景的天桥、挑台等。

【说明】本款指的是影剧院的舞台及为舞台服务的可供上人维修、悬挂幕布、布置灯光及布景等搭设的天桥和挑台等构件设施。

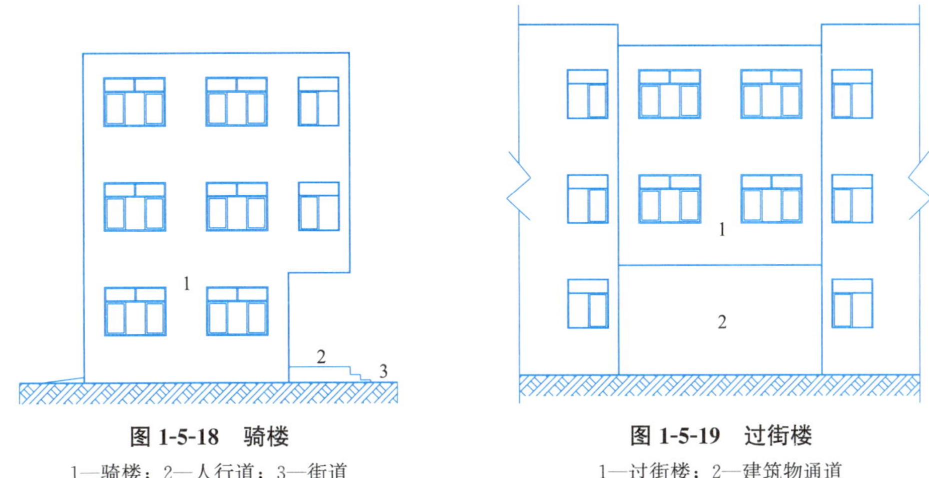

图 1-5-18　骑楼

1—骑楼；2—人行道；3—街道

图 1-5-19　过街楼

1—过街楼；2—建筑物通道

4. 露台、露天游泳池、花架、屋顶的水箱及装饰性结构构件。

5. 建筑物内的操作平台、上料平台、安装箱和罐体的平台。

【说明】建筑物内不构成结构层的操作平台、上料平台（工业厂房、搅拌站和料仓等建筑中的设备操作控制平台、上料平台等），其主要作用为室内构筑物或设备服务的独立上人设施，因此不计算建筑面积。

6. 勒脚、附墙柱、垛、台阶、墙面抹灰、装饰面、镶贴块料面层、装饰性幕墙，主体结构外的空调室外机搁板（箱）、构件、配件，挑出宽度在 2.10m 以下的无柱雨篷和顶盖高度达到或超过两个楼层的无柱雨篷。

【说明】附墙柱是指非结构性装饰柱。

7. 窗台与室内地面高差在 0.45m 以下且结构净高在 2.10m 以下的凸（飘）窗，窗台与室内地面高差在 0.45m 及以上的凸（飘）窗。

【说明】室外钢楼梯需要区分具体用途，如专用于消防的楼梯，则不计算建筑面积，如果是建筑物唯一通道，兼用于消防，则需要按计算规则的第 20 条计算建筑面积。

8. 室外爬梯、室外专用消防钢楼梯。

9. 无围护结构的观光电梯。

10. 建筑物以外的地下人防通道，独立的烟囱、烟道、地沟、油（水）罐、气柜、水塔、贮油（水）池、贮仓、栈桥等构筑物。

五、案例分析

【例】某住宅建筑图如本书附图所示（扫码获取）

3/13，4/13，5/13，6/13，7/13，8/13，9/13，10/13，11/13 所示，请计算该住宅

的建筑面积。

【解】

一层建筑面积：

S1=2.4×（3.3+0.24）+2.5×（3.3+4.8+0.24）+（5.1+1.4+0.24）×（2.6+6.6+7+0.24）+0.6×（6.6+0.24）+1/2×2.2×2.42×2=149.58m^2

二层建筑面积：

S2=2.6×（1.4+3.6+1.5+0.24）+2.5×（3.3+2.52+2.28+0.24）+（1.4+3.6+1.5+0.6+0.24）×（3.3+3.3+3.4+3.6+0.24）+1/2×（3.4+3.6−0.02+0.12）×（0.9−0.12）=142.73m^2

三层建筑面积：

S3=（2.6+0.24）×（5+1.5+0.24）+（3.3+3.3）×（5+0.24）=53.73m^2

总建筑面积：

S=S1+S2+S3=149.58+142.73+53.73=346.04m^2

扫码获取图纸

建筑装饰工程定额计价

知识领域二

单元一 Chapter 01

定额计价概述

知识点

1. 定额计价依据；
2. 定额计价方法；
3. 建筑装饰工程消耗量定额。

技能点

1. 熟悉定额计价依据、方法；
2. 能正确使用建筑装饰工程消耗量定额；
3. 能正确使用建筑装饰工程消耗量定额及统一基价表。

能力目标

1. 收集计价资料的能力；
2. 正确使用建筑装饰工程消耗量定额的能力；
3. 建筑装饰工程消耗量定额及统一基价表的应用能力；
4. 编制企业定额的初步能力。

一、定额计价简介

（一）建筑装饰工程造价的含义

建筑装饰工程造价的直意就是建筑装饰工程的建造价格，即某项建筑工程在装饰装修过程中所花费的全部费用，其核心内容是投资估算、设计概算、修正概算、施工图预算、工程结算、竣工决算等。建筑装饰工程造价的主要任务：根据装饰施工图纸、定额以及规范，计算出工程中所包含的直接费（人工、材料及设备、施工机具使用）、企业管理费、措施费、规费、利润及税金等。

（二）建筑装饰工程造价的计价模式

由于建筑产品价格的特殊性，与一般工业产品价格的计价方法相比，建筑装饰工程造价的计价模式采取了特殊的计价模式及方法。即按定额计价模式和按工程量清单计价模式。

1. 定额计价模式

采用定额计价模式时，工程计价依据由国家或国家授权的地方工程造价管理部门编制。工程造价部门根据当地的技术经济条件、施工水平、常用施工方法以及地方工程建设特点，编制适用于该地区或该部门的建筑安装工程消耗定额；根据当地的人工、材料、机械台班资源要素的市场价格水平，综合测算后，制定出在某一时期内适用于当地的人工、材料、机械台班（又称三要素）预算价格；同时测算典型企业的典型工程的费用消耗情况，并考虑整个地区的费用消耗水平，制定出适用于该地区的费用项目和费用标准，即取费定额。

2. 清单计价模式

工程量清单计价方式，是在建设工程招标投标中，招标人自行或委托具有资质的中介机构编制反映工程实体消耗和措施性消耗的工程量清单，并作为招标文件的一部分提供给投标人，由投标人依据工程量清单自主报价的计价方式。在工程招标中采用工程量清单计价是国际上较为通行的做法。

（三）定额计价依据和方法

1. 定额计价依据

定额计价依据是指采用定额计价法计算工程造价的各类基础资料的总称。包括工程定额，人工、材料、机械台班及设备单价，工程造价指数，工程量计算规则，以及政府主管部门发布的有关工程造价的经济法规、政策等。

（1）定额计价主要依据包括：

1）图纸

图纸包括所附的文字说明、有关的通用图集和标准图集及图纸会审记录。它们规定了工程的具体内容、技术特征、建筑结构尺寸及装修做法等。因而是编制预算的重要依据之一。

2）现行预算定额或地区单位估价表

现行预算定额是编制预算的基础资料。编制工程预算，从分部分项工程项目的划分到工程量的计算，都必须以预算定额为依据。地区单位估价表是根据现行预算定额、地区工人工资标准、施工机械台班使用定额和材料预算价格等进行编制的。它是预算定额在该地区的具体表现，也是该地区编制工程预算的基础资料。

3）经过批准的施工组织设计或施工方案

施工组织设计或施工方案是建筑施工中的重要文件，它对工程施工方法、材料、构件的加工和堆放地点都有明确规定。这些资料直接影响工程量的计算和预算单价的套用。

4）地区取费标准（或间接费定额）和有关动态调价文件

此项按当地规定的费率及有关文件进行计算。

5）工程的承包合同（或协议书）、招标文件

6）最新市场材料价格

最新市场材料价格是进行价差调整的重要依据。

7）预算工作手册

预算工作手册将常用的数据、计算公式和系数等资料汇编成手册以便查用，可以加快工程量计算速度。

8）有关部门批准的拟建工程概算文件

（2）定额计价依据的分类

定额计价依据除国家或地方法律规定的以外，一般以合同形式加以确定。

定额计价依据按用途分类，概括起来可以分为 7 大类 18 小类。

1）第一类，规范工程计价的依据：

《建筑工程建筑面积计算规范》GB/T 50353—2013。行业推荐性标准，如《建设项目投资估算编审规程》CECA/GC-1 2015 等。

2）第二类，计算设备数量和工程量的依据：

① 可行性研究资料。

② 初步设计、扩大初步设计、施工图设计图纸和资料。

③ 工程变更及施工现场签证。

3）第三类，计算分部分项工程人工、材料、机械台班消耗量及费用的依据：

① 概算指标、概算定额、预算定额。

② 人工单价。

③ 材料预算单价。

④ 机械台班单价。

⑤ 工程造价信息。

4）第四类，计算建筑安装工程费用的依据：

① 间接费定额。

② 价格指数。

5）第五类，计算设备费的依据：

设备价格、运杂费率等。

6）第六类，计算工程建设其他费用的依据：

① 用地指标。

② 各项工程建设其他费用定额等。

7）第七类，和计算造价相关的法规和政策：

① 包含在工程造价内的税种、税率。

② 与产业政策、能源政策、环境政策、技术政策和土地等资源利用政策有关的取费标准。

③ 利率和汇率。

④ 其他计价依据。

2. 定额计价的方法

按定额计价模式，是在我国计划经济时期及计划经济向市场经济转型时期，所采用的行之有效的计价模式。

按定额计价的基本方法是“单位估价法”，即根据国家或地方颁布的统一预算定额规定的消耗量及其单价，以及配套的取费标准和材料预算价格，计算出相应的工程数量，套用相应的定额单价计算出定额直接费，再在直接费的基础上计算各种相关费用及利润和税金，最后汇总形成建筑产品的造价。其基本数学模型是式（2-1-1）：

$$建筑工程造价=[\sum(工程量\times定额基价)\times(1+各种费用+利润)+差价]\times(1+增值税税率) \quad (2\text{-}1\text{-}1)$$

预算定额是国家或地方统一颁布的，视为地方经济法规，必须严格按照执行。一般概念上讲，不管谁来计算，由于计算依据相同，只要不出现计算错误，其计算结果是相同的。

按定额计价（又称工料单价法）模式确定建筑工程造价，由于有预算定额规范消耗量、有各种文件规定人工、材料、机械单价及各种取费标准，在一定程度上防止了高估冒算和压级压价，体现了工程造价的规范性、统一性和合理性。但对市场的竞争起到了抑制作用，不利于促进施工企业改进技术、加强管理、提高劳动效率和市场竞争力。

二、定额概述

（一）定额的概念

定是指规定、额是指额度或限度，也即数量标准的意思。定额就是规定的额度或限度或规定的数量标准。

建筑装饰工程定额是指在正常的施工条件下，完成单位合格产品所消耗的人工、材料、机械台班以及资金的数量标准。这个数量标准是规定在正常施工条件下完成单位合格产品与各种生产消耗之间的特定数量关系，它不仅规定了人工、材料、机械台班的消耗数量，还规定了完成该单位合格产品的资金消耗额度（定额中常以基价或单价的形式出现）。同时还规定了工作内容（定额中常放在单位估价表表格上面）、质量标准和安全要求。所谓正常施工条件是指生产过程按生产工艺和施工验收规范作业，施工条件完善，劳动组织合理，施工机械正常运转，材料供应及时和资金到位等条件。合格产品是指产品施工验收的标准为合格而非优良，因为它反映的是社会平均生产力水平。

（二）定额的性质

1. 定额的科学性

定额的科学性，表现为定额的编制是在认真研究客观规律的基础上，自觉遵循客观规律的要求，用科学方法确定各项消耗量标准。

2. 定额的法令性

定额的法令性，是指定额一经国家、地方主管部门或授权单位颁发，各地区及有关施工企业单位，都必须严格遵守和执行，不得随意变更定额的内容和水平。定额的法定性保证了建筑工程统一的造价与核算尺度。

3. 定额的群众性

定额的拟定和执行，都要有广泛的群众基础。

定额的拟定，通常采取工人、技术人员和专职定额人员三结合方式。使拟定定额时能够从实际出发，反映建筑安装工人的实际水平，并保持一定的先进性，使定额容易为广大职工所掌握。

4. 定额的统一性

按定额的执行范围来看，有全国统一定额、地区统一定额和行业统一定额等，按照定额的制定、颁布和贯彻执行来看，有统一的程序、统一的原则、统一的要求和统一的用途。

5. 定额的稳定性和时效性

建筑工程定额中的任何一种定额，在一段时期内都表现出稳定的状态。根据具体情况不同，稳定的时间有长有短，但是，任何一种建筑工程定额，都只能反映一定时期的生产力水平，当生产力向前发展了，定额就变得陈旧了。所以，建筑工程定额在具有稳定性特点的同时，也具有显著的时效性。当定额不再能起到它应有作用的时候，建筑工程定额就要重新编制或修订了。

（三）定额的地位和作用

定额是管理科学的基础，是现代管理科学的重要内容和基本环节。

1. 定额的地位

（1）定额是节约社会劳动消耗，提高劳动生产率的重要手段。定额为劳动者和管理者规定了劳动成果和经济效益的评价标准，这个标准使广大劳动者和管理者都明确了自己的具体目标，从而促使他们增强责任感和事业心，自觉地去节约劳动消耗，努力达到定额所规定的标准，提高劳动生产率。

（2）定额是组织和协调社会化大生产的工具。随着生产力的发展和生产社会化程度不断提高，可以说任何一种产品都需要很多劳动者，甚至许多企业共同来完成。如此众多企业和劳动者如何合理组织，彼此协调，有效指挥都需要科学的管理，而定额正是这个科学管理的重要工具。

（3）定额是宏观调控的依据。市场经济不是自由经济，在市场经济发展中，政府应加强宏观指导和调控。定额能为政府提供预测、计划、调节和控制经济发展的可靠的技术根据和计量标准。

（4）定额在实现按劳分配、兼顾效率与社会公平方面有重要的作用。定额规定了劳动成果和经营效益的数量标准，以此为依据就能公平地进行合理分配和对资源进行优化配置。

2. 定额的作用

（1）定额有利于节约社会劳动和提高劳动生产率。这是因为：一方面定额可以促使劳动者节约社会劳动（工作时间、原材料等）和提高劳动效率，加速工作进度，增强市场竞争能力，从而多获利润；另一方面，定额可使企业加强管理、降低成本，把物化劳动和活化劳动消耗控制在合理的限度内；最后，定额是项目决策和项目管理的依据。

（2）定额有利于建筑市场公平竞争。除施工定额（企业定额）外，其他定额都是公开、透明的，这些公开透明的定额为市场供给主体和需求主体都提供了准确的数量标准信息，为市场公平竞争提供了有利条件。

（3）定额有利于规范市场行为。对投资者来说，定额是投资决策和投资管理的依据，他们既可以利用定额对项目进行科学决策，又可以利用定额对项目投资进行有效的控制；对建筑安装企业来讲，他们可根据定额进行有效的控制；对建筑安装企业来讲，他们可根据定额进行合理的投标报价，争取获得更多的工程合同，以上双方以定额为依据，合理确定合同价。可见，定额对于完善固定资产投资市场和建筑市场，都有其重要的作用。

（4）定额有利于完善市场信息系统，促进市场经济有序、健康的发展。信息是市场体系中的重要因素，它的可靠性、灵敏性和完备程序是市场成熟和市场效率的重要标志。而定额管理是对市场进行大量信息收集、加工、传递和信息反馈的有效工具。因此，在我国建设项目管理中，以定额形式建立和完善建筑市场信息系统，正是以公有制经济为主体的社会主义市场经济的特色所在。

（四）定额的分类

工程定额体系分类如下：

1. 按定额反映的物质消耗内容分类

按定额反映的物质消耗内容可分为：劳动消耗定额、材料消耗定额和机械消耗定额。

(1) 劳动消耗定额

劳动消耗定额简称劳动定额。它是指完成某一合格产品（工程实体或劳务）所规定该劳动消耗的数量标准。劳动定额的主要表现形式有两种：产量定额和时间定额，并互为倒数关系。

(2) 材料消耗定额

材料消耗定额简称材料定额，它是指完成某一合格产品所需消耗材料的数量标准。

材料是工程建设中使用的原材料、成品、半成品、构配件、燃料以及水电等资源的统称。材料作为劳动对象构成工程的实体，需要数量大（约占直接费的70%），种类繁多。材料消耗量多少，消耗是否合理，不仅直接影响资源的有效利用，而且对工程造价，建设产品的成本控制都会产生重要的影响。因此，重视和加强材料的定额管理，制定出合理的材料消耗定额，合理组织材料保质保量的供应，是节省材料、降低造价，提高工程质量的重要途径。

(3) 机械消耗定额

机械消耗定额又称为机械台班消耗定额，简称机械台班定额，它是指为完成某一合格产品所需的施工机械台班消耗的数量标准。它的表现形式类似劳动定额，有机械时间定额和机械产量定额两种。

其在定额册中的表示也类似劳动定额。

2. 按定额的编制程序和用途分类

按定额编制程序和用途分类，可分为施工定额、预算定额、概算定额、概算指标、投资估算指标和工期定额六类。

(1) 施工定额

施工定额是建筑、安装企业为组织生产和加强管理在本企业内部使用的定额。它是属于企业生产性质的定额，不是计价定额。施工定额由劳动定额、材料定额和机械定额三个相对独立的部分组成。为了适应施工企业组织生产和管理的需要，施工定额的项目划分很细，是工程建设定额中分项最细、定额子目最多的一种定额。施工定额是工程建设定额体系中的基础性定额，是预算定额的编制基础，施工定额的劳动、材料、机械台班消耗数量标准是计算预算定额的劳动、材料、机械台班消耗数量标准的重要依据。

(2) 预算定额

预算定额是计价定额，是在编制施工图预算时，确定工程造价和计算工程中劳动、材料、机械台班需要量使用的一种定额。它是确定工程造价的主要依据，在招标投标承包中，它是计算标底的依据和投标报价的重要参考；它是概算定额和概算指标的编制基础。因此，可以说预算定额是计价定额中的基础性定额，在工程建设定额体系中占有很重要的地位。

(3) 概算定额

概算定额是计价定额，是在编制技术设计（或叫扩大初步设计）概算时确定工程概算造价，计算工程中劳动、材料机械台班需要量的一种定额。它是预算定额的综合扩大并与技术设计的深度相适应的一种定额。

(4) 概算指标

概算指标也是计价定额，它是在初步设计阶段，确定初步设计概算造价、计算劳动、材料、机械台班需要量的一种定额。这种定额是在概算定额和预算定额的基础上编制的，比概算定额更加综合扩大，其综合扩大程度与初步设计的深度相适应。概算指标是控制项目投资的有效工具，也是编制投资计划的依据和参考。

（5）投资估算指标

投资估算指标也是属于计价定额，它是在项目建议书和可行性研究阶段编制投资估算，确定投资需要量的一种定额。这种定额以单项工程甚至完整的工程项目为估算对象，其概括程度高并与可行性研究阶段相适应。投资估算指标以预算定额、概算定额、概算指标以及已完工程的预、决算资料和价格变动等资料为依据编制的。

（6）工期定额

工期定额也属于计价定额，它是指为各类建设工程所规定的施工期限（或建设期限）的一种定额。包括建设工期定额和施工工期定额。

1）建设工程（以月或天数表示）。是指建设项目或单项工程在建设过程中所需的时间总量。它是从开工建设时起到全部建成投产或交付使用为止所经历的时间，但不包括由于计划调整而停工、缓建所延误的时间。

2）施工工期（以“天”为计量单位）。是指单项工程或单位工程从开工到完工所经历的时间，是建设工期的组成部分。

3. 按主编单位和管理权限分类

按主编单位和管理权限分类，定额可分为：全国统一定额、行业统一定额、地区统一定额、企业定额四种。

（1）全国统一定额，由国家建设行政主管部门，综合全国工程建设的技术和施工组织管理水平等情况编制的在全国范围内执行的定额。

（2）行业统一定额，由行业部门，考虑到各行业部门的专业工程技术特点和施工组织与管理水平等情况，编制的在本行业和相同专业性质范围内使用的定额。

（3）地区统一定额，是由各省、自治区、直辖市考虑本地区特点、施工组织管理水平对全国统一定额水平作适当调整和补充所编制的定额。

（4）企业定额，是各施工企业根据本企业的施工技术、组织管理水平，并参照国家、部门或地区定额水平编制的，只在本企业内部使用的定额。企业定额是企业综合素质的重要标志，企业定额水平应高于国家、地区现行定额水平，才能满足施工企业的发展，才能增强市场竞争力。

三、建筑装饰工程消耗量定额

（一）建筑装饰工程消耗量定额概念

建筑装饰工程消耗量定额（又称“装饰预算定额”），是指建筑装饰工程建设中，在正常的施工条件，常用的施工机械、合理的施工工期、施工工艺，完成单位合格的建筑装饰产品所规定的人工、材料、机械台班以及资金消耗的数量标准。这种数量标准最终确定了单项工程和单位工程的成本和造价。

（二）建筑装饰工程消耗量定额的编制依据

定额编制的依据主要包括工程质量标准、施工验收规范、施工组织设计及人工、机械、材料消耗量所依据的定额等。建筑装饰工程消耗量定额的编制依据为：

1. 国家现行产品标准、设计规范、施工及验收规范。
2. 国家现行技术操作规程、质量评定标准和安全操作规程。
3. 标准图集、通用图集及有关省、直辖市、自治区的标准图集和做法。
4. 全国统一的建筑安装工程劳动定额。
5. 《全国统一建筑装饰装修工程消耗量定额》GYD 901—2002 及各省、直辖市、自治区的补充资料等。
6. 地区标准和有代表性的工程设计、施工资料和其他资料。

（三）装饰预算定额的作用

1. 装饰预算定额是编制施工图预算确定和控制工程造价的依据。

按我国现行工程预算制度，预算定额是编制施工图预算的依据。预算施工图预算依照设计图纸和预算预算定额，确定一定计量单项工程分项人工、材料、机械台班消耗量，计算出直接费。然后，再依据费用定额确定工程成本造价。因此预算定额直接影响直接费和成本造价。

2. 装饰预算定额是设计方案进行技术经济比较、技术经济分析的依据。

选择设计方案要符合技术先进、经济合理、美观适用的要求。设计方案优劣要从技术和经济两方面进行评价。装饰预算定额能帮助设计者对所设计工程耗用的工料数量和工程费用进行衡量比较，从而确定设计方案的合理性。在推广新材料、新结构时，需要根据装饰预算定额进行综合分析，从经济角度上判断采用这些新材料、新结构的经济价值。

3. 装饰预算定额是国家对建设项目进行宏观调控的依据。

通过装饰预算定额，国家可将全国的装饰固定资产投资和建设项目及其人、财、物的消耗控制在一个合理的水平上，实行统一的宏观调控。

4. 装饰预算定额是施工企业进行经济活动分析的依据。

装饰预算定额所规定的单位合格产品的人工、材料和机械台班消耗量指标，是施工企业进行经济核算和对施工中人、财、物的消耗情况具体分析的依据。通过具体分析，找出低工效、高消耗的薄弱环节及其原因，从而促使施工企业的经济增长由粗放型向集约型转变，提高企业在市场中的竞争力。

5. 装饰预算定额是编制建设工程招标控制价的依据和投标报价的基础。

在市场经济体制下，装饰工程招标标底仍是以装饰预算定额和相应费用标准为依据编制的。在现阶段，各施工企业的企业定额（施工定额）还没有建立起来，投标报价仍是参照装饰预算定额和企业自身技术管理水平情况来确定投标报价。即使完全市场化后，量价分离的装饰预算定额的实物消耗量仍是投标报价的。

6. 装饰预算定额是编制概算定额和概算指标的基础。

装饰概算定额和装饰概算指标是以装饰预算定额为基础，加以综合扩大编制的。这样不仅可以节省编制装饰概算定额和装饰指标的大量的人力、物力和时间，而且可以使其定额水平与装饰预算定额保持一致，达到事半功倍的效果。

（四）装饰预算定额的组成

装饰预算定额由总说明、定额手册目录、分部、分项章节（表）、附录组成。其中，分部工程又由分部说明、工程量计算规则、分项工程定额表组成。分项工程定额表由工程内容、计量单位、定额表格、附注组成。

按装饰部位、构造做法及施工工艺划分为楼地面、墙柱面装饰与隔断、玻璃幕墙工程、天棚工程、门窗工程、油漆、涂料、裱糊工程、其他工程、措施项目工程及附录（模板一次使用量表）等。

1. 定额总说明

从定额的编制依据、原则、指导思想、目的、作用、适用范围、定额的章节划分和表现形式、有关数据取定、定额的换算、定额在编制过程中已经考虑和未考虑的因素及未包括的内容、定额各章节的共性问题、有关统一规定及使用方法等方面作明确的说明。以江西省为例，分述如下：

（1）定额的编制依据及原则

《江西省房屋建筑与装饰工程消耗量定额及统一基价表（2017 版）》是在国家标准《建设工程工程量清单计价规范》GB 50500—2013 和《房屋建筑装饰装修工程消耗量定额》TY01-31-2015 及《江西省建筑装饰工程预算定额》（2010 年）基础上，结合江西省具体情况进行编制的。遵循社会主义市场经济原则，从有利于全省统一市场的建立，有利于市场的竞争，有利于装饰工程造价的合理确定出发，规范建筑装饰工程计价依据和计价行为。

（2）定额的作用

1）编制建筑装饰装修工程施工图预算的依据。

2）编制建筑装饰装修工程招标标底、投标报价的依据。

3）承发包双方办理竣工结算的依据。

4）有关部门审核、审计的依据。

5）企业内部经济核算的基础。

（3）定额的适用范围

新建、扩建、改建的建筑工程中的装饰工程及家庭居室装饰工程。

（4）定额的章节划分和表现形式

主要内容分为三部分：第一部分为工程项目、第二部分为施工技术措施项目、第三部分为附录。基价表章、节分按《建设工程工程量清单计价规范》GB 50500—2013 统一项目编码设置。定额基价的形式由人工费、材料费、机械费三项组成。

（5）定额的有关数据取定

1）定额中的人工工日不分工种、技术等级，一律以综合日表示，内容包括基本用工、超运距、人工幅度差及辅助用工，每工日单价为 96 元（含流贴）。

2）材料预算价格按当时市场调查价综合取定，按品种、规格已列入附录中，执行时实际价格与预算价格之间的差价应予调整。

3）机械台班价格是按机械台班定额（江西省预算价格）（2017 年）取定。

（6）定额的换算

1）定额中的木材系按自然干燥考虑，若采用其他方法进行干燥时，费用应按实调整。

2）定额所采用的材料、装成品、成品的品种、规格型号、配合比、制安损耗等与设计不符时，按各章规定调整。

3）施工中与定额取定的机械不同或以人工代替机械，仍按定额执行。

4）定额中的价格均已综合了搭拆 3.6m 以内简易脚手架用工及手架的摊销材料。

5）定额项目材料材料栏内数字带有括号的，装饰定额未包括该项材料价格，使用时按实际价格计算。

6）定额工作内容只说明了主要施工工序，次要工序虽未说明，但定额中已考虑。

7）凡装饰工程定额缺项的而《基础定额》中有子目的，可以直接套用该子目，但人工单价不得换算，其垂直运输费按装饰定额执行。

2. 分部工程说明的主要内容

（1）定额项目的内容、子目的数量；

（2）工程量计算方法；

（3）分部工程定额综合的内容和允许换算、不允许换算的界限及特殊规定；

（4）使用本分部工程允许增减系数范围规定。

3. 定额项目表

（1）由分部工程定额组成，是预算定额的主要组成部分；

（2）分部定额编号及项目名称；

（3）预算定额基价包括人工费、材料费、机械费；

（4）人工、材料、机械表现形式（消耗量指标）；

（5）文字说明：本定额包括的工作内容。

4. 定额附录或附表

（1）模板一次使用量表；

（2）各种砂浆、混凝土配合表。

（五）装饰工程消耗量定额统一基价表

1. 定额的基价

定额基价，是指反映完成定额项目规定的单位建筑安装产品，在定额编制时期所需的人工费、材料费、施工机械使用费或其总和。

定额基价相对比较稳定，有利于简化概（预）算的编制工作。属于不完全价格，因为只包括人工费、材料费、机械台班的费用。

定额基价是由人、材、机单价构成，计算公式见式（2-1-2）：

$$定额项目基价=人工费+材料费+施工机械使用费 \tag{2-1-2}$$

$$人工费=定额项目工日数\times人工单价$$

$$材料费=\sum(定额项目材料用量\times材料单价)$$

$$机械费=\sum(定额项目台班用量\times台班单价)$$

2. 人工单价的确定

根据“国家宏观调控，市场竞争形成价格”的现行工程造价的确定原则，人工单价是由市场形成，但目前国家或地方对市场价格制定了最低保护价和最高限制价。

（1）人工单价的概念

人工单价也称工资单价，是指一个建筑安装工人一个工作日应得的劳动报酬。

工作日，是指一个工人工作一个工作日，按我国劳动法规定，一个工作日的工作时间为8小时，简称“工日”。

劳动报酬应包括一个人物质需要和文化需要。具体地讲，应包括本人衣、食、住、行和生、老、病、死等基本生活的需要，以及精神文化的需要，还应包括本人基本供养人口的需要。

（2）人工单价的组成

人工单价应由基本工资，工资性补贴，辅助工资、福利费、劳动保护费等组成。

基本工资：是指发放给生产工人的基本工资，应指本人穿衣，吃饭等各种支出的补偿。

工资性补贴：是指按规定标准发放的物价补贴，煤、燃气补贴，交通补贴，住房补贴，流动施工津贴等。

辅助工资：是指生产工人年有效施工天数以外非作业天数的工资，包括职工学习、培训期间的工资，调动工作、探亲、休假期间的工资，因气候影响的停工工资，女工哺乳期间的工资，病假在六个月以内的工资及产、婚、丧假期的工资。

福利费：是指按规定标准计提的职工福利费，如书报费、洗理费、防暑降温及取暖费等内容。

劳动保护费：是指按规定标准发放的劳动保护用品的购置费及修理费，徒工服装补贴，防暑降温费，在有碍身体健康环境中施工的保健费用等。

（3）人工单价的影响因素

1）社会平均工资水平提高

建筑安装工人人工单价必须和社会平均工资水平相适应。社会平均工资水平取决于经济发展水平。由于我国改革开放以来经济迅速增长，社会平均工资也有较大提高，人工单价也大幅度提高。

2）生活消费指数提高

生活消费指数的提高会影响人工单价的提高。物价提高，生活消费指数就会增加，反之降低。生活消费指数是随着生活消费品物价的变动而变化的。

3）人工单价组成内容的增加

政府推行的社会保障和福利政策也会影响人工单价的变动，例如住房消费、养老保险、医疗保险、失业保险费等列入人工单价，会使人工单价提高。

4）劳动力市场供需的变化

劳动力市场如果需求大于供给，人工单价就会提高，反之降低。

3. 材料单价的确定

（1）材料预算价格的概念及组成内容

1）概念

材料预算价格是指材料由其来源地或交货地点到达施工工地仓库的出库价格，见图 2-1-1。

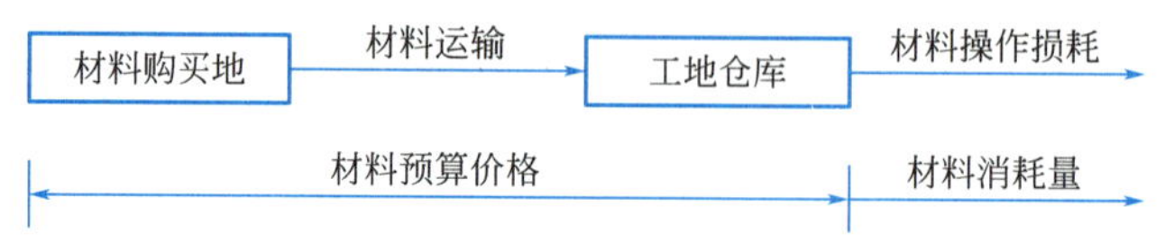

图 2-1-1　材料预算价格示意图

2）组成内容

材料预算价格是指施工过程中耗费的构成工程实体的原材料、辅助材料、构配件、零件、半成品的费用的总和。内容包括：

① 材料原价（或供应价格）；

② 材料运杂费；

③ 运输损耗费；

④ 采购及保管费；

⑤ 检验试验费。政府推行的社会保障和福利政策也会影响人工单价的变动。

（2）材料价格的确定

1）材料原价的确定

材料原价是指材料的出厂价、市场批发价、零售价以及进口材料的调拨价等。在确定材料原价时，若同一种材料购买地及单价不同，应根据不同的供货数量及单价，采用加权平均的办法确定其材料原价。

2）材料运费

材料运杂费是指材料自来源地运至工地仓库或指定堆放地点所发生的全部费用。其内容包括运输费及装卸费等。

材料运杂费应按照国家有关部门和地方政府交通运输部门的规定计算，也可按市场价格计算。同一种材料如有若干个来源地，其运杂费可根据每个来源地的运输里程、运输方法和运价标准用加权平均方法计算，计算公式见式（2-1-3）。

$$\text{加权平均运杂费}=\frac{\sum(\text{各来源地运杂费}\times\text{各来源材料数量})}{\sum\text{各来源地材料数量}} \tag{2-1-3}$$

3）运输损耗费

运输损耗费，是指材料在运输及装卸过程中不可避免的损耗费用，计算公式见式（2-1-4）。

$$\text{运输损耗费}=(\text{材料原价}+\text{材料运杂费})\times\text{运输损耗率} \tag{2-1-4}$$

4）材料采购保管费

材料采购保管费是指为组织采购、供应和保管材料过程中所需要的各项费用。其内容包括：采购费、仓储费、工地保管费、仓储损耗。其计算式见式（2-1-5）：

$$\text{材料采购保管费}=(\text{原价}+\text{运杂费}+\text{运输损耗费})\times\text{采购保管费率} \tag{2-1-5}$$

采购保管费率一般综合定为2.5%左右，各地区可根据不同的情况确定其比率。如有的地区规定：钢材、木材、水泥为2.5%，水电材料为1.5%，其余材料为3.0%。

5）检验试验费

检验试验费是指对建筑材料、构件和建筑安装物进行一般鉴定、检查所发生的费用，包括自设试验室进行试验所耗用的材料和化学药品等费用。不包括新结构、新材料的试验费和建设单位对具有出厂合格证明的材料进行检验，对构件做破坏性试验及其他特殊要求检验试验的费用。其计算式见式（2-1-6）。

$$检验试验费=材料原价\times检验试验费率 \tag{2-1-6}$$

6）材料预算价格计算综合举例

材料预算价格的计算公式见式（2-1-7）：

$$\begin{aligned}材料预算价格=&(材料原价+运杂费+运输损耗费)\times(1+采购及保管费率)\\&+材料原价\times检验试验费率\end{aligned} \tag{2-1-7}$$

7）影响材料预算价格变动的因素

① 市场供需变化。材料原价是材料预算原价中最基本的组成。市场供大于需求价格就会下降；反之，价格就会上升，从而也就会影响材料预算价格的涨落。

② 材料生产成本的变动直接涉及材料预算价格的波动。

③ 流通环节的多少和材料供应体制也会影响材料预算价格。

④ 运输距离和运输方法的改变会影响材料运输费用的增减，从而也会影响材料预算价格。

⑤ 国际市场行情会对进口材料价格产生影响。

4. 施工机械台班单价的确定

（1）施工机械台班单价的概念及组成内容

1）施工机械台班单价的概念

施工机械台班单价又称机械台班使用费，是指一台施工机械在正常运转条件下单位工作台班中所分摊和支出的各项费用。

2）施工机械台班单价的组成

施工机械台班单价按照有关规定由七项费用组成，这些费用按其性质分类，划分为第一类费用，第二类费用和其他费用三类。

① 第一类费用（又称固定费用或不变费用）

这类费用不因施工地点，条件的不同而发生大的变化，属于分摊性质的费用，包括折旧费、修理费、经常修理费、安拆费及场外运输费。

② 第二类费用（又称变动费用或可变费用）

这类费用常因施工地点和条件的不同而有较大的变化，属于支出性质的费用，包括人工费，动力燃料费。

③ 其他费用

其他费用指上述两类以外的其他费用，内容包括：车船使用税、养路费、牌照费、保险费及年检费等。

（2）施工机械台班单价的确定

1）第一类费用的确定

① 折旧费

折旧费是指施工机械在规定使用期限内，每一台班所分摊的机械原值及支付货款利息的费用，其计算公式见式（2-1-8）：

$$台班折旧费=\frac{施工机械购买价\times（1-残值率）+货款利息}{耐用总台班} \tag{2-1-8}$$

式中：施工机械预算价格=原价×（1+购置附加费率）+手续费+运杂费

$$残值率=\frac{施工机械残值}{施工机械预算价格}\times 100\%$$

耐用总台班=修理间隔台班×修理周期（即施工机械从开始投入使用到报废前所使用的总台班数）

② 大修理费

大修理费是指施工机械按规定修理间隔台班必须进行的大修，以恢复其正常使用功能所需的费用，其计算公式见式（2-1-9）。

$$台班修理费=\frac{一次修理费\times（修理周期-1）}{耐用总台班} \tag{2-1-9}$$

③ 经常修理费

经常修理费是指施工机械除修理以外的各级保养及临时故障排除所需的费用，为保障施工机械正常运转所需替换设备，随机使用工具，附加的返销和维护费用；机械运转与日常保养所需的油脂，擦拭材料费用和机械停置期间的正常维护保养费用等，其计算公式见式（2-1-10）。

$$施工机械经常修理费=台班修理\times K \tag{2-1-10}$$

式中：K 值为施工机械台班经常系数，它等于台班经常维修费与台班修理费的比值。如载重汽车 K 值 6t 以内为 5.61，6t 以上为 3.93；自卸汽车 K 值 6t 以内为 4.44，6t 以上为 3.34；塔式起重机 K 值为 3.94 等。

④ 安拆费及场外运费

安拆费是指施工机械在施工现场进行安装，拆卸所需的人工，材料、机械费、运转费以及安装所需的辅助设施费用。

场外运输费指施工机械整体或分件，从停放场地运至施工现场或由一个工地运至另一个工地，运距在 25km 以内的机械进出场运输及转移费用，包括施工机械的装卸，运输、辅助材料及架线等费用。

2）第二类费用的确定

① 机上人员工资

机上人员工资是指机上操作人员及随机人员的工资及津贴等。

② 燃料动力费

燃料动力费是指施工机械在运转作业中所耗用的电力，固体燃料、液体燃料、水和风力等资源费。

③ 养路费及车船使用税

其指按照国家有关规定应交纳的养路费和车船使用税，其计算公式见式（2-1-11），式 2-1-12。

$$台班养路费=\frac{核定吨位\times每月每吨养路费\times12个月}{年工作台班} \tag{2-1-11}$$

$$台班车船使用税=\frac{每年每吨车船使用税}{年工作台班} \tag{2-1-12}$$

④ 保险费

保险费指按有关规定应缴纳的第三者责任险、车主保险等。

（六）装饰工程消耗量定额统一基价表的应用

装修装饰工程预算定额是确定装修装饰工程预算造价、办理工程价款、处理承发包工程经济关系的主要依据之一。定额应用的正确与否，直接影响装修装饰工程造价。因此，预算工作人员必须熟练而准确地使用预算定额。定额的应用主要有定额的直接套用、定额的换算、定额的补充。

1. 定额的直接套用

当施工图设计的工程项目内容与所选套的相应定额内容一致时，则必须按照定额的规定，直接套用定额。在编制装修装饰工程施工图预算、选套定额项目和确定单位预算价值时，绝大部分属于这种情况。

当施工图的设计要求与预算定额的项目内容一致时，可直接套用。套用定额时应注意的几个问题：

① 查阅定额前，应首先认真阅读定额总说明，分部工程说明和有关附注内容，熟悉和掌握定额的适用范围，定额已考虑的因素以及有关规定。

② 要明确定额中的用语和符号的含义。

③ 要正确地理解和熟记建筑面积计算规则和各个分部工程量计算规则中所指出的计算方法，以便在熟悉施工图、设计说明和做法的基础上，能够迅速准确地进行选择定额项目、计算各分项工程（或配件、设备）的工程量。

④ 要了解和记忆常用分项工程定额所包括的工作内容，人工、材料、施工机械台班消耗数量和计算单位，及有关附注的规定，从工程内容、技术特征和施工方法上仔细核对，才能准确地确定定额相对应的定额项目。

⑤ 分项工程项目名称和计量单位要与预算定额相一致，做到正确地套用定额项目。

2. 定额基价的换算

当施工图设计的工程项目内容与所选套的相应定额内容不完全一致时，则需按定额规定进行换算。要明确定额换算范围，正确应用定额附录资料，熟练进行定额项目的换算和调整。

（1）施工图设计的工程项目内容，与选套的相应定额项目规定的内容不一致时，如果定额规定允许换算或调整时，则应在定额规定范围内换算或调整，套用换算后的定额项目，对换算后的定额项目编号应加括号，并在括号右下角注明“换”字，以示区别。施工图设计做法与预算表内容不一致的换算：

①品种的换算；②断面的换算；③间距的换算；④厚度的换算；⑤配合比的换算；⑥规格的换算。

（2）施工方法与定额内容不一致的换算：

①量差的换算；②系数的换算（按定额说明规定对定额中的人工费、材料费、机械费乘以各种系数的换算）。

（3）项目条件与定额设定不相符的换算：

①类别的换算；②工期的换算。

（4）换算的基本思路

根据某一相关定额，按定额规定换入增加的费用，扣除减少的费用，即

换算后的定额基价＝原定额基价＋换入的费用－换出的费用。

3. 定额的补充

当分项工程的设计要求与定额条件完全不一致时，或者由于设计采用新结构、新材料及新工艺施工，在预算表中没有这类项目，属于预算表缺项时，同时，也没有类似定额项目可供借鉴。在这种情况下，为了确定装修装饰工程预算造价，必须编制补充定额项目，报请工程造价管理部门审后执行。套用补充定额项目时，应在定额编号的分部工程序号后注明“补”字，以示区别。

四、案例分析

【例 1】某建筑工地需用 42.5 级硅酸盐水泥，由甲、乙、丙三个生产厂供应，甲厂 500t，单价 300 元/t；乙厂 600t，单价 320 元/t；丙厂 300t，单价 330 元/t，求加权平均原价。

【解】

A：总金额法

$$加权平均原价=\frac{\sum(各来源地数量\times相应单价)}{\sum 各来源地数量}$$

$$=(500\times300+600\times320+300\times330)\div(500+600+300)=315\ 元/t$$

B：数量比例法

$$加权平均原价=\sum(各来源地材料原价\times各来源地数量百分比)$$

各单位数量占总量百分比为：

$$甲单位数量百分比=500\div(500+600+300)\times100\%=35.7\%$$

$$乙单位数量百分比=600\div(500+600+300)\times100\%=42.9\%$$

$$丙单位数量百分比=300\div(500+600+300)\times100\%=21.4\%$$

$$加权平均原价=300\times35.7\%+320\times42.9\%+330\times21.4\%=315\ 元/t$$

【例 2】某工地需要某种规格品种的地砖 $2000m^2$，甲地供货 $1000m^2$，运杂费 6.00 元/m^2；乙地供货 $500m^2$，运杂费 7.00 元/m^2；丙地供货 $500m^2$，运杂费 8 元/m^2，求加权平均运杂费。

【解】

$$地砖加权平均运杂费=(6\times1000+7\times500+8\times500)\div(1000+500+500)=6.75\ 元/m^2$$

【例 3】某工地需要某种规格品种材料的材料原价为 12.50 元/m^2，运杂费为 5.36 元，运输损耗率为 1.5%，计算该材料的运输损耗费。

【解】

运输损耗费＝（12.50＋5.36）×1.5%＝0.27 元/m^2

【例 4】某工地需要某种规格品种材料的材料原价为 12.50 元/m^2，运杂费为 5.36 元，运输损耗费为 0.27 元，材料采购保管费率为 3.0%，计算该材料的采购保管费。

【解】

材料采购保管费＝（12.50＋5.36＋0.27）×3%＝0.54 元/m^2。

【例 5】某工地使用 42.5 级硅酸盐水泥的材料（见表 2-1-1），试计算其预算价格。

42.5 级硅酸盐水泥的材料采购明细表　　表 2-1-1

货源地	数量(t)	出厂价(元/t)	运杂费(元/t)
甲	600	300	22
乙	400	310	20
丙	300	290	25

注：运输损耗率 1.5%，采购保管费率为 2.5%，检验试验费率为 2%。

【解】

1. 材料原价＝（600×300＋400×310＋300×290）/1300＝300.77 元/t
2. 运杂费＝（600×22＋400×20＋300×25）/1300＝22.077 元/t
3. 运输损耗＝（300.77＋22.077）×1.5%＝4.84 元/t
4. 采购及保管费＝（300.77＋22.077＋4.84）×2.5%＝8.19 元/t
5. 检验试验费＝300.77×2%＝6.02 元/t
6. 材料预算价格＝300.77＋22.077＋4.84＋8.19＋6.02＝341.897 元/t

单元二 Chapter 02

楼地面装饰工程计量与计价

知识点

1. 楼地面装饰工程相关知识；
2. 楼地面装饰工程施工流程；
3. 定额项目内容及有关说明；
4. 楼地面装饰工程工程量计算规则及定额应用。

技能点

1. 能正确进行楼地面装饰工程的列项；
2. 能准确进行楼地面装饰工程工程量计算；
3. 能正确进行楼地面装饰工程定额套用及换算；
4. 能正确进行楼地面装饰工程工料分析。

能力目标

能结合实际建筑装饰工程施工图纸，进行楼地面建筑装饰工程计量与计价。

一、楼地面装饰工程相关知识

楼地面装饰工程构造

楼地面装饰工程是指使用各种面层对楼地面进行装饰的工艺，是建筑物底层地面和楼层地面的总称，它具有找坡、隔声、弹性、保温、防水或敷设管线等功能的需要。根据不同的使用要求，面层的构造也各不相同，但无论何种构造的面层，都应具有耐磨、坚固、平整、防水、防潮、不起尘、有一定弹性的性能和装饰效果。其基本构造层次为垫层、找平层、防潮层、填充层、结合层、面层。地面、楼面的构造示例如图 2-2-1、图 2-2-2 所示。

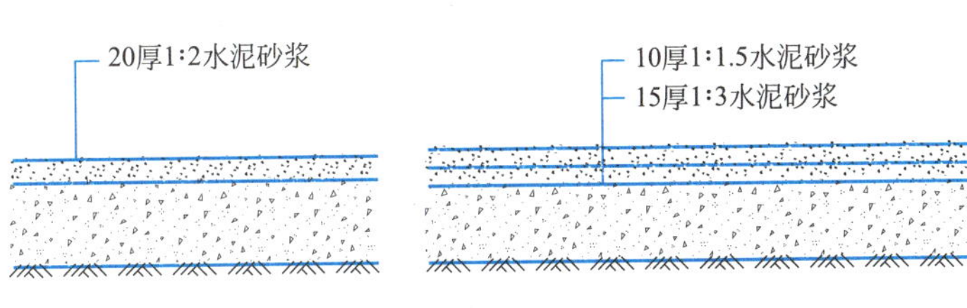

图 2-2-1　水泥砂浆楼地面构造示例图

按照面层材料种类分图 2-2-2 至图 2-2-11：

① 整体式楼地面：按设计要求选用不同材质和相应配合比，经施工现场整体浇筑的楼地面面层。其主要包括水泥砂浆楼地面、细石混凝土楼地面、现浇水磨石楼地面、涂布楼地面等。

② 块材式楼地面：采用生产厂家定型生产的板块材料，在施工现场铺设和粘结的楼地面面层。其主要包括陶瓷锦砖地面、缸砖地面、预制板块地面。

③ 木楼地面：由木地板、竹地板、软木地板等铺钉或胶合而成的楼地面面层。其主要包括实木地板面层、实木复合地板面层、强化复合木地板面层、竹木地板面层、软木地板面层。

④ 软质制品楼地面：是一种高档的地面覆盖材料，具有吸音、隔声、弹性与保温性能好、脚感舒适、美观等特点，同时施工及更新方便，它可以用在木地板上，也可以用于水泥等其他地面上。其主要包括地毯楼地面、塑料地板楼地面、橡胶地毡楼地面等。

<table>
<tr><th rowspan="2">名称</th><th rowspan="2">编号</th><th rowspan="2">重量(kN/m²)</th><th rowspan="2">厚度</th><th rowspan="2">简图</th><th colspan="2">构造</th><th rowspan="2">备注</th></tr>
<tr><th>地面</th><th>楼面</th></tr>
<tr><td rowspan="4">水泥砂浆面层</td><td rowspan="2">DA1
LA1</td><td rowspan="2">0.40</td><td rowspan="2">a100
b20</td><td rowspan="2">地面 楼面</td><td colspan="2">1. 20厚1:2.5水泥砂浆，表面撒适量水泥粉抹压平整
2. 刷水泥浆一道（内掺建筑胶）</td><td rowspan="4">1. 建筑胶品种见工程设计，选用产品需经检测，鉴定品质。
2. 水泥砂浆面层施工完成后要浇水养护，避免开裂。</td></tr>
<tr><td>3. 80厚C15混凝土垫层
4. 夯实土</td><td>3. 现浇钢筋混凝土楼板或预制楼板上现浇叠合层</td></tr>
<tr><td rowspan="2">DA2
LA2</td><td rowspan="2">1.00</td><td rowspan="2">a250
b80</td><td rowspan="2">地面 楼面</td><td colspan="2">1. 20厚1:2.5水泥砂浆，表面撒适量水泥粉抹压平整
2. 刷水泥浆一道（内掺建筑胶）</td></tr>
<tr><td>3. 80厚C15混凝土垫层
4. 150厚碎石夯入土中</td><td>3. 60厚LC7.5轻骨料混凝土
4. 现浇钢筋混凝土楼板或预制楼板上现浇叠合层</td></tr>
<tr><td rowspan="6">水泥砂浆面层（燃烧等级A）</td><td rowspan="2">DA3
LA3</td><td rowspan="2">≥1.98</td><td rowspan="2">a175
b95</td><td rowspan="2">地面 楼面</td><td colspan="2">1. 15厚1:2.5水泥砂浆，表面撒适量水泥粉抹压平整
2. 35厚C20细石混凝土
3. 1.5厚聚氨酯防水层
4. 最薄处20厚1:3水泥砂浆或C20细石混凝土找坡层，抹平
5. 水泥浆一道（内掺建筑胶）</td><td rowspan="6">1. 聚氨酯防水层表面宜（在第二道凝固前）撒粘适度细砂，以增加结合层与防水层的粘结力。防水层在墙柱交接处翻起高度不小于250。
2. 建筑胶品种见工程设计，需选用经检测、鉴定，品质优良的产品。
3. 水泥砂浆面层施工完成后要浇水养护，避免开裂。</td></tr>
<tr><td>6. 80厚C15混凝土垫层
7. 夯实土</td><td>6. 现浇钢筋混凝土楼板或预制楼板上现浇叠合层</td></tr>
<tr><td rowspan="2">DA4
LA4</td><td rowspan="2">≥2.58</td><td rowspan="2">a325
b155</td><td rowspan="2">地面 楼面</td><td colspan="2">1. 15厚1:2.5水泥砂浆，表面撒适量水泥粉抹压平整
2. 35厚C20细石混凝土
3. 1.5厚聚氨酯防水层
4. 最薄处20厚1:3水泥砂浆或C20细石混凝土找坡层，抹平
5. 水泥浆一道（内掺建筑胶）</td></tr>
<tr><td>6. 80厚C15混凝土垫层
7. 150厚碎石夯入土中</td><td>5. 60厚LC7.5轻骨料混凝土
6. 现浇钢筋混凝土楼板或预制楼板上现浇叠合层</td></tr>
<tr><td rowspan="2">DA5
LA5</td><td rowspan="2">≥2.64</td><td rowspan="2">a325
b155</td><td rowspan="2">地面 楼面</td><td colspan="2">1. 15厚1:2.5水泥砂浆，表面撒适量水泥粉抹压平整
2. 35厚C20细石混凝土
3. 1.5厚聚氨酯防水层
4. 最薄处20厚1:3水泥砂浆或C20细石混凝土找坡层，抹平
5. 水泥浆一道（内掺建筑胶）</td></tr>
<tr><td>6. 80厚C15混凝土垫层
7. 150厚碎石灌M2.5混合砂浆，振捣密实或3:7灰土
8. 夯实土</td><td>6. 60厚1:6水泥焦渣填充层
7. 现浇钢筋混凝土楼板或预制楼板上现浇叠合层</td></tr>
</table>

图 2-2-2 水泥砂浆楼地面做法图集示例图（仅作示意）

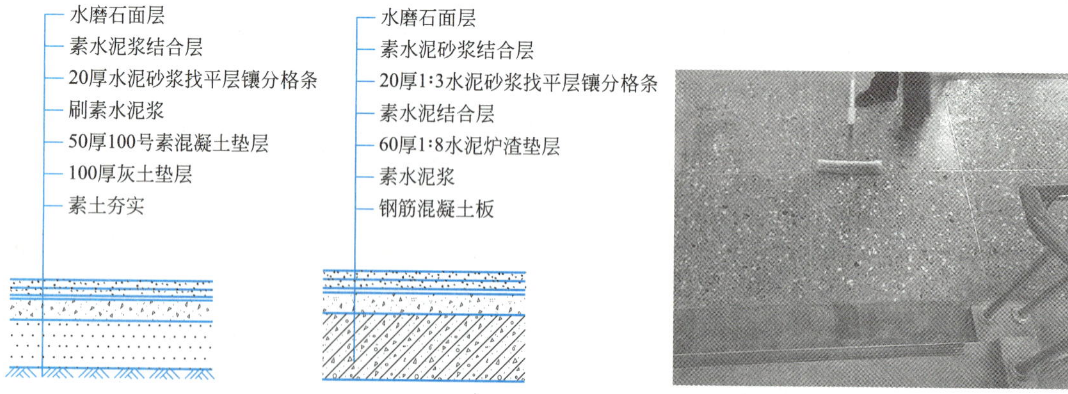

图 2-2-3 现浇水磨石楼地面

名称	编号	重量(kN/㎡)	厚度	简图	构造 地面	构造 楼面	备注
现制水磨石面层（燃烧等级A）	DA12 LA12 DA13 LA13	0.65	a110 b30	地面　楼面	1. 10厚1:2.5水泥彩色石子地面，表面磨光打蜡 2. 20厚1:3水泥砂浆结合层 3. 水泥浆一道（内掺建筑胶）		1. 编号为DA13、DA15、DA17为普通水磨石，DA14、DA16、DA18为彩色水磨石，水磨石花色、规格见工程设计。 2. 水磨石面层的分格要求、所用水泥石子的颜色等均见工程设计。 3. 现浇水磨石面层的分格条可用玻璃条、铜板条或铝格条；铝板条表面需经氧化或用涂料防腐处理。 4. 彩色水磨石应采用白水泥。
					4. 80厚C15混凝土垫层 5. 夯实土	4. 现浇钢筋混凝土楼板或预制楼板上现浇叠合层	
	DA14 LA14 DA15 LA15	1.25	a260 b90	地面　楼面	1. 10厚1:2.5水泥彩色石子地面，表面磨光打蜡 2. 20厚1:3水泥砂浆结合层		
					3. 水泥浆一道（内掺建筑胶） 4. 80厚C15混凝土垫层 5. 150厚碎石夯入土中	3. 60厚LC7.5轻骨料混凝土 4. 现浇钢筋混凝土楼板或预制楼板上现浇叠合层	
	DA16 LA16 DA17 LA17	1.31	a260 b90	地面　楼面	1. 10厚1:2.5水泥彩色石子地面，表面磨光打蜡 2. 20厚1:3水泥砂浆结合层		
					3. 水泥浆一道（内掺建筑胶） 4. 80厚C15混凝土垫层 5. 150厚碎石灌M2.5混合砂浆，振捣密实或3:7灰土 6. 夯实土	3. 60厚1:6水泥焦渣填充层 4. 现浇钢筋混凝土楼板或预制楼板上现浇叠合层	

注：表中D为地面代号；L为楼面代号。

现制水磨石楼地面	图集号	12J304
审核　校对　设计	页	12

图 2-2-4　现浇水磨石楼地面做法图集示例图

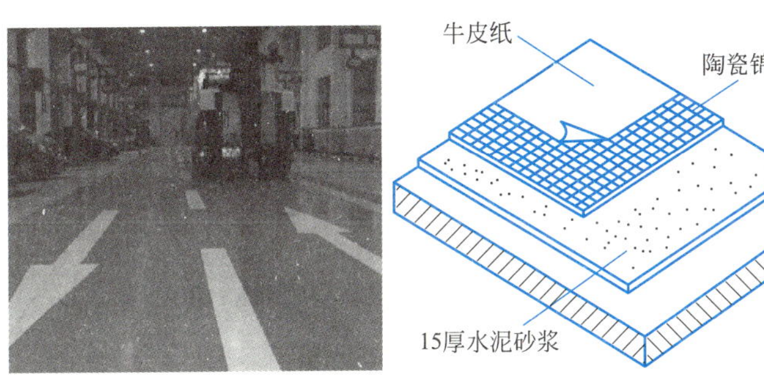

图 2-2-5　环氧树脂地面

图 2-2-6　马赛克地面

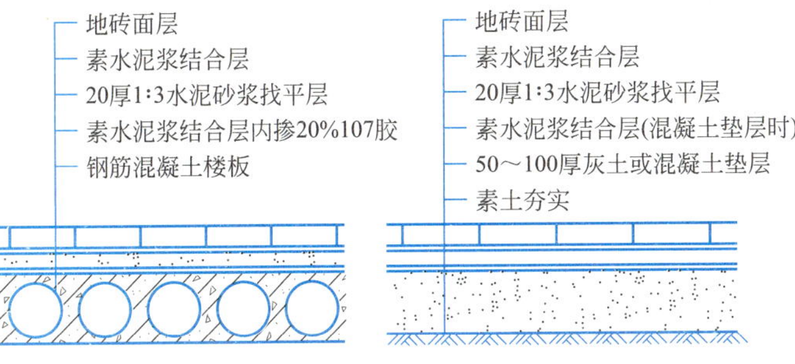

图 2-2-7　块料面层楼地面

<table>
<tr><th rowspan="2">名称</th><th rowspan="2">编号</th><th rowspan="2">重量(kN/m²)</th><th rowspan="2">厚度</th><th rowspan="2">简图</th><th colspan="2">构造</th><th rowspan="2">备注</th></tr>
<tr><th>地面</th><th>楼面</th></tr>
<tr><td rowspan="6">地砖面层（燃烧等级A）</td><td rowspan="2">DB65
LB65</td><td rowspan="2">0.60</td><td rowspan="2">a110
b30</td><td rowspan="2">地面 楼面</td><td colspan="2">1. 10厚地砖，用聚合物水泥砂浆铺砌
2. 3~5厚聚合物水泥砂浆结合层
3. 10~15厚聚合物水泥砂浆找平层
4. 聚合物水泥浆一道</td><td rowspan="6">1. 薄型楼地面，即结合层和找平层厚度较薄，对施工平整度等要求较高，用以实现轻质高强的楼地面构造。
2. 聚合物有氯丁胶乳液、聚丙烯酸酯乳液、环氧乳液等品种，其参考配合比见附录1。
3. 大规格地砖要加厚，见工程设计。</td></tr>
<tr><td>5. 80厚C15混凝土垫层
6. 夯实土</td><td>5. 现浇钢筋混凝土楼板或预制楼板上现浇叠合层</td></tr>
<tr><td rowspan="2">DB66
LB66</td><td rowspan="2">1.20</td><td rowspan="2">a260
b90</td><td rowspan="2">地面 楼面</td><td colspan="2">1. 10厚地砖，用聚合物水泥砂浆铺砌
2. 3~5厚聚合物水泥砂浆结合层
3. 10~15厚聚合物水泥砂浆找平层
4. 聚合物水泥浆一道</td></tr>
<tr><td>5. 80厚C15混凝土垫层
6. 150厚碎石夯入土中</td><td>5. 60厚LC7.5轻骨料混凝土
6. 现浇钢筋混凝土楼板或预制楼板上现浇叠合层</td></tr>
<tr><td rowspan="2">DB67
LB67</td><td rowspan="2">1.26</td><td rowspan="2">a260
b90</td><td rowspan="2">地面 楼面</td><td colspan="2">1. 10厚地砖，用聚合物水泥砂浆铺砌
2. 3~5厚聚合物水泥砂浆结合层
3. 10~15厚聚合物水泥砂浆找平层
4. 聚合物水泥浆一道</td></tr>
<tr><td>5. 80厚C15混凝土垫层
6. 150厚卵石灌M2.5混合砂浆，振捣密实或3:7灰土
7. 夯实土</td><td>5. 60厚1:6水泥焦渣填充层
6. 现浇钢筋混凝土楼板或预制楼板上现浇叠合层</td></tr>
<tr><td colspan="5">注：表中D为地面代号；L为楼面代号。</td><td colspan="2">地砖面层薄型楼地面
（聚合物水泥砂浆找平）</td><td>图集号 12J304
页 75</td></tr>
</table>

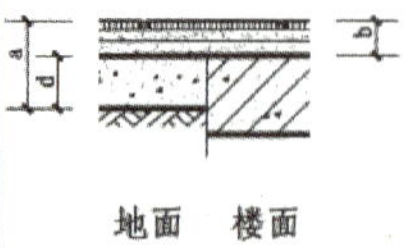

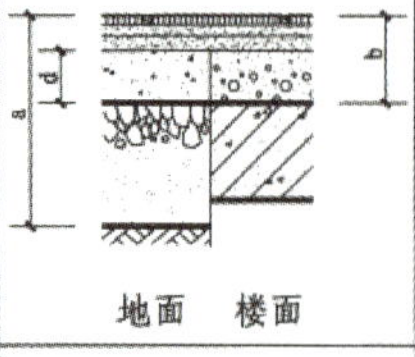

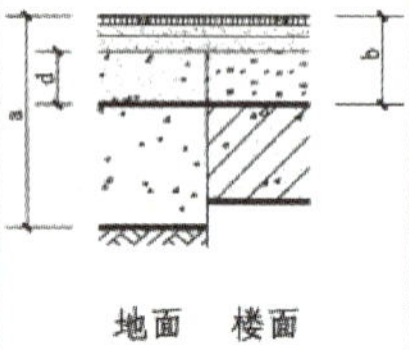

图 2-2-8 地砖面层楼地面做法图集示例图

<table>
<tr><th rowspan="2">名称</th><th rowspan="2">编号</th><th rowspan="2">重量(kN/m²)</th><th rowspan="2">厚度</th><th rowspan="2">简图</th><th colspan="2">构造</th><th rowspan="2">备注</th></tr>
<tr><th>地面</th><th>楼面</th></tr>
<tr><td rowspan="6">磨光花岗石板面层（燃烧等级A）</td><td rowspan="2">DB47
LB47</td><td rowspan="2">1.00</td><td rowspan="2">a120
b40</td><td rowspan="2">地面 楼面</td><td colspan="2">1. 20厚磨光大理石板，水泥浆擦缝
2. 20厚1:3水泥砂浆结合层，表面撒水泥粉
3. 水泥浆一道（内掺建筑胶）</td><td rowspan="6">1.大理石板表面加工的品种有：镜面、光面、粗磨面等，规格、颜色及分缝拼法均见工程设计。防污剂的施工见厂家提供的说明书。
2.建筑胶品种见工程设计，但需选用经检测、鉴定，品质优良的产品。
3.大理石板的5个粘结面，应涂防污剂。</td></tr>
<tr><td>4. 80厚C15混凝土垫层
5. 夯实土</td><td>4. 现浇钢筋混凝土楼板或预制楼板上现浇叠合层</td></tr>
<tr><td rowspan="2">DB48
LB48</td><td rowspan="2">1.60</td><td rowspan="2">a270
b100</td><td rowspan="2">地面 楼面</td><td colspan="2">1. 20厚磨光大理石板，水泥浆擦缝
2. 20厚1:3水泥砂浆结合层，表面撒水泥粉</td></tr>
<tr><td>3. 水泥浆一道（内掺建筑胶）
4. 80厚C15混凝土垫层
5. 150厚碎石夯入土中</td><td>3. 60厚LC7.5轻骨料混凝土
4. 现浇钢筋混凝土楼板或预制楼板上现浇叠合层</td></tr>
<tr><td rowspan="2">DB49
LB49</td><td rowspan="2">1.66</td><td rowspan="2">a270
b100</td><td rowspan="2">地面 楼面</td><td colspan="2">1. 20厚磨光大理石板，水泥浆擦缝
2. 20厚1:3水泥砂浆结合层，表面撒水泥粉</td></tr>
<tr><td>3. 水泥浆一道（内掺建筑胶）
4. 80厚C15混凝土垫层
5. 150厚卵石灌M2.5混合砂浆，振捣密实或3:7灰土
6. 夯实土</td><td>3. 60厚1:6水泥焦渣填充层
4. 现浇钢筋混凝土楼板或预制楼板上现浇叠合层</td></tr>
<tr><td colspan="5">注：表中D为地面代号；L为楼面代号。</td><td colspan="2">磨光大理石板楼地面</td><td>图集号 12J304
页 69</td></tr>
</table>

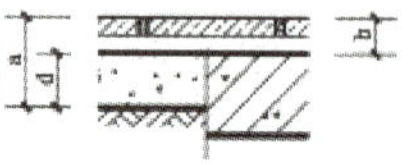

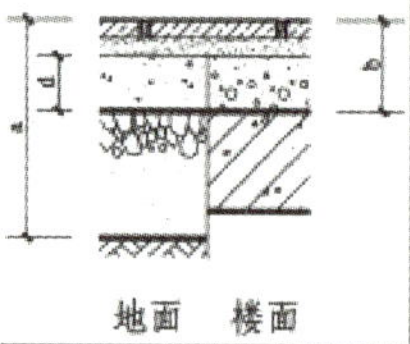

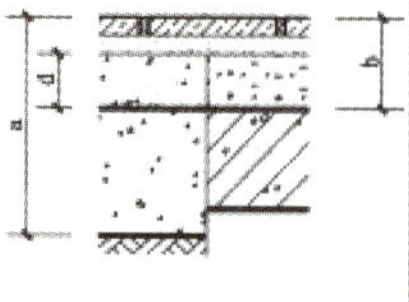

图 2-2-9 磨光花岗石板面层楼地面做法图集示例图

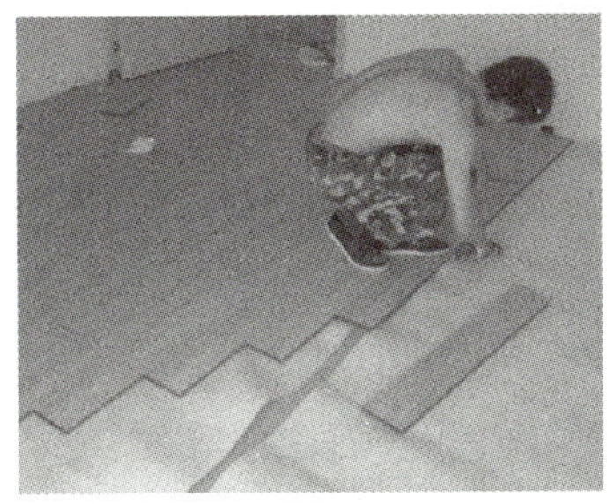

图 2-2-10　强化复合地板及实木地板楼地面

名称	编号	重量(kN/㎡)	厚度	简图	构造：地面	构造：楼面	备注
硬木企口席纹拼花面层（燃烧等级B2）	DC10 LC10	0.55	a115 b35	地面　楼面	1. 打腻子，涂清漆两道（地板成品已带油漆者无此道工序） 2. 10~14厚硬木企口席纹拼花地板（用XY401胶粘贴） 3. 20厚1:2.5水泥砂浆 4. 水泥浆一道（内掺建筑胶） 5. 80厚C15混凝土垫层 6. 0.2厚塑料膜一层浮铺 7. 夯实土	1. 打腻子，涂清漆两道（地板成品已带油漆者无此道工序） 2. 10~14厚硬木企口席纹拼花地板（用XY401胶粘贴） 3. 20厚1:2.5水泥砂浆 4. 水泥浆一道（内掺建筑胶） 5. 现浇钢筋混凝土楼板或预制楼板上现浇叠合层	1. 清漆技术要求见工程设计。 2. 重量系b厚度内材料重。
	DC11 LC11	1.15	a265 b95	地面　楼面	1. 打腻子，涂清漆两道（地板成品已带油漆者无此道工序） 2. 10~14厚硬木企口席纹拼花地板（用XY401胶粘贴） 3. 20厚1:2.5水泥砂浆 4. 水泥浆一道（内掺建筑胶） 5. 80厚C15混凝土垫层 6. 0.2厚塑料膜一层浮铺 7. 150厚碎石夯入土中	1. 打腻子，涂清漆两道（地板成品已带油漆者无此道工序） 2. 10~14厚硬木企口席纹拼花地板（用XY401胶粘贴） 3. 20厚1:2.5水泥砂浆 4. 水泥浆一道（内掺建筑胶） 5. 60厚LC7.5轻骨料混凝土 6. 现浇钢筋混凝土楼板或预制楼板上现浇叠合层	
	DC12 LC12	1.21	a265 b95	地面　楼面	1. 打腻子，涂清漆两道（地板成品已带油漆者无此道工序） 2. 10~14厚硬木企口席纹拼花地板（用XY401胶粘贴） 3. 20厚1:2.5水泥砂浆 4. 水泥浆一道（内掺建筑胶） 5. 80厚C15混凝土垫层 6. 0.2厚塑料膜一层浮铺 7. 150厚3:7灰土 8. 夯实土	1. 打腻子，涂清漆两道（地板成品已带油漆者无此道工序） 2. 10~14厚硬木企口席纹拼花地板（用XY401胶粘贴） 3. 20厚1:2.5水泥砂浆 4. 水泥浆一道（内掺建筑胶） 5. 60厚1:6水泥焦渣填充层 6. 现浇钢筋混凝土楼板或预制楼板上现浇叠合层	

图 2-2-11　硬木企口席纹拼花面层楼地面做法图集示例图

二、楼地面装饰工程施工流程

1. 找平层

找平层铺设厚度应符合设计要求。水泥砂浆体积比不宜小于 1∶3；混凝土强度等级不应小于 C20。在铺设找平层前，应将下一基础垫层表面清理干净，当找平层下有松散填充料时，应予铺实振平。在预制楼板上铺设找平层前；必须认真做好板缝间的灌缝填嵌这一道重要工序，并确保灌缝的施工质量。

2. 面层

面层的铺设宜在室内装饰工程基本完成后进行，并做好楼地面工程的基层处理工作。

（1）整体面层概念：以建筑砂浆为主要材料，用现场浇筑法形成整片直接受各种荷载、摩擦、冲击的表面层。

整体面层有细石混凝土面层、水泥砂浆面层和现浇水磨石面层等。

17. 整体面层工程量计算规则

1）水泥砂浆地面施工流程：基层处理→标筋→抹灰→表面压实收光→养护。

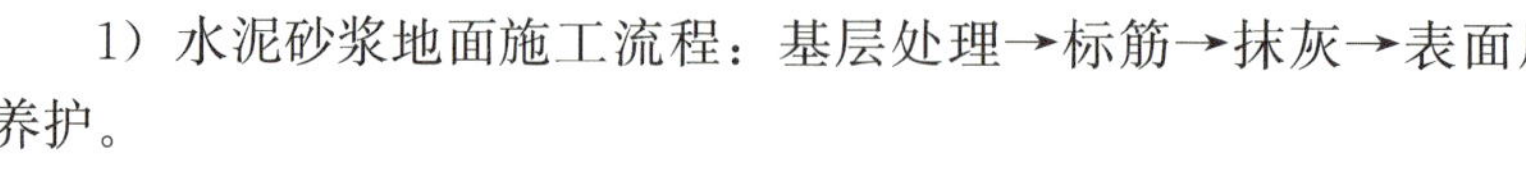

2）现浇水磨石地面施工流程：基层处理→找标高→弹水平线→铺抹找平层砂浆→养护→弹分格线→镶分格条→铺水磨石拌合料 →滚压抹平→养护→试磨→粗磨→细磨磨光→草酸清洗→打蜡上光。

18. 水磨石整体面层施工

（2）块料面层：以陶质材料制品及天然石材等为主要材料，用建筑砂浆或粘结剂作结合层嵌砌的直接受各种荷载、摩擦、冲击的表面层。块料面层有砖面层、大理石面层和花岗石面层、木地板面层等。

1）陶瓷地砖楼地面施工流程：基层处理→弹线、定位→制作标准灰饼、做冲筋→铺结合层砂浆→刷素水泥浆、抹找平层弹线→铺贴地砖→拨缝、调整→勾缝→养护。

2）实铺式双层成品木地板施工流程：基层处理→弹线、找平→安装固定格栅、剪刀撑→铺设毛地板→试铺预排→铺设木地板→打蜡→安装踢脚线→清洁。

三、定额项目内容及有关说明

楼地面工程定额项目分为十个小节：1. 找平层及整体面层共 15 个子目；2. 块料面层共 28 个子目；3. 橡塑面层共 4 个子目；4. 其他材料面层共 8 个子目；5. 踢脚线共 10 个子目；6. 楼梯面层共 12 个子目；7. 台阶装饰共 6 个子目；8. 零星装饰项目共 4 个子目；9. 分格嵌条、防滑条共 6 个子目；10. 酸洗打蜡：共 2 个子目。

本小节的内容详见 2017 版《江西省房屋建筑与装饰工程消耗量定额及统一基价表》第 351-372 页。

四、楼地面装饰工程工程量计算规则及定额应用

（一）工程量计算规则

1. 整体面层、找平层按设计图示尺寸以面积计算。应扣除凸出地面的构筑物、设备

基础、室内管道、地沟等所占的面积，不扣除柱、垛、间壁墙、附墙烟囱及面积在 0.3m^2 以内的孔洞所占面积，但门洞、空圈、暖气包槽、壁龛等开口部分亦不增加。楼地面找平层和整体面层工程量＝主墙间净长度×主墙间净宽度－构筑物等所占面积

备注：什么是主墙？主墙间的净面积如何计算？

主墙是指砖墙、砌块墙厚度在 180mm 及以上的承重墙或超过 100mm 的钢筋混凝土剪力墙，其他非承重的间壁墙视为非主墙。

主墙间的净面积计算：扣除墙厚度后的主墙的内在线所围合的面积即是主墙间的净面积。

备注：地面上的构筑物是指什么？

构筑物是指不具有、不包含或不提供人类居住功能的人工建造物，比如烟囱、水塔、水池等。此处“地面上构筑物”是指楼地面上的水池等设施。

备注：什么是空圈？

空圈是指未装门的洞口，也称垭口，可以由此进出房间。空圈的设置常见于客厅与过道之间，阳台与客厅（或卧室）之间。装修时可在空圈顶及两边装木门套；或者除门套加窗帘、布艺帘；或者在空圈内装推拉门。

2. 块料面层按设计图示尺寸以面积计算。门洞、空圈、暖气包槽、壁龛的开口部分并入相应的工程量内。石材拼花按最大外围尺寸以矩形面积计算。有拼花的石材地面，按设计图示尺寸扣除拼花的最大外围矩形面积计算面积。楼地面块料面层工程量＝净长度×净宽度－不做面层面积＋增加其他面积。

块料面积的计算规则是按照“设计尺寸面积”计算，也就是说块料面层镶贴到哪里，镶贴了多少平方米工程量就计入多少。

3. 楼梯面积（包括踏步、休息平台，以及宽小于 500mm 的楼梯井）按水平投影面积计算。

楼梯水平投影面积（一层）＝楼梯间长度×楼梯间宽度－500mm 以上宽的楼梯井投影面积。

楼梯工程量计算按照楼梯间的水平投影面积计算，踏步踢面的工程量已包含在定额消耗量内；楼梯面层工程量还应包含楼面最后一个踏步宽度；不论楼梯面层为整体面层还是块料面层均按该规则计算。

4. 台阶面层（包括踏步以及最上一层踏步沿 300mm）按水平投影计算。

台阶面层工程量＝（台阶的水平投影长度＋300mm）×台阶宽度。

台阶面层工程量按照水平投影面积计算，踏步体面的工程量已包含在定额消耗量内；台阶面层工程量还应包含台阶最后一个踏步宽度；不论台阶面层为整体面层还是块料面层均按该规则计算。

5. 踢脚线按设计图示长度乘以高度以面积计算。楼梯靠墙踢脚线（含锯齿形部分）贴块料按设计图示面积计算。

楼地面踢脚线：踢脚线工程量＝踢脚线净长度×高度。

6. 楼梯、台阶防滑条按实际长度以延长米计算。

楼梯踏面的防滑条、楼地面的分格嵌金属条未包含在地面的定额子目内，均应单独计

算。计算时按照设计尺寸以延长米计算。

7. 点缀按个计算，计算主体铺贴地面面积时，不扣除点缀所占面积。圆形及弧形点缀镶贴，人工定额量乘以系数 1.15，块料消耗量损耗按实调整。

8. 零星项目按设计图示尺寸以面积计算。

9. 石材底面刷养护液按设计图示尺寸以面积计算。

10. 地毯按设计图示尺寸以面积计算，楼梯地毯压辊安装按套计算，压板按延长米计算。

备注：什么是延长米？怎样计算延长米？

“延长米”是长度的一种计算单位，是指可连续累加的长度数量值，不因物体的不连续而中断，即曲线和斜线应展开计算。防滑条、地面分格嵌条以延长米计算，就是说计算该工程量时各段地面分格嵌条长度累加起来，遭到弧形防滑条或者折行、圆形的分格嵌条时用“延长米”描述得要准确些，不易产生歧义。在装饰工程中以延长米计算的工程量还有门窗套线、装饰线条、栏杆扶手等。

（二）定额应用及说明

1. 本楼地面章节各种砂浆、混凝土的配合比，如设计规定与定额不同时可以换算。

2. 整体面层、块料面层的楼地面项目，均不包括踢脚线工料；楼梯不包括踢脚线、侧面及板底抹灰，应另按相应定额项目计算。

3. 石材螺旋楼梯的装饰，按相应的弧形楼梯项目：人工乘以系数 1.2。

4. 现浇水磨石定额项目已包括酸洗打蜡工料，其他块料项目如需要做酸洗打蜡者，单独执行相应酸洗打蜡项目。

5. 台阶不包括牵边，侧面装饰，应另按相应定额项目计算。

6. 台阶包括水泥砂浆防滑条，其他材料做防滑时，则应另行计算防滑条。

7. 同一铺贴面上有不同种类、材质的材料，应分别按本章相应子目执行。

8. 扶手、栏杆、栏板适用于楼梯、走廊、回廊及其他装饰性栏杆、栏板。扶手、栏杆分别列项计算，栏板、栏杆、扶手造型图见定额后面附图。

9. 除定额项目中注明厚度的水泥砂浆可以换算外，其他一律不作调整。

10. 块料面层切割成弧形、异形时损耗按实计算，人工乘 1.2 系数，其他不变。

11. 铝合金扶手包括弯头，其他扶手不包括弯头制作，弯头应按弯头单项定额计算。

12. 宽度在 300mm 以内的室内周边边线套波打线项目。

13. 零星项目面层适用于楼梯侧面、台阶的牵边和侧面，楼地面 300mm 以内的边线以及镶拼大于 0.015m^2 的点缀面积，小便池、蹲台、池槽以及面积在 0.5m^2 以内且定额未列项目的工程。

14. 木地板的填充材料按照本定额“第十章保温、隔热、防腐工程”相应子目执行。

15. 大理石、花岗岩楼地面拼花按成品考虑。

16. 单块面积小于 0.015m^2 的石材执行点缀子目。其他块料面层的点缀执行大理石点缀子目。

17. 大理石、花岗岩踢脚线用云石胶粘贴时，按相应定额子目执行，不换算。

五、案例分析

表 2-2-3 至表 2-2-6 为参考资料。

【例 1】

某办公楼工程平面图如图 2-2-12 所示，根据相关国家建筑标准设计图集地面构造做法（表 2-2-1）：采用 5mm 厚陶瓷锦砖拼花面层，30mm 厚 1∶3 干硬性水泥砂浆结合层，用 C15 混凝土垫层 60mm 厚。

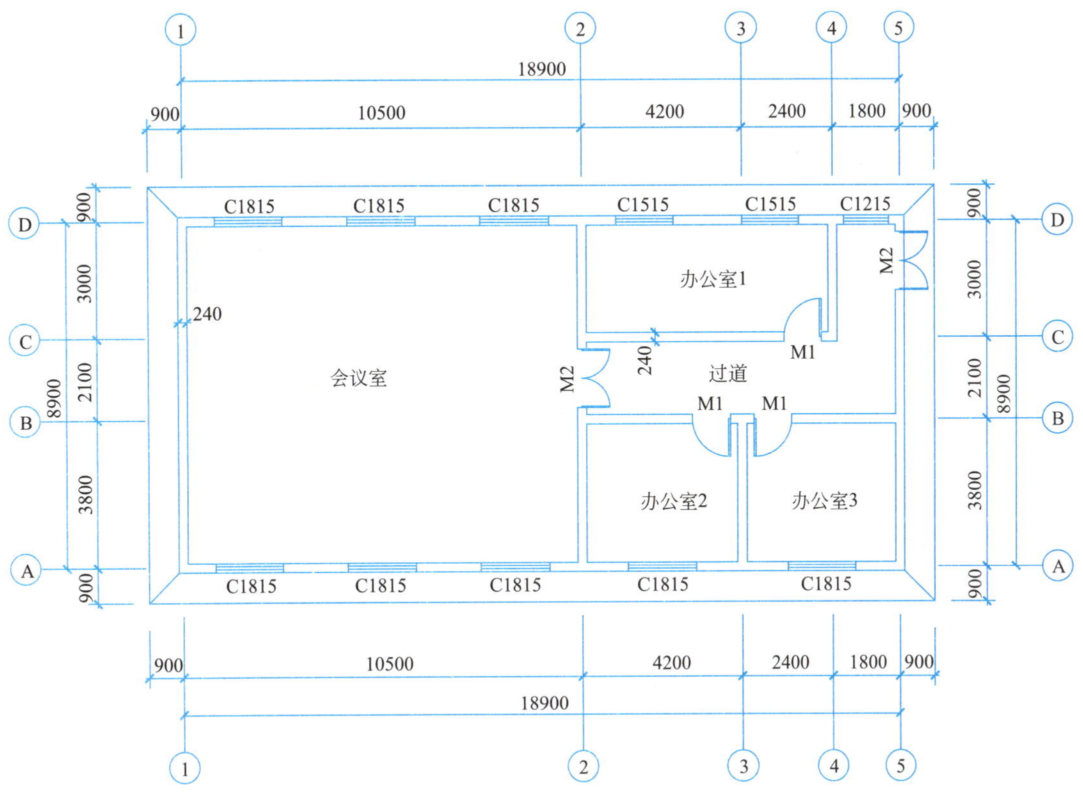

图 2-2-12　办公楼工程一层平面图

楼面、地面构造做法　　　　**表 2-2-1**

编号	厚度及重量	构造做法	
		地面	楼面
地 14A	D95	1. 5mm 厚陶瓷锦砖（马赛克），干水泥擦缝 2. 30mm 厚 1∶3 干硬性水泥砂浆结合层，表面撒水泥粉 3. 水泥浆一道（内掺建筑胶）	
楼 14A	L35 0.5kN/m²	4. 60mm 厚 C20 混凝土垫层 5. 素土夯实	4. 现浇钢筋混凝土楼板或预制楼板现浇叠合层

试计算办公楼地面工程（面层和垫层）的人工费、材料费、机械费合计（以下简称人材机合计）。墙厚为240mm，轴线尺寸为墙中心线，并列出预算表。M1：1000mm×2100mm；M2：1500mm×2100mm。

【解】

根据块料面层工程量计算规则得：

（一）计算工程量

1. 面层工程量：

会议室：(10.5－0.24)×(8.9－0.24)＝88.85m^2

办公室1：(6.6－0.24)×(3－0.24)＝17.55m^2

办公室2和办公室3：(4.2－0.24)×(3.8－0.24)×2＝28.2m^2

过道：(8.4－0.24)×(2.1－0.24)＋3×(1.8－0.24)＝19.86m^2

地面面层工程量：S_1＝88.85＋17.55＋28.2＋19.86＝154.46m^2

陶瓷锦砖面层总工程量：S_2＝S_1＋1×0.24×3个M1＋1.5×0.24×2个M2＝155.9m^2（含门洞口陶瓷锦砖面积）

2. C20混凝土垫层工程量（房间净面积）＝154.46m^2×0.06m（厚度）＝9.27m^3

（二）套用定额基价并换算

分析：由于建筑设计图纸采用30mm厚1∶3干硬性水泥砂浆结合层，而定额采用20mm厚1∶3干硬性水泥砂浆结合层，所以水泥砂浆的定额含量需增加，要求按比例换算，因此定额的基价需要换算，具体定额含量及水泥砂浆的定额基价详见表2-2-6。

当抹灰厚度变化，砂浆配合比不变化时，砂浆用量按比例换算，人工费、机械费不调整：

换算后的定额基价＝原定额基价＋［设计砂浆定额用量×砂浆定额基价－原砂浆定额用量×砂浆定额基价］

基本定额子目，11-40，12876.64元/100m^2。

（详见表2-2-5消耗量定额及统一基价表）

增加定额子目，11-40换，陶瓷锦砖面层换算后的基价＝12876.64元/100m^2＋(3.06m^3/100m^2×181.72元/m^3)－(2.04 m^3/100m^2×397.89元/m^3)＝12876.64＋3.06×181.72－2.04×397.89＝12876.64＋556.06－811.7＝12621元/100m^2

定额子目，11-40，换地面陶瓷锦砖人材机费用＝工程量×定额基价＝155.9m^2×12621.00元/100m^2＝19676.14元。

定额子目，5-1。

（详见表2-2-6某省装饰工程消耗量定额及统一基价表）

C20混凝土垫层人材机费用＝工程量×定额基价

＝9.27m^3×3006.30元/10m^3＝2786.84元

（三）楼地面装饰工程预算表（定额计价）（表2-2-2）

工程名称：某办公楼　　　　表2-2-2

序号	定额编号	项目名称	单位	工程量	定额基价(元)	合价(元)
1	5-1	C15混凝土垫层	10m^3	0.927	3006.3	2786.84
2	11-40换	陶瓷锦砖面层	100m^2	1.559	12621	19676.14
人材机费用合计						22462.98

答：办公楼地面工程（面层和垫层）的人工费、材料费、机械费合计为 22462.98 元。

【例 2】 如图 2-2-13 所示，已知 $A=3\text{m}$，$L=5\text{m}$，$Y=180\text{mm}$，$X=3.12\text{m}$，求楼梯面层装饰抹灰工程量。

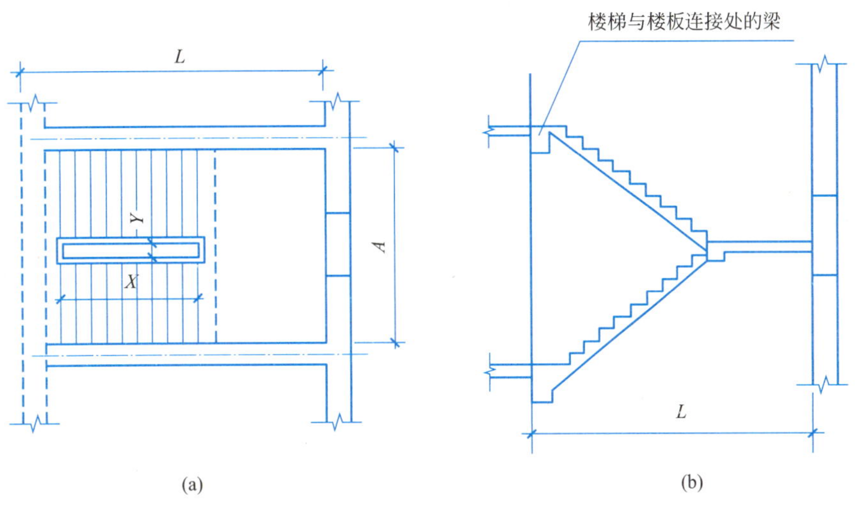

图 2-2-13　楼梯平面示例图

（a）平面图；（b）剖面图

计算规则：楼梯面积（包括踏步、休息平台，以及小于 500mm 宽的楼梯井）按水平投影面积计算。

计算公式：直形楼梯水平投影面积＝楼梯间长度×楼梯间宽度－500mm 以上宽的楼梯井投影面积

【解】

根据计算规则得：

楼梯面层装饰抹灰工程量＝楼梯间长度×楼梯间宽度＝$3\times5=15\text{m}^2$

答：楼梯面层装饰抹灰工程量为 15m^2。

【例 3】 如图 2-2-14 所示，求台阶面层装饰抹灰工程量。

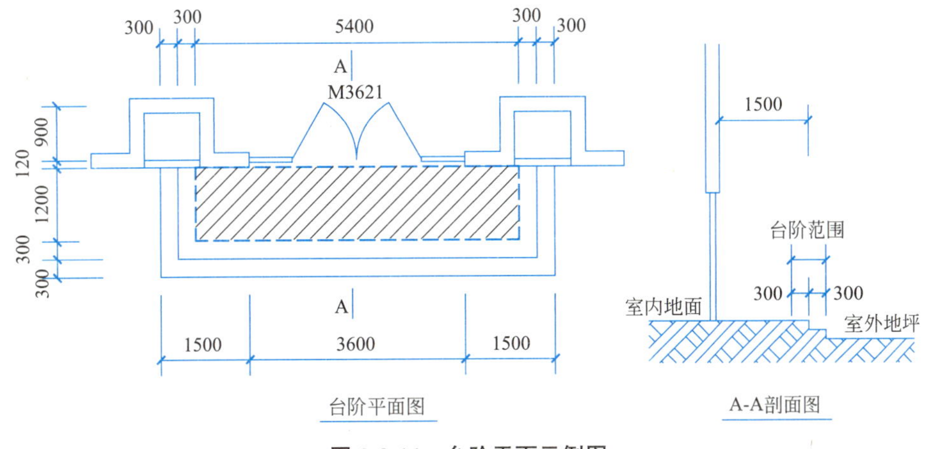

图 2-2-14　台阶平面示例图

计算规则：台阶面层（包括踏步及最上一层踏步沿 300mm）按水平投影面积计算。

计算公式：台阶面层抹灰工程量＝（台阶的水平投影长度＋300mm）×台阶宽度。

【解】

根据计算规则得：

台阶面层装饰抹灰工程量＝（3.6＋1.2×2＋0.3×2）×1.8－（1.8－0.6）×（3.6＋1.2×2－0.6）＝5.4m^2

答：台阶面层装饰抹灰工程量为 5.4m^2。

楼地面找平层消耗量定额及统一基价表（定额摘录）　　表 2-2-3

工作内容：1. 清理基层、调运砂浆、抹平、压实。2. 清理基层、混凝土搅拌、捣平、压实。3. 刷素水泥浆。

单位：100m^2

定额基价				11-1	11-2	11-3
项目				平面砂浆找平层		
				混凝土及硬基层	填充材料上	每增减 1mm
				厚 20mm		
基价(元)				1562.64	1915.44	62.51
其中	人工费(元)			685.44	819.26	18.72
	材料费(元)			813.00	1015.93	40.58
	机械费(元)			64.2	80.25	3.21
名称		单位	单价(元)	数量		
人工	综合工日	工日	96.00	7.140	8.534	0.195
材料	干混地面水泥砂 M20	m^3	397.89	2.040	2.550	0.102
	水	m^3	3.27	0.400	0.400	—
机械	干混砂浆罐式搅拌机	台班	188.83	0.340	0.425	0.017

表 2-2-4

单位：100m^2

定额基价				11-4	11-5
项目				细石混凝土	
				厚 30mm	每增减 1mm
基价(元)				1686.04	39.53
其中	人工费(元)			967.30	15.36
	材料费(元)			637.24	21.45
	机械费(元)			81.50	2.72
名称		单位	单价(元)	数量	
人工	综合工日	工日	96.00	10.076	0.160
材料	细石混凝土 C20/10/32.5	m^3	209.58	3.030	0.101
	水	m^3	3.27	0.400	—
	电	kW・h	0.87	1.040	0.320
机械	混凝土振捣器(平板式)	台班	13.35	0.26	0.04
	双推反转出料混凝土搅拌机 200L	台班	159.80	0.510	0.017

楼地面陶瓷锦砖（马赛克）消耗量定额及统一基价表（定额摘录）　　**表 2-2-5**

工作内容：清理基层、弹线、擦缝。　　单位 $100m^2$

定额编号				11-39	11-40
项目				楼地面	
				不拼花	拼花
基价(元)				12074.04	12876.64
其中	人工费(元)			2822.69	3462.43
	材料费(元)			9187.15	9350.01
	机械费(元)			64.20	64.20
名称		单位	单价(元)		
人工	综合工日	工日	96.00	29.403	36.067
材料	陶瓷锦砖(马赛克)	m^2	81.43	102.00	102.00
	干混地面砂浆 M20	m^3	157.30	2.04	2.04
	胶粘剂 DTA 砂浆	m^3	426.06	0.100	0.100
	白水泥	kg	0.56	20.604	20.604
	棉纱头	kg	3.80	2.000	2.000
	水	m^3	3.27	2.400	2.400
机械	干混砂浆罐式搅拌机	台班	188.83	0.340	0.340

现浇混凝土垫层消耗量定额及统一基价表（定额摘录）　　**表 2-2-6**

工作内容：1. 混凝土搅拌、捣固、养护。　　单位：$10m^3$

定额编号				5-1
项目				混凝土垫层
基价(元)				3006.03
其中	人工费(元)			314.67
	材料费(元)			2691.36
	机械费(元)			—
名称		单位	单价(元)	
人工	综合工日	工日	85.00	3.702
材料	预拌混凝土 C15/40/32.5	m^3	264.00	10.100
	预拌浇混凝土 C20/40/32.5	m^3	277.00	—
	塑料薄膜	m^2	0.21	47.775
	水	m^3	3.27	3.950
	电	kW・h	0.87	2.310

六、复习思考题

（一）单选题

1. 楼地面踢脚线高度是按（　　）mm 编制的，如设计高度与定额高度不同时，材料用量可以调整，但人工、机械用量不变。高度超过 300mm 按墙面相应定额计算。

A. 100　　B. 150　　C. 200　　D. 250

2. 分部分项工程量清单应采用（　　）计价。

A. 综合单价　　B. 材料单价　　C. 市场单价　　D. 定额单价

3. 台阶包括（　　）防滑条，其他材料做防滑时，则应另行计算防滑条。

A. 水磨石　　B. 大理石　　C. 水泥砂浆　　D. 花岗岩

4. 块料面层切割成弧形、异形时损耗按实计算，人工乘（　　）系数，其他不变。

A. 1.1　　B. 1.2　　C. 1.25　　D. 1.3

5. 木地板的填充材料，按照（　　）相应子目执行。

A. 建筑定额　　B. 装饰定额　　C. 安装定额　　D. 市政定额

6. 单块面积小于（　　）m^2 的石材执行点缀子目。其他块料面层的点缀执行大理石点缀子目。

A. 0.01　　B. 0.015　　C. 0.02　　D. 0.025

7. 装饰满堂脚手架，按实际搭设的（　　）计算，不扣除附墙柱、柱所占的面积。

A. 净面积　　B. 总面积　　C. 水平投影面积　　D. 实际面积

8. 某建筑物层高为 3.9m，首层有一大厅，层高 7.8m，其大厅建筑面积按（　　）计算。

A. 2 层　　B. 1.5 层　　C. 1 层　　D. 2.5 层

9. 建设项目中的楼地面工程属于（　　）。

A. 单位工程　　B. 单项工程　　C. 分项工程　　D. 分部工程

10. 缸砖地面面层工程量应按（　　）以“m^2”计算。

A. 实铺面积　　B. 墙净面积×系数

C. 墙外围面积　　D. 主墙间净面积

（二）判断题

1. 工程造价有两种计价模式，即定额计价模式和工程量清单计价模式。（　　）

2. 找平层按基层材质、找平层的厚度及材料的不同分为 5 个定额子目（包括水泥砂浆、地面瓷砖）。（　　）

3. 整体面层、找平层按主墙间净空面积以“m^2”计算，不扣除凸出地面的构筑物、

设备基础、室内管道、地沟等所占的面积。（　　）

4. 主墙指砖墙、砌块墙厚度在 180mm 及以上的承重墙或超过 100mm 的钢筋混凝土剪力墙。（　　）

5. 块料面层按饰面的实铺面积计算，不扣除 0.15m^2 以内的孔洞所占面积，拼花部分按实贴面积计算。（　　）

6. 楼梯面积（包括踏步、休息平台，以及小于 500mm 宽的楼梯井）按水平投影面积计算。（　　）

7. 台阶面层（包括踏步以及最上一层踏步沿 300mm）按水平投影计算。（　　）

8. 整体面层踢脚板按平方米计算，洞口、空圈长度不予扣除，门洞、空圈、垛、附墙烟囱等侧壁长度亦不增加。（　　）

9. 块料楼地面踢脚线按实贴长乘高以“m^2”计算。（　　）

10. 防滑条按实际长度以“m”计算。（　　）

（三）填空题

1. 楼地面垫层定额项目有（　　　　）、（　　　　）、（　　　　）等 5 个定额子目。

2. 整体面层按构造部位不同和材质不同分为（　　　　）、（　　　　）、（　　　　）等 10 个定额子目。

3. 块料面层按构造部位不同和材质分为（　　　　）、（　　　　）、（　　　　）、（　　　　）等 80 个定额子目。

4. 分部分项工程量清单应包括（　　　　）、项目名称、（　　　　）、计量单位和工程量。

（四）计算题（技能题）

某办公室一层平面布置图如图 2-2-14 所示，已知内外墙厚度为 240mm，轴线尺寸为墙体中心线。地面装饰的做法，1∶3 的水泥砂浆找平层，面层用 500mm×500mm 的釉面砖铺贴。踢脚线高 120mm。本题单位均为“mm”。求：

1. 找平层的工程量。

2. 釉面砖地面面层工程量。

3. 釉面砖地面踢脚线工程量。

查定额得知，定额基价，找平层 1915.44 元/100m^2，釉面砖 6885.38 元/100m^2，试计算本工程找平层的人、材、机费用和釉面砖面层的人、材、机费用。

（五）单元训练

1. 知识点训练

（1）楼地面工程中整体面层的工程量如何计算?

（2）楼地面工程中块料面层的工程量如何计算?

（3）整体面层、块料面层的踢脚板工程量分别如何计算？

（4）楼梯和台阶的装饰工程量如何计算？

2. 技能点训练

请按某省装饰工程消耗量定额及统一基价表完成某住宅施工图（如本书附图所示）楼地面层装饰工程量的计算及人材机费用计算。（楼地面面层做法：用1∶3水泥砂浆15mm厚找平层；600mm×600mm彩釉地砖面层、用20mm厚1∶3mm水泥砂浆结合层）

扫码获取图纸

扫码获取定额及统一基价表

单元三 Chapter 03

墙柱面装饰工程计量与计价

知识点

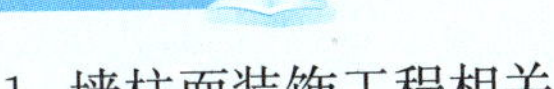

1. 墙柱面装饰工程相关知识；
2. 定额项目内容及有关说明；
3. 墙柱面装饰工程工程量计算规则及定额应用。

技能点

1. 能正确进行墙柱面装饰工程的列项；
2. 能准确进行墙柱面装饰工程的工程量计算；
3. 能正确进行墙柱面装饰工程定额套用及换算；
4. 能正确进行墙柱面装饰工程工料分析。

能力目标

能结合实际建筑装饰工程施工图纸，进行墙柱面建筑装饰工程计量与计价。

一、墙柱面装饰工程相关知识

（一）墙柱面装饰工程构造

墙柱面装饰工程是指利用各种材料对墙体的外墙面、内墙面及柱面进行保护及装饰的工艺。其构造层次一般分为：底层、中间层、面层等。底层一般为抹灰底层，中间层根据位置及功能的要求，具有找平、防潮、防腐、保温隔热等作用，面层具有装饰作用，可分为抹灰面层、镶贴块料、墙柱面龙骨饰面等。

1. 墙柱面装饰按所使用的材料、构造方法和装饰的效果的不同，分为以下几类：

1）抹灰类墙体饰面：包括一般抹灰和装饰抹灰饰面装饰。

2）涂饰类墙体饰面：包括涂料和刷浆等饰面装饰。

3）贴面类墙体饰面：包括石材和陶瓷制品和预制板材等饰面装饰。

4）罩面类墙体饰面：包括在墙柱面上粘贴、干挂木质或金属板材等饰面装饰。

5）幕墙类墙体饰面：包括玻璃、石材、金属类幕墙饰面装饰。

2. 抹灰面层分为一般抹灰和装饰抹灰。其中一般抹灰主要包括：水泥砂浆抹灰、混合砂浆抹灰、石灰砂浆抹灰、防水砂浆抹灰等；装饰抹灰主要包括：水刷石抹灰、干粘石抹灰、斩假石抹灰、剁斧石抹灰、拉毛抹灰、甩毛抹灰等；镶贴块料主要包括：粘贴和挂贴人造块料、天然石材等。

墙柱面装饰工程的构造示例如图 2-3-1 所示。

（二）墙柱面装饰工程施工流程

1. 基层处理：根据不同的基体通常进行的处理方法如表 2-3-1 所示：

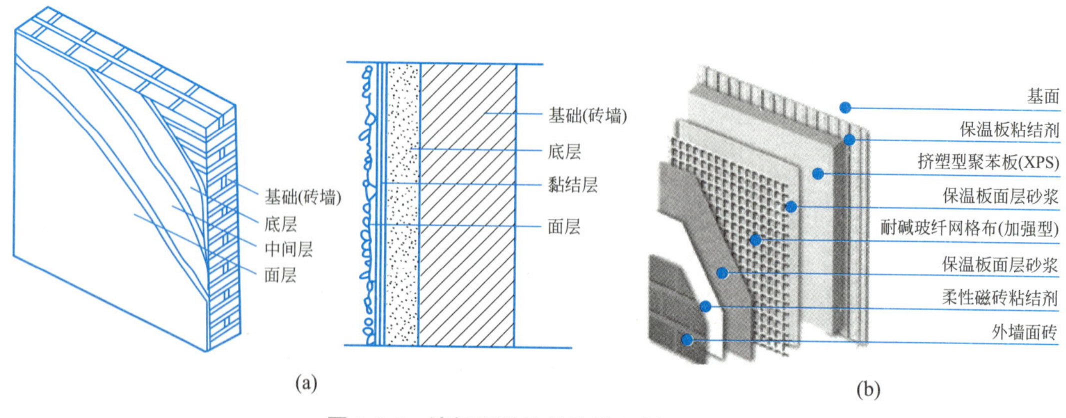

图 2-3-1　墙柱面装饰的构造示例图（一）

（a）抹灰墙面装饰构造；（b）有保温层的外墙面砖构造

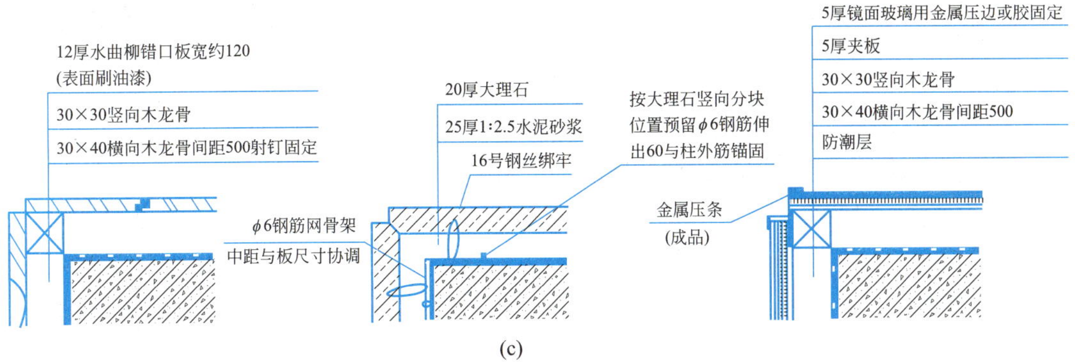

(c)

图 2-3-1　墙柱面装饰的构造示例图（二）

（c）木饰面、大理石饰面、玻璃饰面柱构造

基础处理　　**表 2-3-1**

序号	基体	处理方法
1	黏土砖	清理干净、洒水喷湿
2	加气混凝土	用水润湿表面、刷聚合物水泥浆
3	混凝土	表面凿毛、用水润湿、刷聚合物水泥浆
		1∶1 水泥细砂浆(内掺适量胶粘剂)喷或甩到表面
		界面剂喷或甩到表面
4	轻质墙体(如纸面石膏板)	板缝嵌填密实并用接缝带(如绷带)粘覆补强

2. 底层施工：抹底子灰，用水泥砂浆或混合砂浆打底。打底时要分层进行，每层厚度宜为 5～7mm，并用木抹子搓出粗糙面或划出纹路，用刮杠和托线板检查其平整度和垂直度，隔日浇水养护。

3. 中间层：采用硬泡聚氨酯板材外贴法施工工艺：

基层墙体处理→弹线、挂线→配置胶粘剂→粘贴硬泡聚氨酯板→安装锚固件→抹第一遍抹面胶浆（特殊部位处理）→铺设耐碱玻纤网格布→抹第二遍抹面胶浆。

外墙保温砂浆的施工工艺：基层墙体处理→门窗洞口堵缝、穿墙套管、卡处理→吊垂直、套方、弹控制线→涂刮界面砂浆→用保温浆料作灰饼、冲筋作口→抹第一遍保温浆料，厚度≤15mm→抹第二遍保温浆料，压实刮平→检验平整度，弹分格线、分格墙→抹抗裂砂浆、压耐碱网格布、压实刮平→验收。

4. 面层：

（1）抹灰类墙体饰面（图 2-3-2）

抹灰类墙体饰面包括一般抹灰、装饰抹灰。一般抹灰主要包括石灰砂浆、混合砂浆、水泥砂浆等。装饰抹灰有水刷石、干粘石、斩假石、水泥拉毛等。

（2）涂料类墙体饰面（图 2-3-3）

涂料类墙体饰面是在墙面已有的基层上，刮腻子找平，然后涂刷选定的建筑涂料所形成的一种饰面。

建筑装饰涂料按构成涂膜物质的化学成分可分为有机涂料、无机涂料、无机和有机复

图 2-3-2　抹灰类墙体饰面施工

图 2-3-3　涂料类墙体饰面

21.
外墙贴
瓷砖施工

合涂料三类。有机涂料常有溶剂型、水溶性、乳液型三种。

（3）贴面类墙体饰面（图 2-3-4）

① 瓷砖墙面装饰：瓷砖也称瓷片、釉面砖，品种规格多；用水泥砂浆或聚合物水泥砂浆粘贴的施工工艺一般为：

图 2-3-4　贴面类墙体饰面

基层处理→抹底子灰→弹线、排砖→浸砖→贴标准点→镶贴→擦缝。

用胶粘剂粘贴的施工工艺一般为：墙面修整→弹线→石材背面清理→调胶→石板粘结点涂胶→镶装板块调整→嵌缝→清理。

② 天然石材墙柱面装饰：常用于外墙、公共精装部位墙面，天然石材主要有花岗岩、大理石等，天然石材饰面的安装施工方法主要有三种：一是直接粘贴固定，与内外墙面砖粘贴工艺相同。二是锚固灌浆施工，也称挂贴法，在建筑结构墙面固定竖向钢筋，在竖向钢筋上绑扎横向钢筋而构成纵横交叉的钢筋网，在铁筋网上绑扎天然石材装饰板，或采用金属锚固件勾挂板材并与建筑基体固定，然后在板材饰面的背后与基层表面所形成的空腔内灌水泥砂浆，整体地固定天然石板。施工工艺一般为：基层处理→板块钻孔→弹线分块、预拼编号→基体安装锚固材料（U形钉金属锚固件或钢筋网）→固定校正→灌浆→清理→嵌缝。三是干挂施工法，利用高强度螺栓和耐腐蚀、高强度的金属挂件（扣件、连接件）或利用金属龙骨，将饰面石板固定于建筑物的外表面的做法，石材饰面与结构之间留有40～50mm的空腔。施工工艺一般为：测量放线→材料加工→主龙骨锚固件安装→主龙骨安装、焊接定位→次龙骨安装、焊接定位→金属结构防锈处理→金属骨架隐蔽验收→墙砖预拼、选色→墙砖安装、注入大力结构胶→泡沫条嵌缝→注入耐候胶并勾缝→表面清洗检查并验收。

（4）罩面板类墙体饰面（图2-3-5）

罩面板类墙体饰面主要指用木质、金属、玻璃、塑料、石膏等材料制成的板材作为墙体饰面材料。

图2-3-5　罩面板类墙体饰面

木质罩面饰面主要由木骨架和木质罩面板组成，木质罩面板材料主要有胶合板、纤维板、细木工板、刨花板、木丝板、微薄木、实木等。

（三）隔断（墙）

隔断（墙）是指把一个结构（如房屋、房间或围栏）的一部分同另一部分分开的器具或产品。空间在室内的，称作室内隔断（墙），具有自重轻、装饰效果较好的特点。常用的隔墙有以轻钢龙骨，木龙骨为骨架，以纸面石膏板，人造木板，水泥纤维板等为墙面板的；有以铝制型材框架或不锈钢边框，内置玻璃砖，玻璃板，钢化玻璃等形成的玻璃隔断（墙）（图2-3-6）；有卫生部隔断等。

铝合金玻璃隔墙施工顺序为：墙位放线→墙基施工→安装铝合金骨架→骨架固定连接→安装玻璃→玻璃固定、嵌缝。

图 2-3-6　玻璃隔墙

（四）幕墙

幕墙主要有玻璃幕墙、金属幕墙和石材幕墙等。

玻璃幕墙一般由固定玻璃的骨架、连接件、嵌缝密封材料、填衬材料和幕墙玻璃等组成。其主要分为隐框玻璃幕墙、拉索式玻璃幕墙、明框玻璃幕墙、点式玻璃幕墙等，如图 2-3-7 所示。

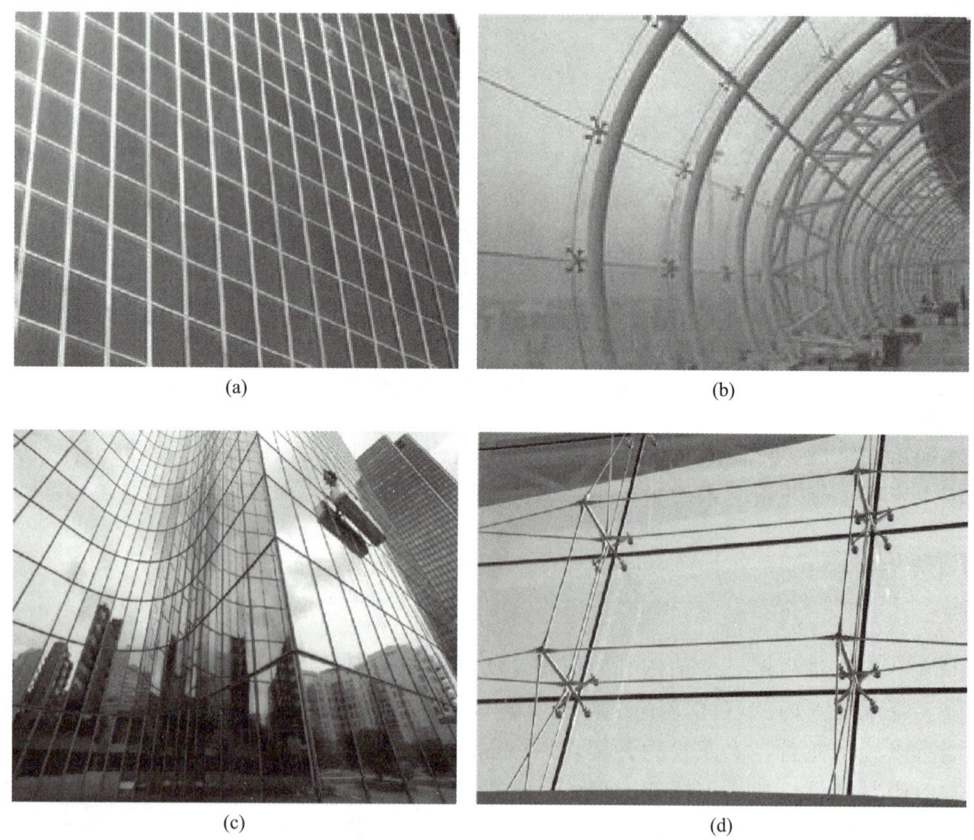

(a)　(b)　(c)　(d)

图 2-3-7　玻璃幕墙

（a）明框玻璃幕墙；（b）点式玻璃幕墙；（c）隐框玻璃幕墙；（d）拉索式玻璃幕墙

隐框玻璃幕墙安装的施工工艺为：测量放线→固定支座安装→立柱、横杆的安装→外围护结构组件的安装→外围护结构组件间的密封及周边收口处理→防火隔层的处理→清洁及其他。

金属幕墙具有强度高、质量轻、板面平整、防火性能好的特点。在我国，最常用的为铝单板幕墙、复合铝塑板幕墙、铝合金蜂巢板幕墙，如图 2-3-8 所示。

图 2-3-8　铝单板装饰图及安装结构图

铝单板幕墙主要施工工艺：测量放线→连接件安装校核→檩条、钢骨架安装→金属板块安装→板块清洁嵌缝→注胶密封→表面清洁。

石材幕墙是利用金属挂件将石材饰面板直接挂在主体结构上，使用最多的是干挂花岗岩幕墙，如图 2-3-9 所示。

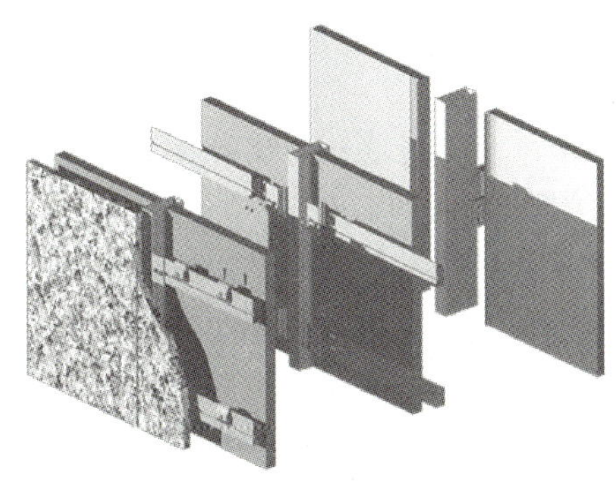

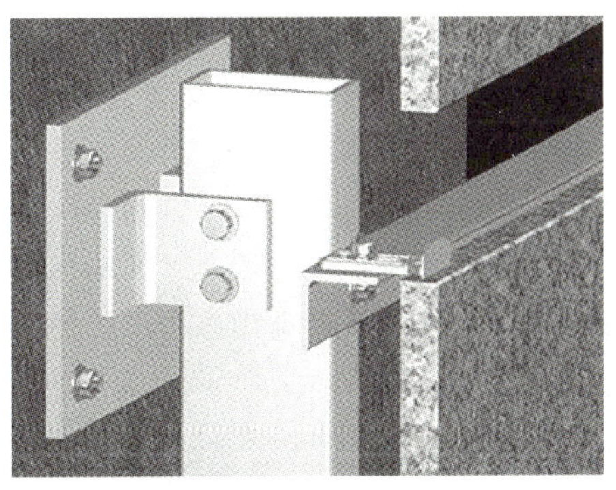

图 2-3-9　花岗岩幕墙装饰图及安装结构图

干挂花岗岩幕墙安装施工工艺流程：预埋件位置尺寸检查→安装预埋件→测量放线→金属骨架安装→防火保温棉→石材饰面板安装→灌注嵌缝硅胶→幕墙表面清洗→工程验收。

二、定额项目内容及有关说明

墙柱面工程定额项目分为十个小节：1. 墙面抹灰共 23 个子目；2. 柱（梁）面抹灰共 5 个子目；3. 零星抹灰共 4 个子目；4. 墙面块料面层共 43 个子目；5. 柱（梁）面镶贴块料共 22 个子目；6. 镶贴零星块料共 18 个子目；7. 墙饰面共 58 个子目；8. 柱（梁）饰面共 36 个子目；9. 幕墙工程共 8 个子目；10. 隔断共 17 个子目。

本小节的内容详见 2017 版《江西省房屋建筑与装饰工程消耗量定额及统一基价表》第 373-422 页。

三、墙柱面装饰工程工程量计算规则及定额应用

（一）工程量计算规则

1. 抹灰

（1）内墙面、墙裙抹灰面积应扣除门窗洞口和单个面积>$0.3m^2$ 以上的空圈所占的面积，不扣除踢脚线、挂镜线及单个面积≤$0.3m^2$ 的孔洞和墙与构件交接处的面积。且门窗洞口、空圈、孔洞的侧壁面积亦不增加，附墙柱的侧面抹灰应并入墙面、墙裙抹灰工程量内计算。

（2）内墙面、墙裙的长度以主墙间的图示净长计算，墙面高度按室内地面至天棚底面净高计算，墙面抹灰面积应扣除墙裙抹灰面积，如墙面和墙裙抹灰种类相同者，工程量合并计算。

【注】内墙抹灰工程量计算公式：

无墙裙时：内墙抹灰工程量＝（主墙间的图示净长＋附墙柱的侧面宽度＋墙垛附墙烟囱侧壁的宽度）×室内净高－门窗洞口及 $0.3m^2$ 以上的孔洞面积。

有墙裙时：内墙抹灰工程＝（主墙间的图示净长＋附墙柱的侧面宽度＋墙垛附墙烟囱侧壁的宽度）×墙裙顶至顶棚底面之间的高度－门窗洞口及 $0.3m^2$ 以上的孔洞面积。

有吊顶顶棚：内墙抹灰工程＝（主墙间的图示净长＋附墙柱的侧面宽度＋墙垛附墙烟囱侧壁的宽度）×［室内楼地面（或墙裙顶）至吊顶底面之间的高度＋100mm］－门窗洞口及 $0.3m^2$ 以上的孔洞面积。

内墙裙抹灰工程量＝（内墙净长＋墙垛附墙烟囱侧壁的宽度）×墙裙的高度－门窗洞

口及 0.3m^2 以上的孔洞面积。

（3）外墙抹灰面积按垂直投影面积计算，应扣除门窗洞口、外墙裙（墙面和墙裙抹灰种类相同者应合并计算）和单个面积>0.3m^2 的孔洞所占面积，不扣除单个面积≤0.3m^2 的孔洞所占面积，门窗洞门及孔洞侧壁面积亦不增加。附墙柱侧面抹灰面积应并入外墙面抹灰工程量内。

【注】外墙装饰抹灰工程量＝外墙面抹灰长×外墙面抹灰高＋附墙垛、柱、梁侧面抹灰面积－门窗洞口及 0.3m^2 以上的孔洞面积。

（4）柱抹灰按结构断面周长乘以抹灰高度计算。

【注】独立柱一般抹灰、装饰抹灰，挂贴预制水磨块工程量＝柱结构断面周长×柱的高度×柱的根数。

独立柱其他装饰工程量＝柱外围饰面尺寸周长×柱的高度×柱的根数。

（5）装饰线条抹灰按设计图示尺寸以长度计算。

（6）装饰抹灰分格嵌缝按抹灰面积计算。

（7）“零星项目”按设计图示尺寸以展开面积计算。

挑檐、天沟、腰线、栏杆、栏板、门窗套、窗台线、压顶等零星抹灰工程量＝设计图示尺寸展开面积。

2. 块料面层

（1）挂贴石材零星项目中柱墩、柱帽是按圆弧形成品考虑的，按其圆的最大外径以周长计算；其他类型的柱帽、柱墩工程量按设计图示尺寸以展开面积计算。

（2）镶贴块料面层，按镶贴表面积计算。

（3）柱镶贴块料面层按设计图示饰面外围尺寸乘以高度以面积计算。

3. 墙饰面

（1）龙骨、基层、面层墙饰面项目按设计图示饰面尺寸以面积计算，扣除门窗洞口及单个面积>0.3m^2 以上的空圈所占的面积，不扣除单个面积≤0.3m^2 的孔洞所占面积，门窗洞口及孔洞侧壁面积亦不增加。

（2）柱（梁）饰面的龙骨、基层、面层按设计图示饰面尺寸以面积计算，柱帽、柱墩并入相应柱面积计算。

4. 幕墙、隔断

（1）玻璃幕墙、铝板幕墙以框外围面积计算；半玻璃隔断、全玻璃幕墙如有加强肋者，工程量按其展开面积计算。

（2）隔断按设计图示框外围尺寸以面积计算，扣除门窗洞及单个面积>0.3m^2 的孔洞所占面积。

【注】铝合金、轻钢隔墙、幕墙工程量＝框外围长×框外围高（不扣除窗扇面积，玻璃幕墙设计带有平、推拉窗者，并入幕墙面积计算，窗的型材用量应予以调整，窗的五金用量相应增加，五金施工损耗按2%计算）。

（二）定额应用及有关说明

1. 本章定额包括：墙面抹灰、柱（梁）面抹灰、零星抹灰、墙面块料面层、柱（梁）

面镶贴块料、镶贴零星块料、墙饰面、柱（梁）饰面、幕墙工程及隔断，共十节。

2. 圆弧形、锯齿形、异形等不规则墙面抹灰、镶贴块料、幕墙按相应项目人工乘以系数 1.15。

3. 干挂石材骨架及玻璃幕墙型钢骨架均按钢骨架项目执行。预埋铁件按本定额“第五章混凝土及钢筋混凝土工程”铁件制作安装项目执行。

4. 女儿墙（包括泛水、挑砖）内侧、阳台栏板（不扣除花格所占孔洞面积）内侧与阳台栏板外侧抹灰工程量按其投影面积计算，块料按展开面积计算；女儿墙无泛水挑砖者，人工及机械乘以系数 1.1，女儿墙带泛水挑砖者，人工及机械乘以系数 1.3 按墙面相应项目执行；女儿墙外侧并入外墙计算。

5. 抹灰面层：

（1）抹灰项目中砂浆配合比与设计不同者，按设计要求调整；如设计厚度与定额取定厚度不同者，按相应增减厚度项目调整。

（2）砖墙中的钢筋混凝土梁、柱侧面抹灰＞$0.5m^2$ 的并入相应墙面项目执行，≤$0.5m^2$ 的按“零星项目”执行。

（3）抹灰工程的“零星项目”适用于各种壁柜、碗柜、飘窗板、空调隔板、暖气罩、池槽、花台以及≤$0.5m^2$ 的其他各种零星抹灰。

（4）抹灰工程的装饰线条适用于门窗套、挑檐、腰线、压顶、遮阳板外边、宣传栏边框等项目的抹灰，以及突出墙面且展开宽度≤300mm 的竖、横线条抹灰。线条展开宽度＞300mm 且≤400mm 者，按相应项目乘以系数 1.33；展开宽度＞400mm 且≤500mm 者，按相应项目乘以系数 1.67。

6. 块料面层：

（1）墙面贴块料、饰面高度在 300mm 以内者，按踢脚线项目执行。

（2）勾缝镶贴面砖子目，面砖消耗量分别按缝宽 5mm 和 10mm 考虑，灰缝宽度与取定不同者，其块料及灰缝材料（预拌水泥砂浆）允许调整。

（3）玻化砖、干挂玻化砖或玻岩板按面砖相应项目执行。

（4）镶贴零星块料项目适用于挑檐、天沟、腰线、窗台线、门窗套、压顶、栏板、扶手、遮阳板、阳台雨篷周边等。

7. 除已列有挂贴石材柱帽、柱墩项目外，其他项目的柱帽、柱墩并入相应柱面积内，每个柱帽或柱墩另增人工：抹灰 0.25 工日，块料 0.38 工日，饰面 0.5 工日。

8. 木龙骨基层按双向计算，如设计为单向时，材料、人工乘以系数 0.55。

9. 隔断、幕墙：

（1）玻璃幕墙中的玻璃按成品玻璃考虑；幕墙中的避雷装置已综合考虑，但幕墙的封边、封顶的费用另行计算。型钢、挂件设计用量与定额取定用量不同时，可以调整。

（2）幕墙饰面中的结构胶与耐候胶设计用量与定额取定用量不同时，消耗量按设计计算的用量加 15%的施工损耗计算。

（3）玻璃幕墙设计带有平、推拉窗者，并入幕墙面积计算，窗的型材用量应予以调整，窗的五金用量相应增加，五金施工损耗按 2%计算。

（4）面层、隔墙（间壁）、隔断（护壁）项目内，除注明者外均未包括压边、收边、装饰线（板），如设计要求时，应按照本定额“第十五章　其他装饰工程”相应项目执行；

浴厕隔断已综合考虑了隔断门所增加的工料。

(5) 隔墙（间壁）、隔断（护壁）、幕墙等项目中龙骨间距、规格如与设计不同时，允许调整。

10. 本章设计要求做防火处理者，应按本定额“第十四章 油漆、涂料、裱糊工程”相应项目执行。

四、案例分析

表 2-3-6、表 2-3-7 为参考资料。

【例 1】某工程建筑平面如图 2-3-10 所示，根据相关国家建筑标准设计图集墙面构造做法（表 2-3-2）：1. 涂料饰面；2. 5mm 厚 1∶0.5∶2 水泥石灰膏砂浆找平；3. 9mm 厚 1∶0.5∶3 水泥石灰膏砂浆打底扫毛或划出纹道；4. 刷素水泥浆一道（内掺建筑胶）。

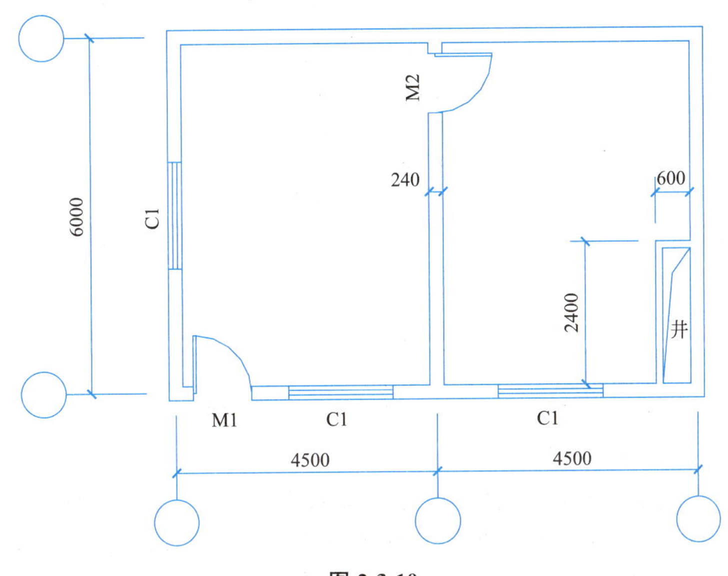

图 2-3-10

试计算墙面工程中混合砂浆基层的人工费、材料费、机械费合计（以下简称人材机合计）。该建筑为砖墙砌筑，内墙净高为 3.3m，窗台高 900mm，其中 M1：900mm×2400mm，M2：900mm×2400mm，C1：1800mm×1800mm。

【解】

(一) 列项、计算工程量

1. 墙面混合砂浆抹灰工程量：3.3×（4.5－0.24＋6－0.24）×2×2－1.8×1.8×3－0.9×2.4×3＝132.26－6.48－6.48＝116.06m^2。

2. 刷素水泥浆工程量：116.06m^2。

墙面构造做法表 **表 2-3-2**

名称	基层类别	编号	厚度（mm）	构造做法	附注
水泥石灰砂浆墙面墙裙（燃烧性能等级 A）	各类砖墙	内墙 1	14	1. 涂料饰面； 2. 5mm 厚 1∶0.5∶2 水泥石灰膏砂浆找平； 3. 9mm 厚 1∶0.5∶3 水泥石灰膏砂浆打底扫毛或划出纹道； 4. 刷素水泥浆一道(内掺建筑胶)	1. 设计人员在施工图中应注明涂料的颜色及种类，如采用有机涂料时燃烧性能等级为 B1 级； 2. 墙裙高度由设计人员决定，并在施工图中注明。墙裙面层为油漆或耐擦洗涂料； 3. 外加剂专用砂浆及界面剂均应采用配套产品； 4. 建筑胶品种由设计人员决定
	混凝土墙 混凝土空心砌块墙	内墙 2	14	1. 涂料饰面； 2. 5mm 厚 1∶0.5∶2 水泥石灰膏砂浆找平； 3. 9mm 厚 1∶0.5∶2 水泥石灰膏砂浆打底扫毛或划出纹道； 4. 刷素水泥浆一道(内掺建筑胶)	
	蒸压加气混凝土砌块墙	内墙 3	16	1. 涂料饰面； 2. 5mm 厚 1∶0.5∶2 水泥石灰膏砂浆找平； 3. 8mm 厚 1∶1∶6 水泥石灰膏砂浆打底扫毛或划出纹道； 4. 3mm 厚外加剂专用砂浆打底刮糙或专用界面剂一道甩毛(甩前喷湿墙面)	
	陶粒混凝土条板墙	内墙 4	10	1. 涂料饰面； 2. 5mm 厚 1∶0.5∶2 水泥石灰膏砂浆找平； 3. 5mm 厚 1∶0.5∶2 水泥石灰膏砂浆打底扫毛或划出纹道； 4. 素水泥浆甩毛(内掺建筑胶)	

水泥石灰砂浆内墙面							图集号	11J930
审核			校对			设计	页	H3

（二）套用定额基价并换算

分析：由于建筑设计图纸墙面采用混合砂浆打底做法为：刷素水泥浆一道（内掺建筑胶）；9mm 厚 1∶0.5∶3 水泥石灰膏砂浆打底扫毛或划出纹道；5mm 厚 1∶0.5∶2 水泥石灰膏砂浆找平。采用的定额基价为（12-1）：砖墙面混合砂浆（14+6mm）分别为混合砂浆 1∶1∶6+混合砂浆 1∶1∶4，因此定额的基价需换算砂浆配合比及厚度，具体定额含量及水泥砂浆单价详见表 3-2-10（已知 1∶0.5∶3 单价为 196.83 元/m^3，1∶0.5∶2 单价为 212.13 元/m^3）。

基本定额子目，12-1（干混砂浆墙面），2332.93 元/100m^2；

1. 按比例换算砂浆厚度：

$K=(9+5)/(14+6)=0.7$

9mm 厚 1∶0.5∶3 水泥石灰膏砂浆含量=1.62×0.7=1.134m^3

5mm 厚 1∶0.5∶2 水泥石灰膏砂浆含量=0.69×0.7=0.483m^3

2. 定额子目，12-1 换，混合砂浆换算后的基价=2332.93 元/100m^2＋［1.134m^3/100m^2×196.83 元/m^3］＋［0.483m^3/100m^2×212.13 元/m^3］－［2.32m^3/100m^2×

502.1 元/m^3］ =1493.72 元/100m^2。

3. 混合砂浆墙面人材机费用＝工程量×定额基价＝119.30×1493.72 元/100m^2＝1782.01 元。

（三）预算表（定额计价）表 2-3-3

工程名称：某工程　　　　表 2-3-3

序号	定额编号	项目名称	单位	工程量	定额基价(元)	合价(元)
1	12-1 换	混合砂浆墙面	100 m^2	1.193	1493.72	1782.01
人材机费用合计						1782.01

该工程混合砂浆墙面的人工费、材料费、机械费合计为 1782.01 元。

【例 2】 某学院门厅处有 2 根断面为 500mm×500mm 钢筋混凝土柱，柱高 3.75m。柱面采用 20mm 厚 640mm×640mm 花岗岩密缝挂钩式干挂如图 2-3-11 所示；镀锌角钢龙骨：50mm×50mm×5mm 竖龙骨，40mm×40mm×4mm 横龙骨，假设柱面镀锌骨架含量为 20kg/m^2（图 2-3-11）。

表 2-3-5、表 2-3-6 为参考资料。

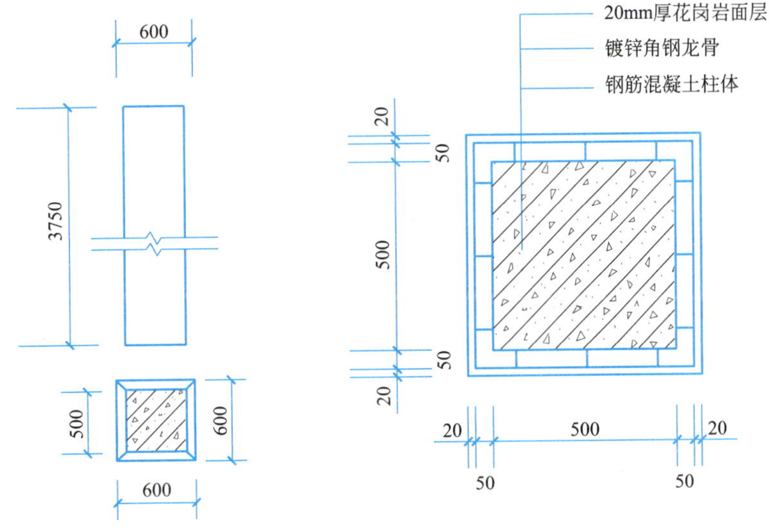

图 2-3-11　柱装饰构断面图

试计算柱面工程中的人工费、材料费、机械费合价。

【解】

（一）列项、计算工程量

1. 柱面干挂花岗岩工程量：（0.5+0.052×2）×4×3.75×2=18.12m^2。

2. 镀锌钢骨架工程量：（0.5+0.05×2）×4×3.75×2×20/1000=0.36t。

套用定额基价分析：干挂花岗岩柱面可套用定额子目，12-37，基价为 30161.94 元/100m^2，钢骨架可套用定额子目，12-74，基价为 7206.54 元/t，根据定额说明，镀锌费用按实计算。

1. 柱面干挂花岗岩人材机费用＝工程量×定额基价＝18.12m^2×30161.94 元/100m^2＝

5465.34 元。

2. 钢骨架人材机费用＝工程量×定额基价＝0.36t×7206.54 元/t＝2594.35 元。

（二）预算表（定额计价）（表 2-3-4）

工程名称：某工程　　　　表 2-3-4

序号	定额编号	项目名称	单位	工程量	定额基价(元)	合价(元)
1	12-37	柱面干挂花岗岩	$100m^2$	0.18	30161.94	5465.34
2	12-74	钢骨架	t	0.360	7206.54	2594.35
人材机费用合计						8059.69

该工程混合砂浆墙面的人工费、材料费、机械费合计为 8059.69 元。

墙面混合砂浆消耗量定额及统一基价表（定额摘录）　　　　表 2-3-5

工作内容：1. 清理、修补、湿润基层表面、堵墙眼、调运砂浆、清扫落地灰。

2. 分层抹灰找平、刷浆、洒水湿润、罩面压光（包括门窗洞口侧壁及护角线抹灰）。　　　　单位：$100m^2$

定额编号				12-1	12-2
项目				内墙	外墙
				(14+6)mm	
基价(元)				2332.93	3018.08
其中	人工费(元)			1091.71	1776.86
	材料费(元)			1168.33	1168.33
	机械费(元)			72.89	72.89
名称		单位	单价(元)	数量	
人工	综合工日	工日	96.00	11.372	18.5096
材料	干混抹灰砂浆 M10	m^3	502.10	2.320	2.320
	水	m^3	3.27	1.057	1.057
机械	干混砂浆罐式搅拌机	台班	188.83	0.386	0.386

钢骨架上干挂石板消耗量定额及统一基价表（定额摘录）　　　　表 2-3-6

工作内容：铁件加工安装、龙骨安装、焊接、石材安装、勾缝打胶等全部操作过程。　　　　单位：$100m^2$

定额编号		12-78	12-74
项目		挂钩式干挂花岗岩板	钢骨架
		柱面	t
基价(元)		34634.55	7206.54
其中	人工费(元)	6903.46	2307.74
	材料费(元)	27731.09	4409.77
	机械费(元)	—	489.03

续表

名称		单位	单价	数量	
人工	综合工日	工日	96.00	71.911	24.039
材料	石材 600mm×900mm	m^2	205.73	106.000	—
	麻刀快硬水泥	m^3	206.56	0.364	—
	型钢(综合)	t	3780.00	—	1.080
	不锈钢石材干挂挂件	套	9.44	377.40	—
	铝合金条 $\varphi 4$	m	2.57	252.280	—
	合金钢钻头 $\varphi 16 \sim \varphi 20$	个	11.60	21.882	—
	金属膨胀螺栓 M8	套	0.31	754.800	—
	石料切割锯片	片	21.97	1.802	—
	棉纱	kg	3.80	1.050	—
	低合金钢焊条 E43 系	kg	7.03	—	23.415
	氧气	m^3	3.27	—	6.000
	乙炔气	m^3	8.85	4.00	2.600
	红丹环氧防锈漆	kg	17.87	—	3.900
	溶剂汽油	kg	6.46	—	0.400
	电	kW・h	0.87	31.800	4.819
	云石 AB 胶	kg	31.46	19.610	—
	密封胶	kg	11.06	39.670	—
	硬白蜡	kg	4.97	2.783	—
	草酸	kg	3.86	1.050	—
	水	m^3	3.27	1.491	—
	其他材料费	元	1.00	—	43.66
机械	交流弧焊机 32kV・A	台班	101.48	—	4.819

五、复习思考题

(一) 单选题

1. 外墙面抹灰面积按外墙面的垂直投影面积计算，应扣除门窗洞口和空圈所占的面积，不扣除（　　）m^2以内的孔洞面积。

A. 0.1　　B. 0.3　　C. 0.5　　D. 0.6

2. 下列按建筑尺寸计算工程量的是（　　）。

A. 内墙抹灰面积　　B. 柱面干挂面积

C. 地面块料面层　　D. 墙面块料面层

3. 内墙面抹灰面积计算中，下列（　　）面积不扣除。

A. 门窗洞　　B. $0.3m^2$ 以上的孔洞

C. 空圈　　D. 踢脚线

4. 外墙面抹灰面积计算中，要按展开面积计入墙面抹灰的是（　　）。

A. 墙垛抹灰　　B. 门洞侧壁抹灰

C. 顶面抹灰　　D. 挂镜线

5. 一般抹灰的“零星项目”适用于各种壁柜、碗柜、过人洞、暖气壁龛、池槽、花台以及（　　）m^2以内的抹灰。

A. 0.5　　B. 1　　C. 1.5　　D. 2

（二）填空题

1. 内墙抹灰以“m^2”计算，应扣除（　　　　）和（　　　　）所占面积，不扣除（　　　　）、（　　　　）、（　　　　）和墙与构件交接处的面积，（　　　　）亦不增加。

2. 计算内墙抹灰时，有墙裙的其高度按墙裙顶面至（　　　　）之间的距离计算，无墙裙的其高度按室内地面至（　　　　）之间的距离。

3. 计算内墙抹灰时，有天棚的其高度按室内地面至（　　　　）之间的距离。外墙面抹灰时，按设计外墙面抹灰的（　　　　）以“m^2”计算。

4. 墙面贴块料面层工程量按（　　　　）面积计算。

5. 独立柱抹灰按（　　　　）乘以高度以“m^2”计算，独立柱贴面砖按（　　　　）乘以高度以“m^2”计算。

6. 玻璃幕墙、铝板幕墙按（　　　　）计算。

（三）判断题

1. 内墙面抹灰面积计算时，应加上墙垛、门窗洞口侧壁的面积。（　　）

2. 外墙面抹灰时洞口侧壁面积不增加。（　　）

3. 栏板、栏杆设计抹灰按垂直投影面积以“m^2”计算。（　　）

4. 墙面勾缝按设计勾缝墙面的垂直投影面积计算。（　　）

5. 柱面贴块料面层工程量按柱周长乘以装饰高度以“m^2”计算。（　　）

6. 铝合金玻璃幕墙有窗时，应扣除窗面积。（　　）

7. 抹灰砂浆的种类和配合比与设计不同时，可按设计规定调整，但人工、机械消耗量不变。（　　）

8. 抹灰砂浆厚度，如设计与定额取定不同时，可以换算。（　　）

（四）简答题

1. 墙柱面装饰工程中块料镶贴和装饰抹灰的“零星项目”适用于哪些部位？
2. 墙柱面装饰工程中一般抹灰的“装饰线条”适用于哪些部位？
3. 墙柱面装饰工程中墙面贴块料面层的工程量如何计算？
4. 玻璃幕墙主要计算哪些项目？

（五）单元训练

1. 知识点训练

（1）墙柱面装饰工程中内、外墙抹灰的工程量如何计算？

（2）墙柱面装饰工程中的零星项目适用于哪些部位？

（3）墙柱面装饰工程中墙面贴块料面层的工程量如何计算？

（4）玻璃幕墙主要计算哪些项目？

2. 技能点训练

请按某省装饰工程消耗量定额及统一基价表完成某住宅施工图（见本书附图）墙柱面层装饰工程量的计算及人材机费用计算。

扫码获取图纸

扫码获取定额及统一基价表

单元四 Chapter 04

天棚装饰工程计量与计价

知识点

1. 天棚装饰工程相关知识；
2. 定额项目内容及有关说明；
3. 天棚装饰工程工程量计算规则及定额应用。

技能点

1. 能正确进行天棚装饰工程的列项；
2. 能准确进行天棚装饰工程的工程量计算；
3. 能正确进行天棚装饰工程定额套用及换算；
4. 能正确进行天棚装饰工程工料分析。

能力目标

能结合实际建筑装饰工程施工图纸，进行天棚建筑装饰工程计量与计价。

一、天棚装饰工程相关知识

(一) 天棚装饰工程分类

天棚亦称顶棚，是指建筑物屋顶及各楼层板下表面的装饰构件，当悬挂在承重结构下表面时又称吊顶。在室内是占有人们较大视域的一个空间界面，其装饰处理具有保温、隔热、隔声和吸声的作用，也是电气、暖卫、通风空调等管线的隐蔽层。

天棚工程是指使用各种装饰材料对天棚进行装饰的工艺，它属于建筑物内部空间的顶部装饰，是建筑物室内装饰的一个重要组成部分。

天棚按饰面与基层的关系分为结构天棚、直接式天棚、悬吊式天棚。详见表 2-4-1。

天棚按饰面与基层的关系分类　　表 2-4-1

<table>
<tr><th>序号</th><th>名称</th><th>定义</th><th>类型</th><th>特点</th></tr>
<tr><td>1</td><td>结构天棚</td><td>将屋盖或楼盖结构暴露在外，利用结构本身做装饰称为结构天棚</td><td>某些大型公共场所中屋面采用的空间结构，如网架结构、悬索结构、拱形结构等</td><td>结构天棚大多数都具有耐用性、艺术性、经济性、透光性、耐候性、阻燃性、耐温性、轻便性、隔声性好的特点</td></tr>
<tr><td rowspan="2">2</td><td rowspan="2">直接式天棚</td><td>是在屋面板或楼板结构底面直接做饰面材料的天棚</td><td>按施工方法分为抹灰、喷刷、裱糊、贴面类天棚</td><td rowspan="2">直接式天棚的构造简单，构造层厚度小，可以充分利用空间，装饰效果多样，用材少，施工方便，造价低。但不能隐藏管线等设备，常用于普通建筑或室内空间高度受到限制的场所</td></tr>
<tr><td>装饰板类顶棚与悬吊式顶棚的区别是不使用吊杆，直接在结构楼板底面铺设固定龙骨</td><td>各种饰面板材如 PVC 板、石膏板，或用木板及木制品板材</td></tr>
<tr><td>3</td><td>悬吊式天棚</td><td>又称吊顶，它离结构底面有一定距离，通过悬挂物与主体结构连接在一起</td><td>活动式吊顶、隐蔽式吊顶、开敞式吊顶、金属装饰板吊顶</td><td>由于悬吊式顶棚通常会结合布置各种管道和设备，如灯具、音响、空调、灭火器、烟感器以及通风口等，通过变化丰富的吊顶形式，将其很好地隐藏起来，达到较好的装饰效果，所以在各种中高档装饰中被广泛采用</td></tr>
</table>

(二) 天棚装饰工程构造及施工流程

1. 结构天棚

根据各自的结构形式不同其构造层次也有所不同。

图 2-4-1 木结构天棚的构造层次为木屋架→木檩条→木望板→防水卷材→顺水条→挂瓦条→块瓦。

图 2-4-2 钢结构电动遮阳天棚的构造层次为钢屋架→纵横型钢檩条（大小龙骨）→采光玻璃板→防锈漆→防火漆→端部滑轮及传动装置和侧向导轨→导向钢丝和牵引钢丝→托布杆→布帘。其中有 FSS 型、FCS 型、PTS 型等电动天棚帘。

图 2-4-3 网架悬索结构天棚的构造层次为钢屋架（网架结构＋悬索结构）→大小龙骨→采光板或压型钢板→防锈漆→防火漆。

图 2-4-4 光伏天棚（光伏建筑一体化 BITV）的构造层次为钢屋架→纵横型钢檩条（大小龙骨）→防锈漆→防火漆→光伏板和采光玻璃板。光伏天棚既能遮风挡雨隔热，又具有采光和发电功效，其能节约用地，就地发电就地使用，减少了输电损耗，可提高电网稳定性，正被越来越多地应用于大型公共建筑。

图 2-4-1　木结构天棚

图 2-4-2　钢结构电动遮阳天棚

图 2-4-3　网架悬索结构天棚

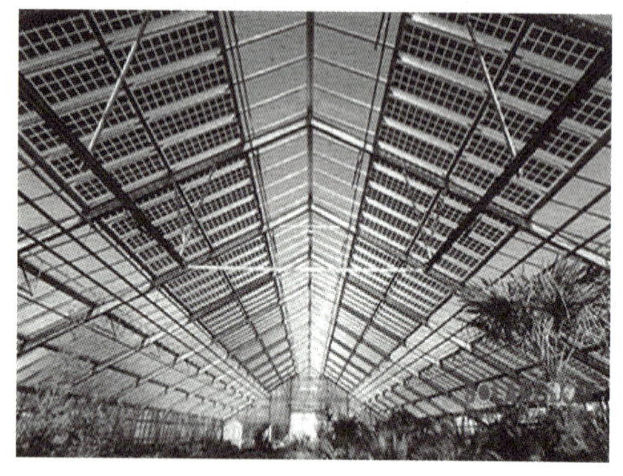
图 2-4-4　光伏天棚

2. 直接式天棚构造

（1）抹灰、喷刷、裱糊、贴面类天棚（直接式顶棚）

① 构造：基层处理→中间层→面层。

② 施工工艺：

这类天棚是在上部屋面板的底面上直接抹灰、喷刷、裱糊、贴面，其做法是先在天棚屋面板或楼板上刷一道纯水泥浆，使抹灰层能与基层很好地粘合，然后用 1：1：6 混合砂浆打底，再做面层抹灰（图 2-4-5）。

最后做饰面装修，其可以喷刷各种内墙涂料或浆料，颜色可以与墙面相同，也可以与墙面不同（图 2-4-6）。对于装饰要求较高的房间也可以裱糊壁纸或壁布，粘贴面砖等块材和粘贴固定石膏板或条，此时宜增加中间层，以保证必要的平整度，做法是在基层上做 5～8mm 厚 1：0.5：2.5 水泥石灰砂浆。

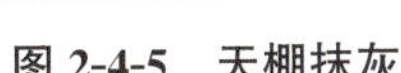

图 2-4-5　天棚抹灰

图 2-4-6　天棚裱糊

（2）直接式天棚的装饰线脚（图 2-4-7）

天棚装饰线脚——安装在天棚与墙顶交界部位的线材，简称装饰线。

① 作用：满足室内的艺术装饰效果和接缝处理的构造要求。

② 固定方法：粘贴法、钉固法。

③ 常用材料：木线；石膏线；金属线。

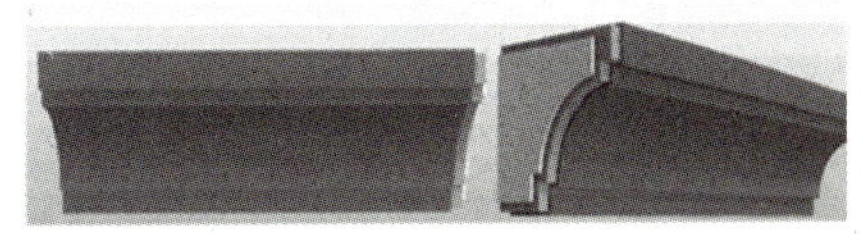

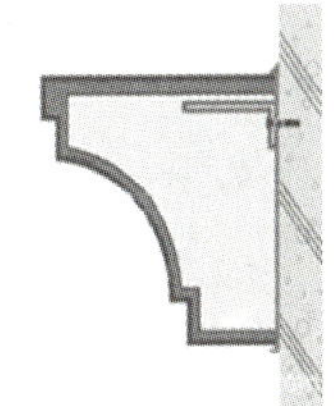

图 2-4-7　装饰线脚

（3）直接装饰板天棚

① 构造：铺设固定龙骨→铺钉装饰面板→板面修饰。

② 施工工艺：当屋面板或楼板底面平整光滑时也可将装饰板直接固定在楼板的底面上，这种装饰板一般采用 30mm×40mm 方木，以 500～600mm 的间距纵横双向布置，表面再用各种板材饰面，如 PVC 板、石膏板，或用木板及木制品板材。

（4）悬吊式天棚

悬吊式天棚与结构层之间的距离，可根据设计要求确定。若天棚内敷设各种管线，为其检修方便可根据情况不同程度地加大空间高度，并可增设检修走道板，以保证检修人员安全、方便，并且不会破坏天棚面层。

① 悬吊式天棚的种类有锯齿型天棚，悬吊型天棚，阶梯型天棚和藻井式天棚四种，见图 2-4-8。

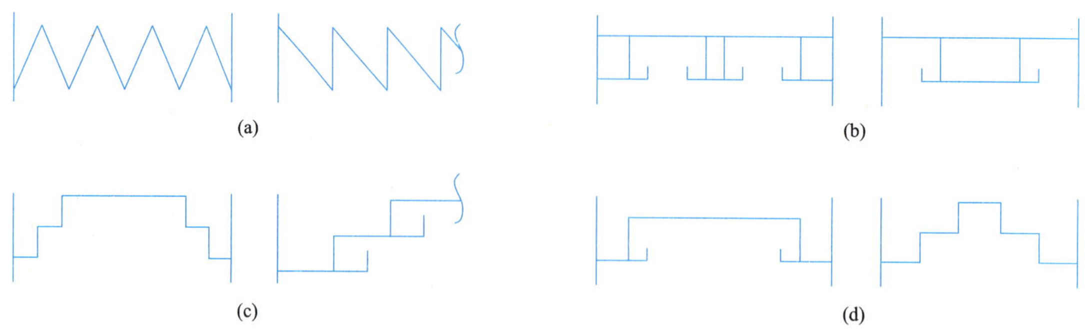

图 2-4-8 悬吊式天棚的种类

（a）锯齿型天棚；（b）悬挂式天棚；（c）阶梯型天棚；（d）藻井式天棚

② 构造组成：悬吊式天棚多数是由吊筋、龙骨和面板三大部分组成。

③ 施工工艺：

A. 吊筋（图 2-4-9）：

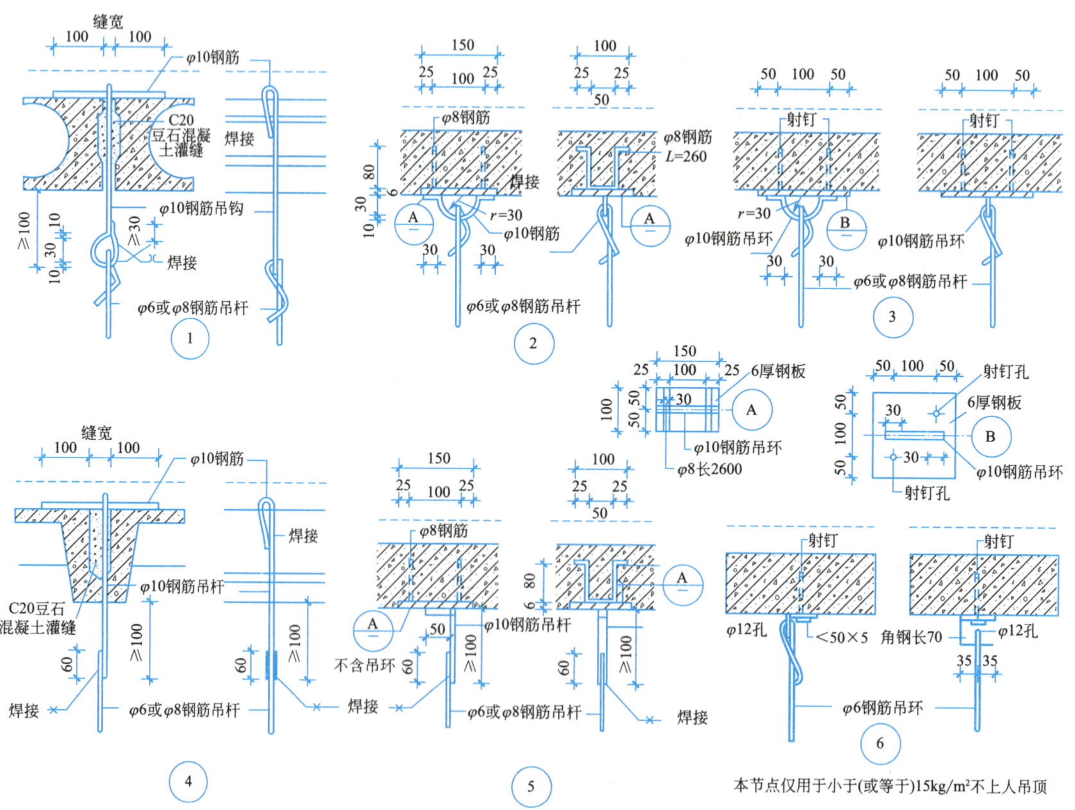

图 2-4-9 吊筋安装构造详图

吊筋的作用：

吊筋是将吊顶部分与建筑结构连接起来的承重传力构件。

a. 承担吊顶的全部荷载并将其传递给建筑结构层；

b. 调整、确定顶棚的空间高度，以适应顶棚的不同部位需要。

吊筋的分类：

a. 按施工方法划分为：建筑施工期间预埋吊筋或连接吊筋的埋件；二次装修使用射钉，将吊筋固定在建筑结构层上。

b. 按荷载类型划分为上人吊顶吊筋和不上人吊顶吊筋。

c. 按材料划分有型钢、方钢、圆钢铅丝几种不同类型。

B. 龙骨

天棚龙骨包括主龙骨、次龙骨、横撑龙骨。它们是吊顶的骨架，对吊顶起着支撑的作用，使吊顶成为所设计的外形（图 2-4-10 至图 2-4-12）。吊顶的各种造型变化，无一不是龙骨的变化而造就的。

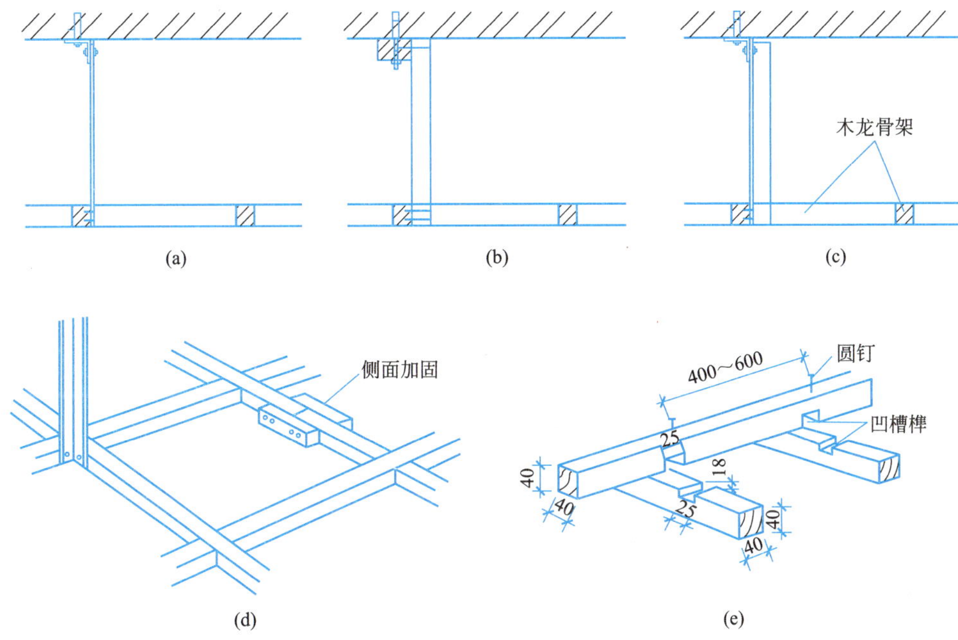

图 2-4-10　木龙骨构造示意图

（a）用扁铁固定；（b）用木方固定；（c）用角铁固定；（d）木龙骨骨架连接；（e）木龙骨凹槽榫连接

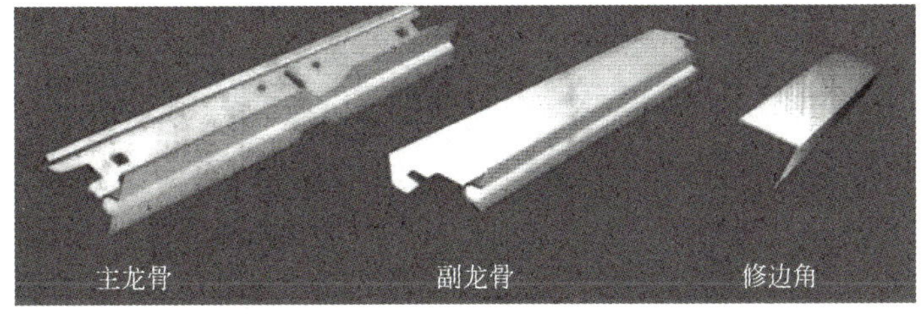

图 2-4-11　轻钢龙骨

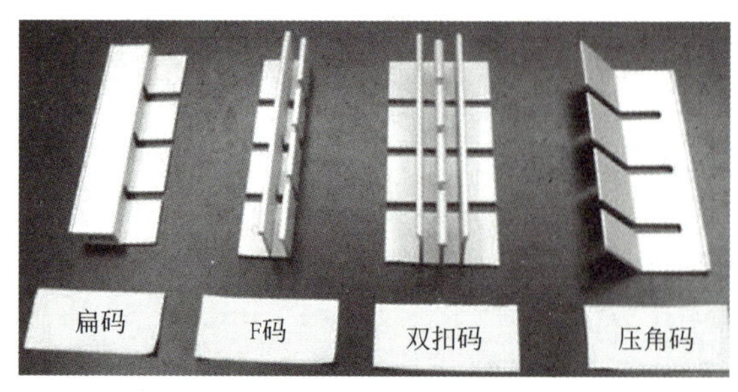

图 2-4-12　铝合金龙骨及配件

龙骨的材料有木龙骨、金属龙骨。龙骨的类型有 U 形龙骨、T 形铝合金龙骨、T 形镀锌铁烤漆龙骨、嵌入式金属龙骨等。

C. 连接部件（图 2-4-13）

吊件对吊筋和主龙骨进行连接。

吊挂件对主龙骨与格栅或主龙骨与次龙骨进行连接。

连接件对主龙骨与主龙骨或次龙骨与次龙骨或格栅与格栅进行连接。

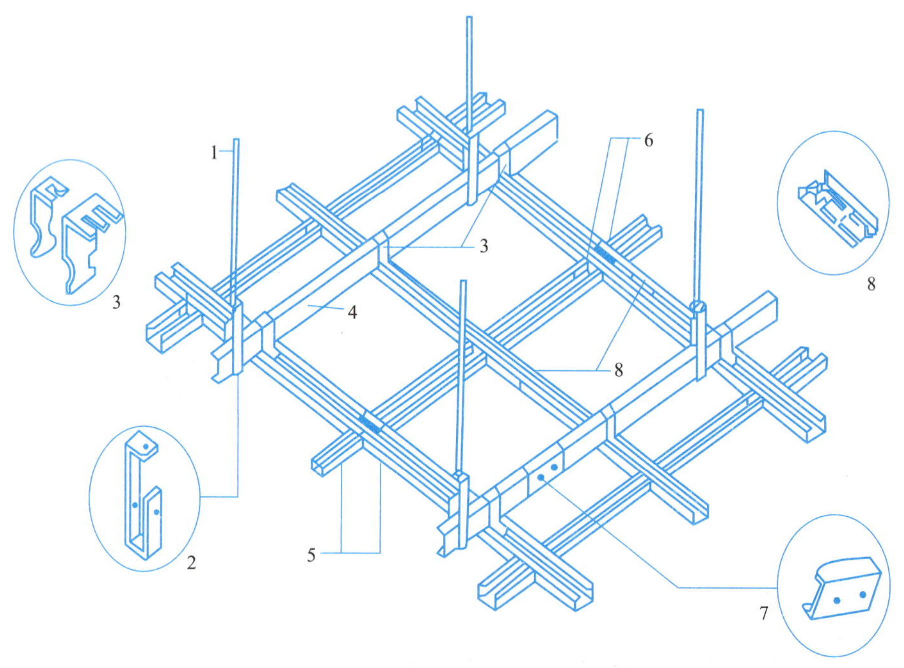

图 2-4-13　龙骨连接件

1—吊杆；2—吊件；3—吊挂件；4—主龙骨；5—主格栅；6—次格栅；7—连接件；8—次龙骨

D. 饰面材料

饰面材料的作用是装饰室内空间，并有吸声、反射、保温、隔热等功能（表 2-4-2、表 2-4-3）。

各类天棚常用材料　　表 2-4-2

天棚类型	材料名称	适用范围
抹灰类	纸筋灰抹灰、石灰砂浆抹灰、水泥砂浆抹灰	一般建筑或简易建筑、甩毛等特种抹灰，用于声学要求较高的建筑
喷刷类	石灰浆、大白浆、色粉浆、彩色水泥浆等	一般建筑如办公室、宿舍等
裱糊类	墙纸、墙布、织物	装饰要求较高的建筑，如宾馆的客房、住宅的卧室灯
块材类	釉面砖、瓷砖	有防潮、防腐、防霉或清洁要求较高的建筑，如浴室、洁净车间等
板材类	胶合板、石膏板	装饰要求较高且较干燥的房间

天棚装饰常用饰面材料的性能及适用范围　　表 2-4-3

材料名称	材料性能	适用范围
纸面石膏板、石膏吸声板	质量轻、强度高、阻燃防火、高温隔热，可锯、钉、刨、粘贴，加工性能好，施工方便	适用于各类公共建筑的天棚
矿棉吸声板	质量轻，吸声、防火、保温隔热、美观，施工方便	适用于公共建筑的天棚
珍珠岩吸声板	质量轻，防火、防潮、防蛀、耐酸，装饰效果好，可锯、可割，施工方便	适用于各类公共建筑的天棚
钙素泡沫吸声板	质量轻，吸声、耐水、隔热，施工方便	适用于公共建筑的天棚
金属穿孔吸声板	质量轻、强度高、耐高温、耐压、耐腐蚀，防火、防潮、化学稳定性好，组装方便	适用于各类公共建筑的天棚
石棉水泥穿孔吸声板	质量大，耐腐蚀，防火、吸声效果好	适用于地下建筑、降低噪声的公共建筑和工业厂房的天棚
金属面吸声板	质量轻，吸声、防火、保温隔热、美观，施工方便	适用于各类公共建筑的天棚
贴塑吸声板	导热系数低、不燃，吸声效果好	适用于各类公共建筑的天棚
珍珠岩织物复合板	防火、防水、防霉、防蛀、吸声、隔热，可锯、可钉，加工方便	适用于公共建筑的天棚

二、定额项目内容及有关说明

天棚工程定额项目分为三个小节：1. 天棚抹灰，共 7 个子目；2. 天棚吊顶：吊顶天棚、格栅吊顶、吊筒吊顶、藤条造型悬挂吊顶、织物软雕吊顶、装饰网架吊顶，共 228 个子目；3. 天棚其他装饰：灯带（槽）、送风口和回风口安装、天棚开孔，共 12 个子目。

本小节的内容详见 2017 版《江西省房屋建筑与装饰工程消耗量定额及统一基价表》第 423-470 页。

三、天棚装饰工程工程量计算规则及定额应用

（一）工程量计算规则

1. 天棚抹灰工程量按以下规定计算：

① 天棚抹灰面积，按设计结构尺寸以展开面积计算，不扣除间壁墙、垛、柱、附墙烟囱、检查口和管道所占的面积（图 2-4-14、图 2-4-15）（式 2-4-1）。带梁天棚，梁两侧抹灰面积，并入天棚抹灰工程量内计算。

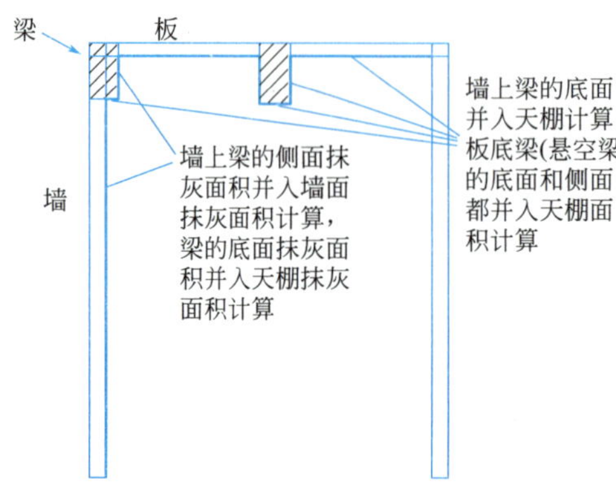

图 2-4-14　天棚梁板抹灰

图 2-4-15　密肋梁和井字梁

$$天棚抹灰工程量＝主墙间的净长度×主墙间的净宽度＋梁侧面面积 \quad (2\text{-}4\text{-}1)$$

② 板式楼板底面天棚抹灰面积，按展开面积计算（式 2-4-2）。

$$密肋梁和井字梁天棚抹灰工程量＝主墙间的净长×主墙间的净宽＋梁侧面面积 \quad (2\text{-}4\text{-}2)$$

③ 天棚抹灰如带有装饰线时，区别按三道线以内或五道线以内按延长米计算，线角的道数以一个突出的棱角为一道线（图 2-4-16）。

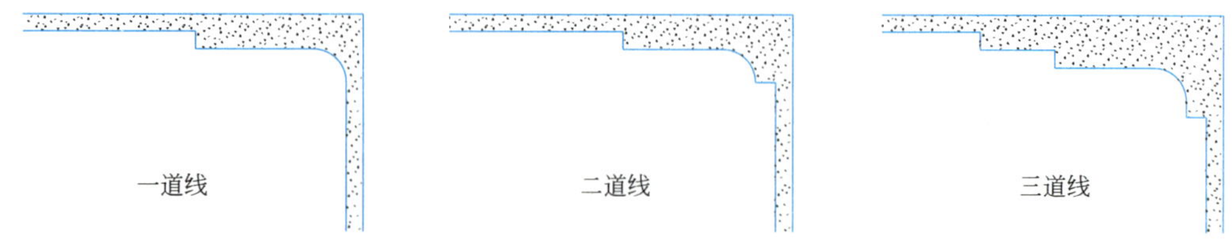

图 2-4-16　天棚装饰线脚

装饰线就是天棚与内墙面交界处形成的棱角，在平面上形成突出的线条（式 2-4-3）。

$$装饰线工程量 = \sum(房间净长度 + 房间净宽度) \times 2 \quad (2\text{-}4\text{-}3)$$

④ 檐口天棚的抹灰面积，并入相同的天棚抹灰工程量内计算（式 2-4-4）（图 2-4-17）。

$S_{檐口}=(L_{外}+4b)\times b$（其中 $L_{外}$ 为外墙的外边线长，即 $L_{外}=(A+B)\times 2$，b 为挑檐底板宽。）　　(2-4-4)

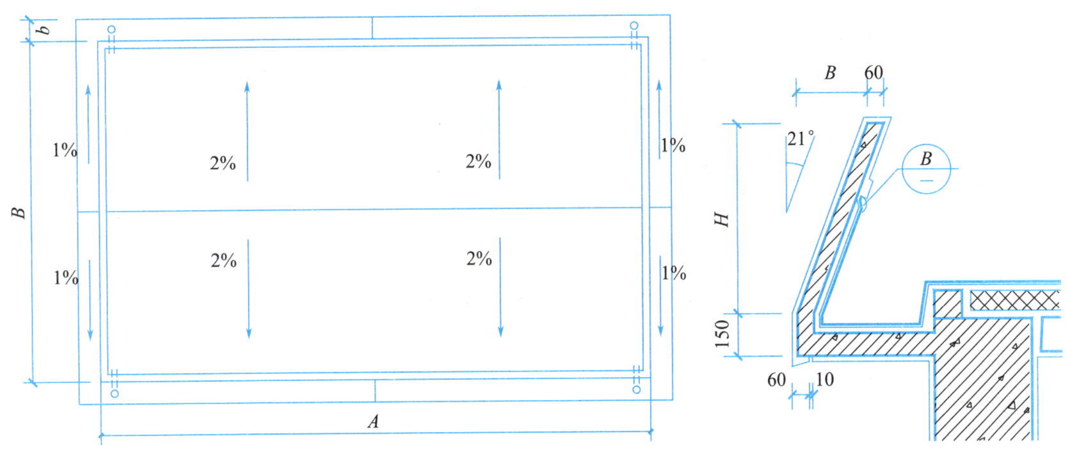

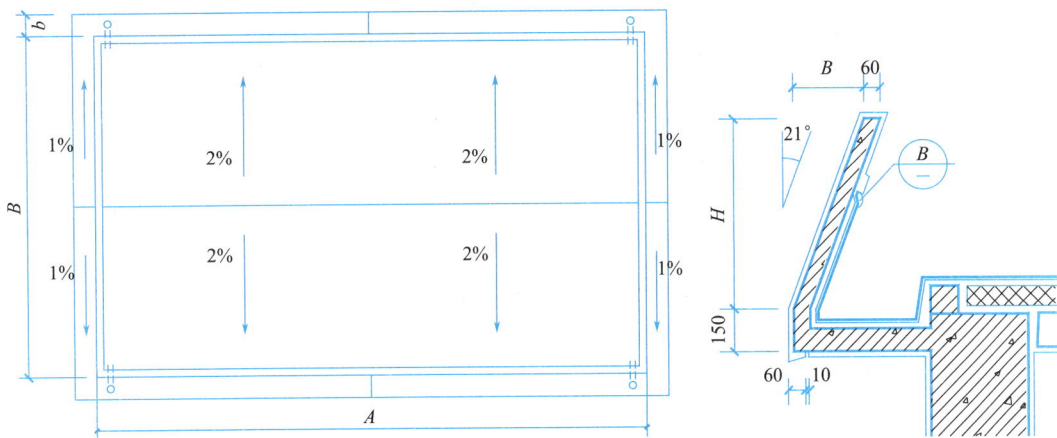

图 2-4-17　檐口天棚的抹灰

⑤ 天棚中的折线、灯槽线、圆弧形线、拱形线等艺术形式的抹灰，按展开面积计算。

⑥ 阳台底面抹灰按水平投影面积以"m^2"计算，并入相应天棚抹灰面积内（式 2-4-5）。阳台如带悬臂梁者，其工程量为系数 1.3。阳台上表面的抹灰按水平投影面积以"m^2"计算，套楼地面的相应定额子目（图 2-4-18）。

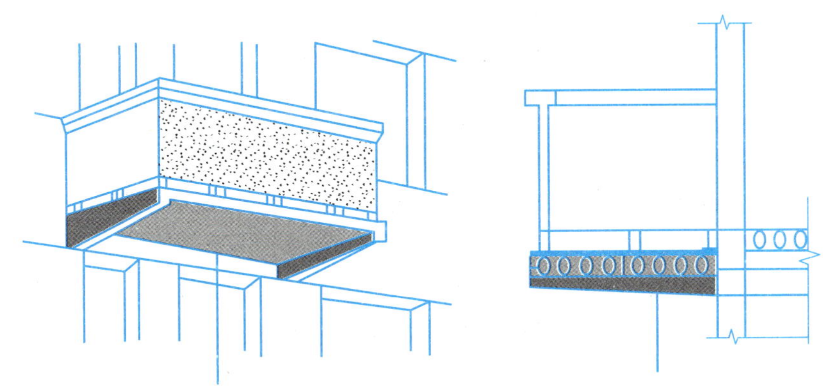

图 2-4-18　阳台底面抹灰

$$S_{阳台底面抹灰}=水平投影面积\times（系数）\tag{2-4-5}$$

⑦ 雨篷底面或顶面抹灰分别按水平投影面积计算，并入相应天棚抹灰面积内（式 2-4-6）（图 2-4-19）。雨篷顶面带反沿或反梁者，其工程量乘系数 1.2；底面带悬臂梁者，其工程量亦乘以系数 1.2。

$$S_{雨篷板底或板面抹灰}=水平投影面积\times（系数）\tag{2-4-6}$$

⑧ 板式楼梯底面的装饰工程量按水平投影面积乘 1.15 系数计算，锯齿形楼梯底板抹灰面积（包括踏步、休息以及≤500mm 宽的楼梯井平台）按水平投影面积乘 1.37 系数计算（图 2-4-20）（式 2-4-7）。

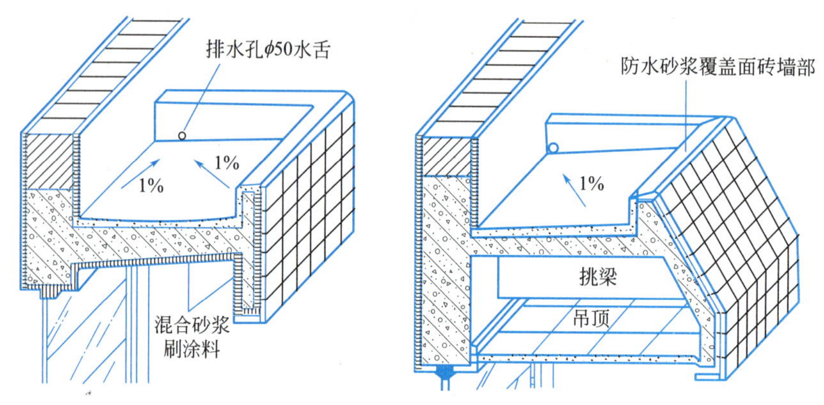

图 2-4-19　雨篷板底或板面抹灰

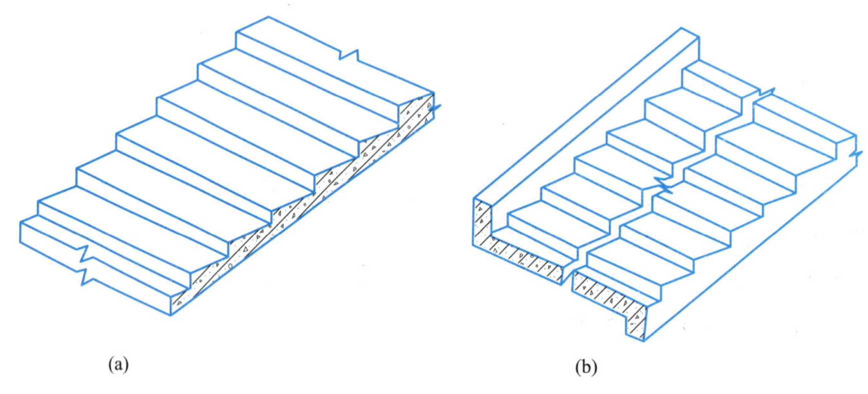

图 2-4-20　楼梯板底抹灰

（a）板式楼梯；（b）梁板式楼梯

$$S_{板式楼梯板底抹灰面积}=楼梯底面的水平投影面积\times 1.15系数 \tag{2-4-7}$$

⑨ 如混凝土天棚刷素水泥浆或界面剂，按本定额“第十二章 墙、柱面装饰与隔断、幕墙工程”相应项目人工费乘 1.15 系数。

2. 各种吊顶天棚龙骨按墙间水平投影面积计算，不扣除检查口、附墙烟囱、柱、垛和管道所占面积（式 2-4-8）。但天棚中的折线，迭落等圆弧形、高低吊灯槽等面积龙骨不展开计算。

一级吊顶顶棚龙骨工程量＝主墙间的净长度×主墙间的净宽度　　（2-4-8）

3. 天棚基层板、装饰面层，按墙间实钉（粘贴）面积以“m^2”计算，不扣除检查口、附墙烟囱、垛和管道、开挖灯孔及 0.3m^2 以内空洞所占面积（式 2-4-9）。

天棚基层板、饰面工程量＝主墙间的净长×主墙间的净宽－独立柱等所占面积

（2-4-9）

艺术形式顶棚饰面工程量＝Σ展开长度×展开宽度（计算规则第⑤条）

4. 本章定额中龙骨、基层、面层合并列项的子目，工程量计算规则同第二条。

5. 灯光槽按延长米计算。

6. 保温层按实铺面积计算。

7. 嵌缝、贴胶带按延长米计算（嵌缝施工见图 2-4-21、贴胶带见图 2-4-22）。

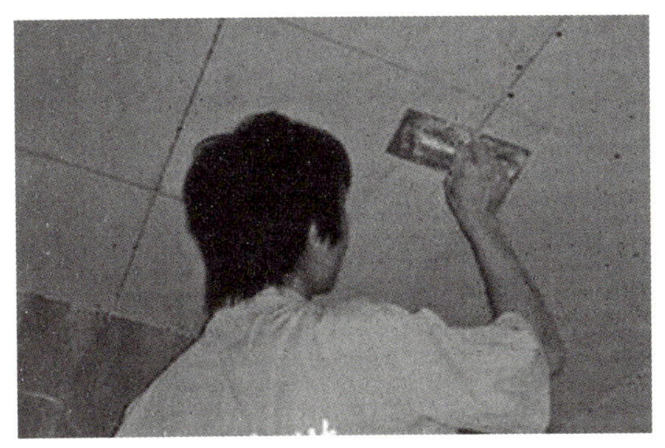

图 2-4-21　嵌缝

图 2-4-22　贴胶带

（二）定额应用及有关说明

1. 本定额凡注明砂浆种类和配合比的如与设计不同时，可按设计规定调整。

解释：定额中的砂浆种类有水泥砂浆 1∶2，1∶2.5，1∶3，混合砂浆 1∶0.5∶1，1∶3∶9，1∶1∶6，1∶1∶2，素水泥浆，纸筋石灰浆，麻刀石灰浆，石灰麻刀砂浆 1∶3 等。

2. 本定额除部分项目为龙骨、基层、面层合并列项外，其余均为天极龙骨、基层、面层分别列项编制。跌级天棚其面层人工乘以系数 1.1。

3. 本定额龙骨的种类、间距、规格和基层、面层材料的型号、规格是按常用材料和常用做法考虑的，如与设计要求不同时，材料可以调整，但人工、机械不变。

4. 天棚轻钢龙骨，铝合金龙骨按面层不同的标高分一级和跌级天棚，天棚面层在同一标高者称一级天棚，不在同一标高且高差在 20cm 以上者称为跌级。

5. 天棚木龙骨按封板层在同一标高者，称为一级天棚；天棚封板层不在同一标高者称为跌级。

6. 轻钢龙骨、铝合金龙骨定额中为双层结构（即中、小龙骨紧贴大龙骨底面吊挂），如为单层结构时（大、中龙骨底面在同一水平上），人工乘 0.85 系数。

7. 对于小面积的跌级吊顶，当跌级（或落差）长度小于顶面周长 50%时，将级差展开面积并入天棚面积，仍按一级吊顶划分；当级差长度大于顶面周长 50%时，按跌级吊顶划分。

8. 本定额中的平面天棚和跌级天棚一般为直线型天棚，不包括灯光槽的制作安装。灯光槽制作安装应按本章相应子目执行。艺术造型天棚项目中包括灯光槽的制作安装，其断面示意图见本定额后面附图。

9. 龙骨架、基层、面层的防火处理，应按定额第十四章的相应子目执行。

10. 天棚检查孔的工料已包括在定额项目内，不另计算。

11. 铝塑板、不锈钢饰面天棚中，铝塑板、不锈钢折边消耗量、加工费另计。

四、案例分析

【例 1】某教室层高 4.2m，现浇钢筋混凝土井字梁天棚如图 2-4-23 和图 2-4-24 所示，构造做法为 14mm 厚 M10 干混砂浆一次抹灰，3 道乳胶漆面层。楼板厚为 120mm，试计算教室天棚抹灰工程量及其定额直接费。

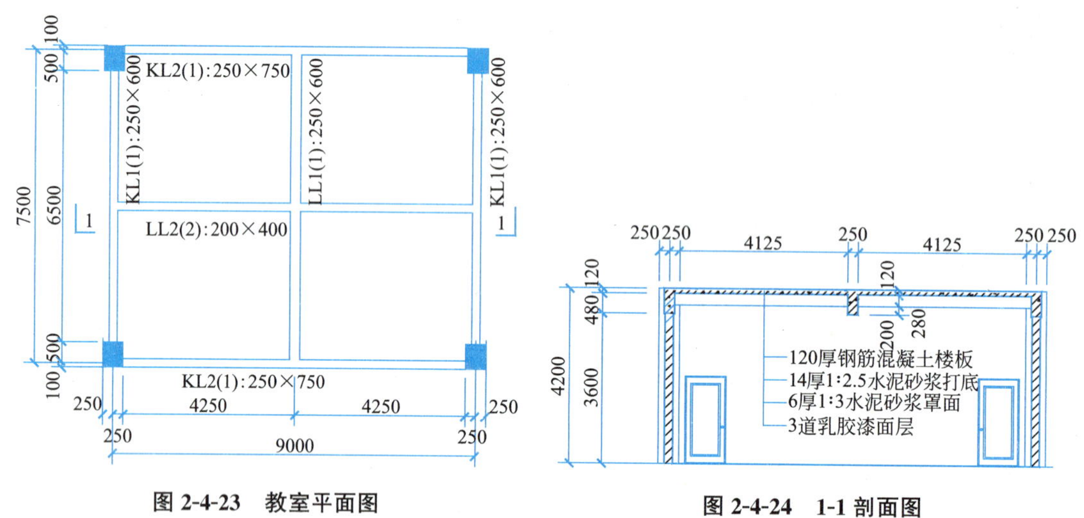

图 2-4-23　教室平面图　　图 2-4-24　1-1 剖面图

【解】

顶棚板底面积（共 4 块）

短边：(3.75−0.15−0.1)

长边：(4.50−0.125−0.125)

梁 LL1 底面：梁长（3.75−0.15−0.1）；梁宽 0.25m

梁 LL1 侧面（共 2 个侧面，2 段）：

梁长（3.75−0.15−0.1）；梁高（0.6−0.12）

梁 LL2 底面：梁长（4.5−0.125−0.125）；梁宽 0.2m

梁 LL2 侧面（共 2 个侧面，2 段）

梁长（4.5−0.125−0.125）；梁高（0.4−0.12）

综上所述，教室顶棚抹灰工程量计算如下：

板底抹灰工程量＝短边（3.75−0.15−0.1）×长边（4.50−0.125−0.125）×共 4 块＝59.50m²

梁 LL1 突出楼板部分抹灰工程量＝梁底抹灰＋梁侧抹灰

＝梁长（3.75−0.15−0.1）×［梁宽 0.25＋（梁高 0.6−0.12）×2 侧］×2 段＝8.47m²

梁 LL2 突出楼板部分抹灰工程量＝梁底抹灰＋梁侧抹灰

=梁长（4.5－0.125－0.125）×［梁宽 0.2＋（梁高 0.4－0.12）×2 侧］×2 段 = 6.46m^2

梁 LL1 和梁 LL2 相交的部位抹灰工程量＝0.2×0.25＝0.05m^2

教室顶棚抹灰工程量＝59.50＋8.47＋6.46＋0.05＝74.48m^2

天棚抹灰面层消耗量定额及统一基价表见表 2-4-4。

天棚抹灰面层消耗量定额及统一基价表（定额摘录） 表 2-4-4

工作内容：1. 清理修补基层表面、堵眼、调运砂浆、清扫落地灰。

2. 抹灰找平、罩面及压光，包括小圆角抹光。 单位：100m^2

定额编号				13-1	13-2	13-3
项目				混凝土面天棚		
				一次抹灰（10mm）	砂浆每增减 1mm	拉毛
基价(元)				1579.60	157.22	2367.64
其中	人工费(元)			974.40	97.06	1459.78
	材料费(元)			569.70	56.95	854.42
	机械费(元)			35.50	3.21	53.44
名称		单位	单价(元)	数量		
人工	综合工日	工日	96.00	10.150	1.011	15.206
材料	干混抹灰砂浆 M10	m^3	502.10	1.130	0.113	1.695
	圆钉	kg	5.83	—	—	—
	水	m^3	3.27	0.712	0.066	1.028
机械	干混砂浆罐式搅拌	台班	188.83	0.188	0.017	0.2283

教室顶棚水泥砂浆定额直接费计算见表 2-4-5。

工程名称：教室顶棚水泥砂浆定额直接费计算 表 2-4-5

序号	定额编号	项目名称	单位	工程量	定额(元)		合计(元)	
					基价	其中	合价（元）	其中
						人工费		人工费
1	13-1	混凝土天棚抹干混砂浆 M10	100m^2	0.744	1579.60	974.40	1175.22	724.95
2	13-2 换	砂浆每增减 1mm	100m^2	0.744	628.88	388.24	467.89	288.85
人材机费用合计							1643.11	1013.80

【例 2】如图 2-4-25 天棚平面布置图和图 2-4-26 天棚剖面图，某工程用 φ8 钢筋作吊筋，不上人型装配式 U 形轻钢龙骨，纸面石膏板天棚面层，最低天棚面层到吊筋安装点的高度为 0.90m，面层上的龙筋方格为 450mm×450mm。求该天棚面工程量并列出计价项目。

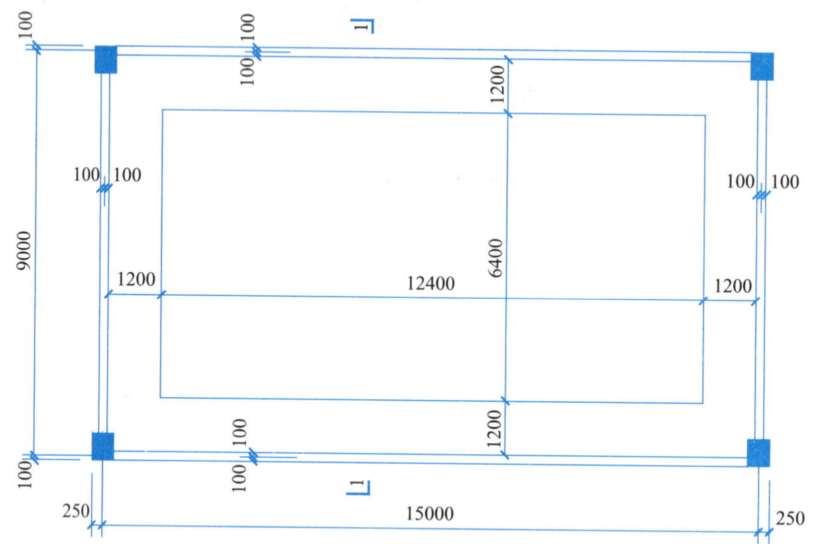

图 2-4-25　天棚平面布置图

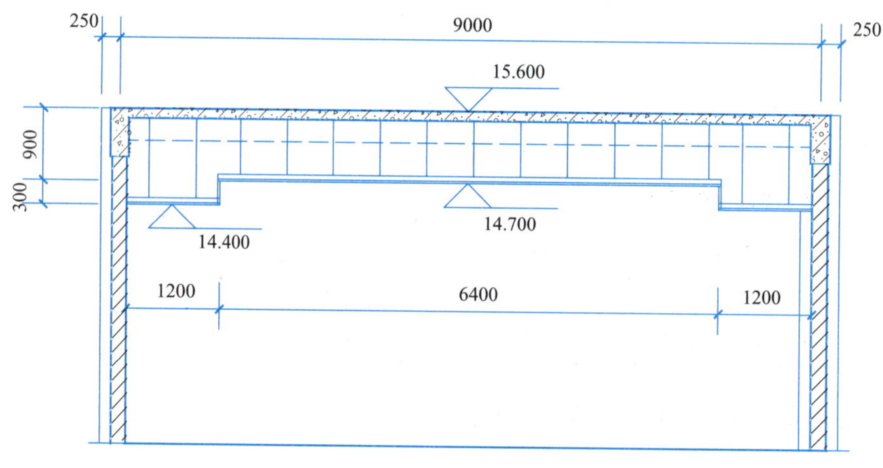

图 2-4-26　天棚剖面图

【解】

问题一、龙骨计算

1. 龙骨工程量（面积）＝（15－0.1×2）×（9－0.1×2）＝130.24m²

2. 龙骨计价列项：不上人型装配式U形轻钢跌级天棚龙骨（规格450mm×450mm）

关于龙骨的说明：天棚轻钢龙骨，铝合金龙骨按面层不同的标高分一级和跌级天棚，天棚面层在同一标高者称一级天棚，不在同一标高且高差在20cm以上者称为跌级。

对于小面积的跌级吊顶，当跌级（或落差）长度小于顶面周长50%时，将级差展开面积并入天棚面积，仍按一级吊顶划分；当级差长度大于顶面周长50%时，按跌级吊顶划分。

吊顶面高差＝14.7m－14.4m＝0.3m>0.2m

吊顶周长比＝（12.4＋6.4）×2÷（15－0.2＋9－0.2）×2＝0.8m>0.5m

由于本题中吊顶两个面高差 0.3m>0.2m，且吊顶周长比 0.8m>0.5m，故应为跌级天棚龙骨。

问题二、面层计算

天棚面层工程量=底面面积+凹进去的矩形周长×两个面层高差的面积

1. 面层工程量（面积）＝（15－0.1×2）×（9－0.1×2）＋（12.4＋6.4）×2×0.3=141.58m²

2. 面层计价列项：安装在 U 形轻钢龙骨上的石膏板面层

吊顶天棚轻钢龙骨、面层消耗量定额及统一基价表见表 2-4-6。

吊顶天棚轻钢龙骨、面层消耗量定额及统一基价表（定额摘录）　　表 2-4-6

工作内容：1. 吊件加工、安装。

2. 定位、弹线，射钉。

3. 选料、下料、定位杆控制高度、平整、安装龙骨。　　单位：100m²

定额编号				13-30	13-31
项目				装配式 U 形轻钢	
				规格(mm)	
				450×450	
				平面	跌级
基价(元)				3895.63	5147.66
其中	人工费(元)			1233.02	1438.18
	材料费(元)			2341.73	3635.22
	机械费(元)			320.83	374.26
名称		单位	单价(元)	数量	
人工	综合工日	工日	96.00	12.844	14.981
材料	轻钢龙骨不上人型(平面)450mm×450mm	m²	18.86	105.000	—
	轻钢龙骨不上人型(跌级)	m²	29.14	—	105.000
	吊杆	kg	3.85	26.163	36.000
	六角螺栓	kg	7.95	1.890	1.8000
	低合金钢焊条 E43 系列	kg	7.03	15.367	17.924
	射钉	10 个	0.50	15.300	15.500
	角钢(综合)	kg	3.25	40.000	40.000
	杉木板	m³	1380.08	—	0.070
	铁件(综合)	kg	4.85	—	0.700
	方钢管 25mm×25mm×2.5mm	m	8.56	—	6.120
	角钢(综合)	kg	3.14	—	1.540
	钢板(综合)	kg	3.48	3.162	3.688
机械	交流弧焊机 32kV·A	台班	101.48	3.162	3.688

天棚吊顶直接费计算见表 2-4-7。

工程名称：天棚吊顶直接费计算 表 2-4-7

序号	定额编号	项目名称	单位	工程量	定额(元)		合计(元)	
					基价	其中	合价(元)	其中
						人工费		人工费
1	13-31	装配式 U 形轻钢 跌级	100m^2	1.30	5147.66	1438.18	6691.96	1869.63
2	13-101	安装在 U 形轻钢龙骨上石膏板	100m^2	1.42	1951.92	800.74	2771.73	1137.05
人材机费用合计			—	—	—	—	9463.68	3006.68

五、复习思考题

(一) 单选题

1. 雨篷底面或顶面抹灰分别按（ ）计算，并入相应天棚抹灰面积内。

雨篷顶面带反沿或反梁者，其工程量乘系数（ ）；底面带悬臂梁者，其工程量亦乘以系数（ ）。

A. 展开面积，1.2，1.2 B. 投影面积，1.2，1.3

C. 展开面积，1.2，1.3 D. 投影面积，1.2，1.2

2. 板式楼梯底面的装饰工程量按水平投影面积乘（ ）系数计算，梁式及螺旋楼梯底面按展开面积计算。

A. 1.1 B. 1.15 C. 1.2 D. 1.25

3. 嵌缝、贴胶带按（ ）计算。

A. 不计算 B. 延长米 C. 投影面积 D. 水平面积

4. 天棚中的折线、灯槽线、圆弧形线、拱形线等艺术形式的抹灰，按（ ）计算。

A. 展开面积 B. 延长米 C. 投影面积 D. 水平面积

5. 檐口天棚的抹灰面积，并入相同的（ ）工程量内计算。

A. 不计算 B. 天棚抹灰 C. 天棚龙骨 D. 天棚面层

(二) 填空题

1. 天棚按饰面与基层的关系分为（ ）、（ ）、（ ）、（ ）。

2. 悬吊式天棚多数是由（ ）、（ ）和（ ）三大部分组成。

3. 天棚抹灰面积，按（ ）净面积计算，（ ）扣除间壁墙、垛、柱、附墙烟囱、检查口和管道所占的面积。带梁天棚，梁两侧抹灰面积，（ ）天棚抹灰工程量内计算。

4. 密肋梁和井字梁天棚抹灰面积，按（　　　　）计算。

5. 阳台底面抹灰按（　　　　）面积以“m^2”计算，并入相应天棚抹灰面积内。阳台如带悬臂梁者，其工程量系数（　　　　）。

6. 板式楼梯底面的装饰工程量按（　　　　）面积乘（　　　　）系数计算，梁式及螺旋楼梯底面按（　　　　）面积计算。

7. 各种吊顶天棚龙骨按（　　　　）面积计算，不扣除检查口、附墙烟囱、柱、垛和管道所占面积。但天棚中的折线，迭落等圆弧形、高低吊灯槽等面积龙骨（　　　　）计算。

8. 天棚基层板、装饰面层，按墙间实钉（　　　　）面积以（　　　　）计算，不扣除检查口、附墙烟囱、垛和管道、开挖灯孔及 0.3m^2 以内孔洞所占面积。

9. 灯光槽按（　　　　）计算。

10. 保温层按（　　　　）面积计算。

(三) 判断题

1. 本定额除部分项目为龙骨、基层、面层合并列项外，其余均为天极龙骨、基层、面层分别列项编制。跌级天棚其面层人工乘以系数 1.2。（　　）

2. 天棚轻钢龙骨，铝合金龙骨按面层不同的标高分一级和跌级天棚，天棚面层在同一标高者称一级天棚，不在同一标高且高差在 30cm 以上者称为跌级。（　　）

3. 对于小面积的跌级吊顶，当跌级（或落差）长度小于顶面周长 50%时，将级差展开面积并入天棚面积，仍按一级吊顶划分；当级差长度大于顶面周长 50%时，按跌级吊顶划分。（　　）

4. 天棚检查孔的工料已不包括在定额项目内，应另行计算。（　　）

5. 天棚中的折线、灯槽线、圆弧形线、拱形线等艺术形式的抹灰，按展开面积计算。（　　）

(四) 简答题

各种吊顶天棚龙骨工程量应如何计算？天棚中的折线，迭落等圆弧形、高低吊灯槽等面积龙骨应如何计算？

天棚基层板、装饰面层的工程量应如何计算？

(五) 单元训练

1. 知识点训练

(1) 天棚工程中天棚抹灰的工程量如何计算？

(2) 天棚工程中吊顶天棚的龙骨和面层工程量分别如何计算？

(3) 雨篷上、下表面抹灰以及阳台底板抹灰工程量分别如何计算？

(4) 楼梯底板的抹灰工程量如何计算?

2. 技能点训练

请按某省装饰工程消耗量定额及统一基价表完成某住宅施工图（见本书附图所示）天棚装饰工程量的计算及人材机费用计算（天棚面层做法：用 1∶3 水泥砂浆 15mm 厚找平层；乳胶漆三遍）。

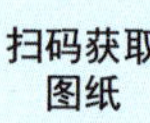

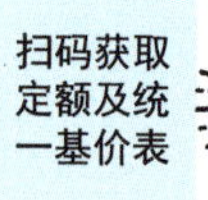

单元五 Chapter 05

门窗工程定额计量与计价

知识点

1. 门窗工程相关知识；
2. 定额项目内容及有关说明；
3. 门窗工程工程量计算规则及定额应用。

技能点

1. 能正确进行门窗工程的列项；
2. 能准确进行门窗工程的工程量计算；
3. 能正确进行门窗工程定额套用及换算；
4. 能正确进行门窗工程工料分析。

能力目标

能结合实际建筑装饰工程施工图纸，进行门窗工程计量与计价。

一、门窗工程相关知识

（一）门窗种类（图 2-5-1 至图 2-5-16）

门由门框、门扇、五金配件等组成；窗由窗框、窗扇、五金配件等组成。

24.
窗户定额计价

25.
门框安装缝灌浆

图 2-5-1　带亮窗户

图 2-5-2　不带亮窗户

图 2-5-3　带纱窗户

图 2-5-4　单扇门、半玻木门

图 2-5-5　百叶窗

图 2-5-6　百叶门

图 2-5-7　门框

图 2-5-8　三扇门

图 2-5-9　门连窗

图 2-5-10　全玻自由门

图 2-5-11　窗帘盒

图 2-5-12　厂库房大门

(a)

(b)

(c)

(d)

图 2-5-13　各种特种门

（a）自动门；（b）旋转门；（c）金属卷帘门；（d）人防密闭门

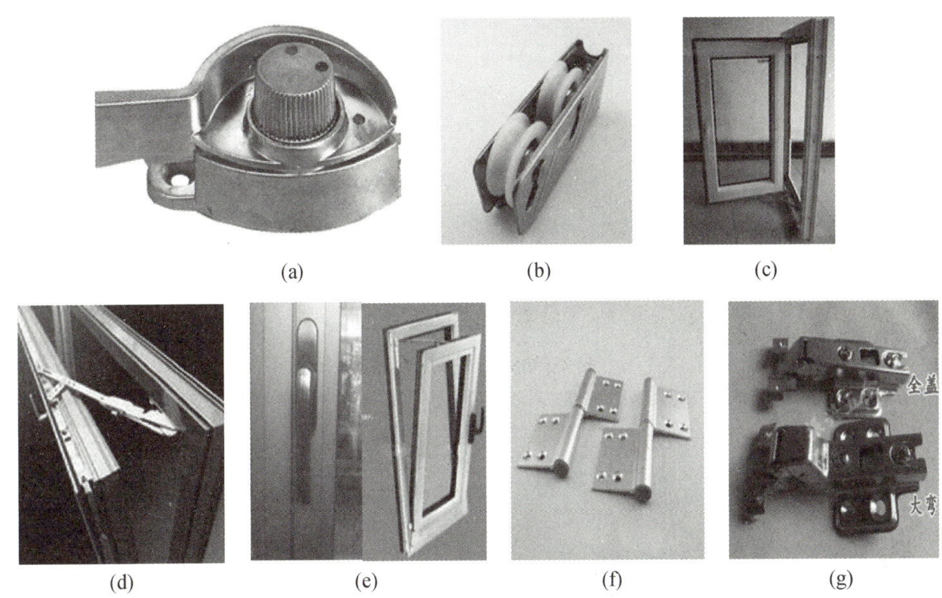

(a) (b) (c)

(d) (e) (f) (g)

图 2-5-14　门窗五金

（a）卡锁；（b）滑轮；（c）铰拉；（d）铰拉；（e）执手；（f）合页 1；（g）合页 2

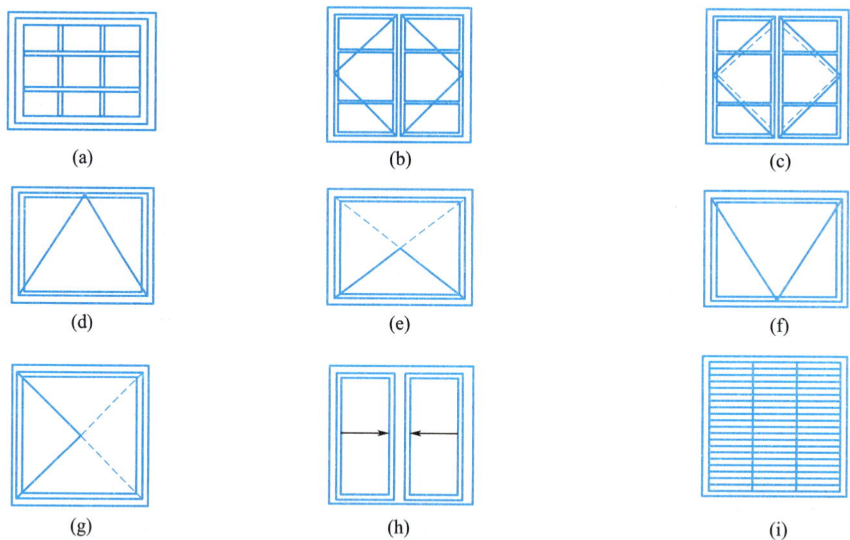

图 2-5-15　窗开启方式

（a）固定窗；（b）平开窗（单层外开）；（c）平开窗（双层内外开）；（d）上悬窗；（e）中悬窗；（f）下悬窗；（g）立转窗；（h）左右推拉窗；（i）百叶窗

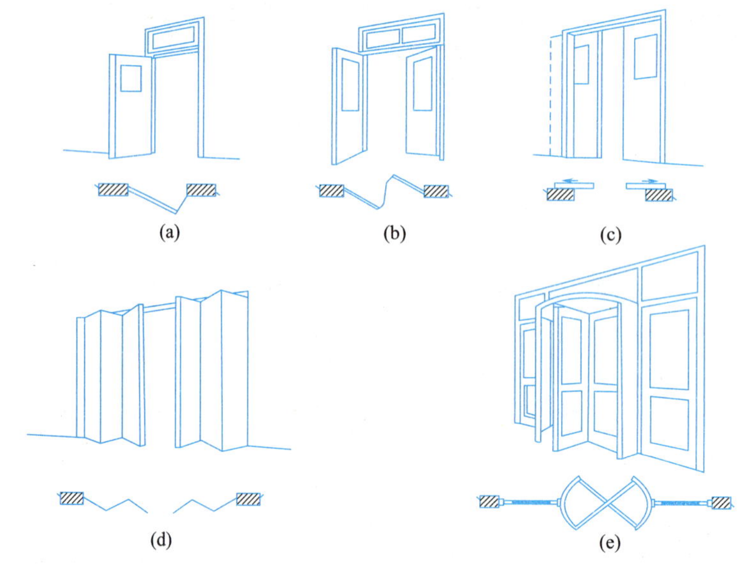

图 2-5-16　门的开启方式

（a）平开门；（b）弹簧门；（c）推拉门；（d）折叠门；（e）转门

1. 按其制作的材料划分

其可分为：木门窗，钢门窗、铝合金门窗、塑料（钢）门窗、彩板组角钢门窗、特种门、厂库房大门等。

2. 按构造形式划分

其可分为带亮子或不带亮子、带纱或不带纱、单扇、双扇或三扇、半百叶或全百叶、半玻或全玻，全玻自由门或半玻自由门、带门框或不带门框，单独门框。

3. 按开启方式划分

木门按开启方式可分为：平开门、推拉门、折叠门、自由门、上翻门、转门等。

木窗按开启方式可分为：固定窗、平开窗、上悬窗、中悬窗、下悬窗、推拉窗、中转窗、外开窗、复合窗等。

4. 按用途划分

木门按用途可分为：常用木门、门连窗（门）、阁楼门、壁橱门、厕浴门、防火门、隔声门、保温门、射线防护门等。

木窗按用途可分为：常用木窗、橱窗、门连窗、天窗、屋顶小气窗、木百叶窗等。

木门窗五金配件包括折页、插锁、风钩、弓背拉手、搭扣、弹簧折页、管子拉手、地弹簧、滑轮、滑轨、门轧头、角铁、木螺钉等。

铝合金门窗五金配件包括卡锁、滑轮、铰拉、执手、拉把、拉手、风撑、角码、牛角制、地弹簧、门销、门插、门铰等。

其他五金配件包括L形执手锁、球形执手锁、地锁、防盗门扣、门眼、门碰珠、电子锁（磁卡锁）、闭门器、装饰拉手等。

门窗套用于美化及覆盖门窗与其周围墙体交界的缝隙，门窗通常需做门套，门窗套有的材料通常有木制、金属或石材（图2-5-17）。

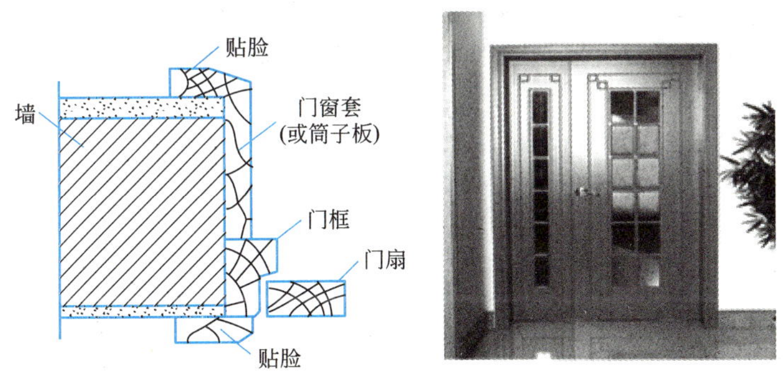

图 2-5-17　门窗套

（二）门窗工程施工流程

弹线，找出门窗框安装位置→掩扇及安装样板→窗框、扇安装→门框安装→门扇安装

1. 弹线：结构工程经过核验合格后，即可从顶层开始用大线坠吊垂直，检查窗口位置的准确度，并在墙上弹出墨线，门窗洞口结构凸出窗框线时进行剔凿处理。

2. 掩扇及安装样板：将窗扇根据图纸要求安装到窗框上，此道工序称为掩扇。对掩扇的质量按验评标准检查缝隙大小、五金位置、尺寸及牢固等，符合标准要求作为样板，以此为验收标准和依据。

3. 弹线安装窗框扇应考虑抹灰层的厚度，并根据门窗尺寸标高、位置及开启方向，在墙上画出安装位置线。有贴脸的门窗、立框时应与抹灰面齐平，有预制水磨石板的窗，应注意窗台板的出墙尺寸，以确定立框位置。中立的外窗，如外墙为清水砖墙勾缝时，可稍移动，以盖上砖墙立缝为宜。

4. 门框安装其中木门框安装：应在地面工程施工前完成。

5. 木门扇的安装：

(1) 先确定门的开启方向及小五金型号和安装位置，对开门扇口的裁口位置开启方向，一般右扇为盖口扇。

(2) 检查门口是否尺寸正确，边角是否方正，有无窜角；检查门口高度应量门的两侧；检查门口宽度应量门口的上、中、下三点并在扇的相应部位定点画线。

(3) 第一次修刨后的门扇应以能塞入口内为宜，塞好后用木楔顶住临时固定。按门扇与口边缝宽合适尺寸，画第二次修刨线，标上合页槽的位置。同时应注意口与扇安装的平整。

(4) 门扇二次修刨，缝隙尺寸合适后即安装合页。

(5) 合页槽剔好后，即安装上、下合页，安装时应先拧一个螺钉，然后关上门检查缝隙是否合适，口与扇是否平整，无问题后方可将螺钉全部拧上拧紧。

(6) 安装对开扇：应将门扇的宽度用尺量好再确定中间对口缝的裁口深度。如采用企口榫时，对口缝的裁口深度及裁口方向应满足装锁的要求，然后对四周修刨到准确尺寸。

(7) 五金安装应按设计图纸要求，不得遗漏。

(8) 安装玻璃门时，一般玻璃裁口在走廊内，厨房、厕所玻璃裁口在室内。

(9) 对有特殊要求的门应安装门扇开启器，其安装方法参照产品安装说明书。

门窗节能的发展趋势：

门窗节能是建筑节能的关键之一，门窗节能有三个发展趋势（图 2-5-18）：

窗型：推拉窗不是节能窗，淘汰推拉窗，保留平开窗、固定窗，发展平开带旋转等新型窗是发展趋势。

玻璃：主要推广和使用 Low-E（又称低辐射玻璃）中空窗。

型材：发展复合型材。如铝塑复合窗、木铝复合窗、断桥铝隔热门窗。

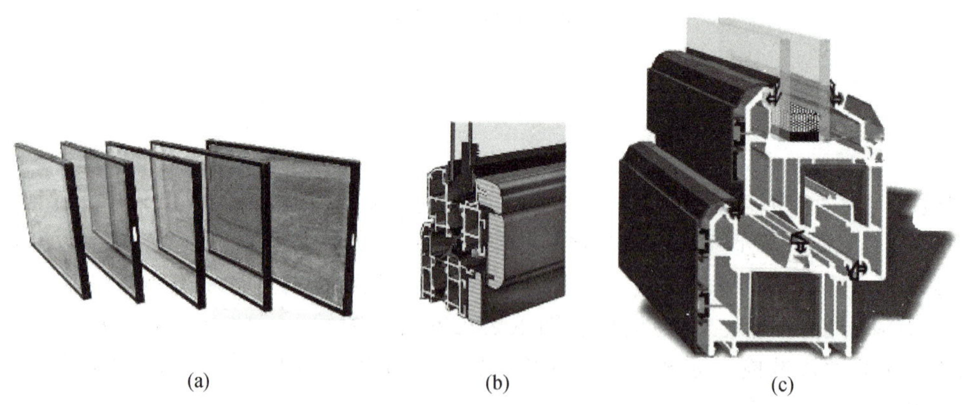

(a) (b) (c)

图 2-5-18 门窗节能的发展趋势

(a) Low-E 中空玻璃；(b) 木铝复合窗；(c) 铝塑复合窗

铝合金型材常用截面尺寸（mm）（表 2-5-1）：

铝合金型材常用截面尺寸表　　　表 2-5-1

代号	型材截面系列(mm)
38mm	38 系列(框料截面宽度 38)
42mm	42 系列(框料截面宽度 42)
50mm	50 系列(框料截面宽度 50)
60mm	60 系列(框料截面宽度 60)
70mm	70 系列(框料截面宽度 70)
80mm	80 系列(框料截面宽度 80)
90mm	90 系列(框料截面宽度 90)
100mm	100 系列(框料截面宽度 100)

例如，推拉门窗可选用 90 系列铝合金型材。平开窗多采用 38 系列型材。

二、定额项目内容及有关说明

门窗工程定额项目分为十个小节：1. 木门，共 6 个子目；2. 金属门：铝合金门、塑钢、彩板钢门、钢质防火、防盗门，共 8 个子目；3. 金属卷帘（闸），共 5 个子目；4. 厂库房大门、特种门，共 34 个子目；5. 其他门，共 8 个子目；6. 金属窗：铝合金窗、塑钢窗、彩板钢窗和防盗钢窗，共 20 个子目；7. 门钢架和门窗套：门钢架、门和窗套（筒子板），共 14 个子目；8. 窗台板，共 5 个子目；9. 窗帘盒（轨）：窗帘盒、窗帘轨，共 7 个子目；10. 门五金：门特殊五金、厂库房大门五金铁件，共 28 个子目。

本小节的内容详见 2017 版《江西省房屋建筑与装饰工程消耗量定额及统一基价表》第 241-268 页。

三、门窗工程工程量计算规则及定额应用

（一）工程量计算规则

1. 木门

（1）成品木门框安装按设计图示框的中心线长度计算。

（2）成品木门扇安装按设计图示扇面积计算。

（3）成品套装木门安装按设计图示数量计算。

（4）木质防火门安装按设计图示洞口面积计算。

2. 金属门、窗

（1）铝合金门窗（飘窗、阳台封闭窗除外）、塑钢门窗均按设计图示门、窗洞口面积计算。

“门窗洞口面积”就是指图纸门窗表中门窗的“长×宽”面积。

（2）门连窗按设计图示洞口面积分别计算门、窗面积，其中窗的宽度算至门框的外边线。

（3）纱窗扇按设计图示扇外围面积计算。

（4）飘窗、阳台封闭窗按设计图示框型材外边线尺寸以展开面积计算。

（5）钢质防火门、防盗门按设计图示门洞口面积计算。

（6）防盗窗按设计图示窗框外围面积计算。

（7）彩板钢门窗按设计图示门、窗洞口面积计算。彩板钢门窗附框按框中心线长度计算。

3. 金属卷帘（闸）

金属卷帘（闸）按设计图示卷帘门宽度乘以卷帘门高度（包括卷帘箱高度）以面积计算。电动装置安装按设计图示套数计算。

4. 厂库房大门、特种门

厂库房大门、特种门按设计图示门洞口面积计算。

5. 其他门

（1）全玻有框门扇按设计图示扇边框外边线尺寸以扇面积计算。

（2）全玻无框（条夹）门扇按设计图示扇面积计算，高度算至条夹外边线、宽度算至玻璃外边线。

（3）全玻无框（点夹）门扇按设计图示玻璃外边线尺寸以扇面积计算。

（4）无框亮子按设计图示门框与横梁或立柱内边缘尺寸以玻璃面积计算。

（5）全玻转门按设计图示数量计算。

（6）不锈钢伸缩门按设计图示延长米计算。

（7）传感和电动装置按设计图示套数计算。

6. 门钢架、门窗套

（1）门钢架按设计图示尺寸以质量计算。

（2）门钢架基层、面层按设计图示饰面外围尺寸以展开面积计算。

（3）门窗套（筒子板）龙骨、面层、基层均按设计图示饰面外围尺寸以展开面积计算。

（4）成品门窗套按设计图示饰面外围尺寸以展开面积计算。

7. 窗台板、窗帘盒、轨

（1）窗台板按设计图示长度乘宽度以面积计算。图纸未注明尺寸的，窗台板长度可按窗框的外围宽度两边共加 100mm 计算。窗台板凸出墙面的宽度按墙面外加 50mm 计算。

（2）窗帘盒、窗帘轨按设计图示长度计算。

（二）定额应用及有关说明

1. 本章定额内容

木门，金属门，金属卷帘（闸），厂库房大门、特种门，其他门，金属窗，门钢架、门窗套，窗台板，窗帘盒、轨，门五金，共十节。

2. 木门

成品套装门安装包括门套和门扇的安装。

3. 金属门、窗

(1) 铝合金成品门窗安装项目按隔热断桥铝合金型材考虑，当设计为普通铝合金型材时，按相应项目执行，其中人工乘以系数 0.8。

(2) 金属门连窗，门、窗应分别执行相应项目。

(3) 彩板钢窗附框安装执行彩板钢门附框安装项目。

4. 金属卷帘（闸）

(1) 金属卷帘（闸）项目是按卷帘侧装（即安装在洞口内侧或外侧）考虑的，当设计为中装（即安装在洞口中）时，按相应项目执行，其中人工乘以系数 1.1。

(2) 金属卷帘（闸）项目是按不带活动小门考虑的，当设计为带活动小门时，按相应项目执行，其中人工乘以系数 1.07，材料调整为带活动小门金属卷帘（闸）。

(3) 防火卷帘（闸）（无机布基防火卷帘除外）按镀锌钢板卷帘（闸）项目执行，并将材料中的镀锌钢板卷帘换为相应的防火卷帘。

5. 厂库房大门、特种门

(1) 厂库房大门项目是按一、二类木种考虑的，如采用三、四类木种时，制作按相应项目执行，人工和机械乘以系数 1.3；安装按相应项目执行，人工和机械乘以系数 1.35。

(2) 厂库房大门的钢骨架制作以钢材重量表示，已包括在定额中，不再另列项计算。

(3) 厂库房大门门扇上所用铁件均已列入定额，墙、柱、楼地面等部位的预埋铁件按设计要求另按本定额“第五章　混凝土及钢筋混凝土工程”中相应项目执行。

(4) 冷藏库门、冷藏冻结间门、防辐射门安装项目包括筒子板制作安装。

6. 其他门

(1) 全玻璃门门框、横梁、立柱钢架的制作安装及饰面装饰，按本章门钢架相应项目执行。

(2) 全玻璃门有框亮子安装按全玻璃有框门扇安装项目执行，人工乘以系数 2.2，增加膨胀螺栓消耗量 277.55 个/100m^2；无框亮子安装按固定玻璃安装项目执行。

(3) 电子感应自动门传感装置、伸缩门电动装置安装已包括调试用工。

7. 门钢架、门窗套

(1) 门钢架基层、面层项目未包括封边线条，设计要求时，另按本定额“第十五章　其他装饰工程”中相应线条项目执行。

(2) 门窗套、门窗筒子板均执行门窗套（筒子板）项目。

(3) 门窗套（筒子板）项目未包括封边线条，设计要求时，按本定额“第十五章　其他装饰工程”中相应线条项目执行。

8. 窗台板

(1) 窗台板与暖气罩相连时，窗台板并入暖气罩，按本定额“第十五章　其他装饰工程”中相应暖气罩项目执行。

(2) 石材窗台板安装项目按成品窗台板考虑。实际为非成品需现场加工时，石材加工另按本定额"第十五章　其他装饰工程"中石材加工相应项目执行。

9. 门五金

（1）成品木门（扇）安装项目中五金配件的安装仅包括合页安装人工和合页材料费，设计要求的其他五金另按本章"门五金"一节中门特殊五金相应项目执行。

（2）成品金属门窗、金属卷帘（闸）、特种门、其他门安装项目包括五金安装人工，五金材料费包括在成品门窗价格中。

（3）厂库房大门项目均包括五金铁件安装人工，五金铁件材料费另执行本章"门五金"一节中相应项目，当设计与定额取定不同时，按设计规定计算。

温馨提示：门窗工程应在墙柱面工程之前进行统计，这样的计算顺序有利于统计内外墙的墙体面积，具体操作可见表 2-5-2：

门窗表　　表 2-5-2

序号	门窗名称	洞口尺寸(mm)		总樘数		第　楼层				备注
						外墙		内墙		
		宽	高	单樘面积（m^2）	总面积（m^2）	樘数（个）	面积（m^2）	樘数（个）	面积（m^2）	

四、案例分析

【例 1】 如图 2-5-19 所示，求窗工程量，并套用定额，其中 C1 为隔热断桥铝合金平开窗 1500mm × 1800mm，共 36 樘；C2 为隔热断桥铝合金带纱平开窗 3000mm × 1800mm，共 30 樘。

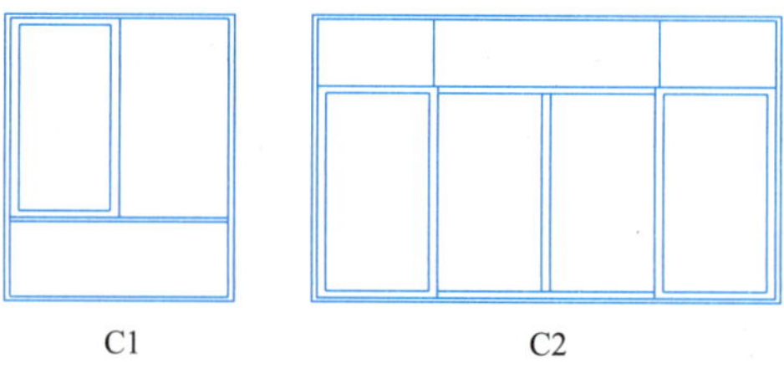

图 2-5-19

【解】

C1：$S=1.5\times1.8\times36=97.2m^2$

C2：$S=3.0\times1.8\times30=162m^2$

隔热断桥铝合金窗户面积＝$259.2m^2$

铝合金纱窗面积＝$162m^2$

套用定额得表 2-5-3

计算表 表 2-5-3

序号	定额编号	项目名称	单位	数量	单价(元)		总价(元)	
					单价	工资	总价	工资
1	8-63	隔热断桥铝合金平开窗	$100m^2$	2.592	50612.90	2158.27	131188.64	5594.24
2	8-71	铝合金平开窗纱	$100m^2$	0.972	12745.62	935.62	12388.74	909.42

【例 2】 某工程楼面建筑平面如图 2-5-20 所示，设计门窗为成品木门和塑钢推拉窗，(M1：900mm×2200mm，M2：900mm×2200mm，C1：1800mm×1800mm）计算门窗费用。

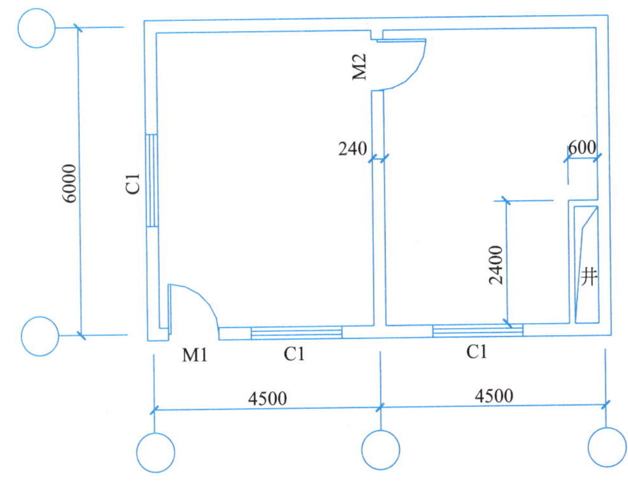

图 2-5-20 楼地面工程图

【解】

木门扇：$S=0.9\times2.2\times2=3.96\ m^2$

木门框：$L=(0.9+2.2\times2)\times2=10.6\ m$

塑钢推拉窗：$S=1.8\times1.8\times3=9.72m^2$

套定额得表 2-5-4

计算表 表 2-5-4

序号	定额编号	项目名称	单位	数量	单价(元)		总价(元)	
					单价	工资	总价	工资
1	8-1	成品木门扇安装	$100m^2$	0.0396	46998.14	1126.18	1861.13	44.6
2	8-2	成品木门框安装	100m	0.106	5569.70	455.33	590.39	48.26
3	8-73	塑钢成品推拉窗	$100m^2$	0.0972	23013.59	1427.71	2236.92	138.77

五、复习思考题

（一）填空题

1. 在定额计价中，各类门、窗制作、安装工程量（　　　　）计算。

2. 普通窗上部带有半圆窗的工程量应分别（　　　　）计算。其分界线以（　　　　）为分界线。

3. 钢门窗安装玻璃按（　　　　）计算。钢门上部安玻璃，按（　　　　）计算。

4. 铝合金门窗、彩板组角门窗、塑钢门窗均按框外围面积以（　　　　）计算。纱扇制作、安装按扇外围面积计算。

5. 卷闸门的安装按其安装高度乘以门的实际宽度以（　　　　）计算。安装高度算至滚筒顶点为准。带卷筒罩的按展开面积增加。电动装置安装以套计算，小门安装以个计算，小门面积不扣除。

6. 防盗门、不锈钢格栅门按框外围面积以（　　　　）计算。防盗窗按展开面积计算。

7. 成品防火门以（　　　　）计算，防火卷帘门从地（楼）面算至端板顶点乘设计宽度。

8. 装饰实木门框制作安装以（　　　　）计算。装饰门扇、门窗制作安装按（　　　　）计算。装饰门扇及成品门扇安装按（　　　　）计算。

9. 门扇双面包不锈钢板、门扇单面包皮和装饰板面层，均按（　　　　）计算。

10. 不锈钢板包门框、门窗套、花岗岩门套、门窗筒子板隔声按（　　　　）计算。

11. 窗帘盒，窗帘轨按（　　　　）计算。

12. 窗台板按（　　　　）计算。

13. 电子感应门及转门按（　　　　）计算。

14. 不锈钢电动伸缩门以（　　　　）计算。

15. 木门窗运输按洞口面积以（　　　　）计算。木门窗在现场制作者，不得计取运输费用。

（二）单元训练

1. 知识点训练

（1）门窗工程中门的开启方式有哪些？

（2）门窗工程中一玻一纱窗与单层玻璃窗的区别是什么？

（3）木门的五金有哪些？

2. 技能点训练

请按某省装饰工程消耗量定额及统一基价表完成某住宅施工图（见本书附图所示）门窗工程工程量的计算及人材机费用计算。

扫码获取图纸

扫码获取定额及统一基价表

单元六 Chapter 06

油漆、涂料、裱糊工程定额计量与计价

知识点

1. 油漆、涂料、裱糊工程相关知识；
2. 定额项目内容及有关说明；
3. 油漆、涂料、裱糊工程工程量计算规则及定额应用。

技能点

1. 能正确进行油漆、涂料、裱糊工程的列项；
2. 能准确进行油漆、涂料、裱糊工程量计算；
3. 能正确进行油漆、涂料、裱糊工程定额套用及换算；
4. 能正确进行油漆、涂料、裱糊工程工料分析。

能力目标

能结合实际建筑装饰工程施工图纸，完成油漆、涂料、裱糊工程量的计量与计价工作。

一、油漆、涂料、裱糊工程相关知识

（一）油漆、涂料的相关知识

1. 涂料

涂在物体表面，使其具有美观或防蚀等功能的物质。如：油漆、煤焦油等。

油漆：涂料的旧名，泛指油类和漆类涂料产品，在具体的涂料品种命名时常用“漆”字表示“涂料”，例如调和漆、底漆、面漆等。

涂料的功能：①保护功能：防腐、防水、防油、耐化学品、耐光、耐温等。②装饰功能：颜色、光泽、图案和平整性等。③其他功能：标记、防污、绝缘等。对现代涂料而言，这种作用与前两种作用比较越来越显示出其重要性。

2. 涂料的组成

涂料主要由四部分组成：成膜物质、颜料、溶剂、助剂。

（1）成膜物质——是涂料的基础，其对涂料和涂膜的性能起决定性作用，它具有粘结涂料中其他组分形成涂膜的功能。当代的涂料工业主要使用树脂。树脂是一种无定型状态存在的有机物，通常指高分子聚合物。过去，涂料使用天然树脂为成膜物质，现代则广泛应用合成树脂，例如：醇酸树脂、丙烯酸树脂、氯化橡胶树脂、环氧树脂等。

（2）颜料——是有颜色的涂料（色漆）的一个主要的组分。颜料使涂膜呈现色彩，使涂膜具有遮盖被涂物体的能力，以发挥其装饰和保护作用。涂料中使用最多的是无机颜料，合成颜料使用也很广泛，目前有机颜料的发展很快。

（3）溶剂——能将涂料中的成膜物质溶解或分散为均匀的液态，以便施工成膜，当施工后又能从漆膜中挥发至大气，原则上溶剂不构成涂膜，也不应存留在涂膜中。溶剂有的是在涂料制造时加入，有的是在涂料施工时加入。

（4）助剂——也称为涂料的辅助材料组分，但其不能独立形成涂膜，其在涂料成膜后可以作为涂膜的一个组分而在涂膜中存在。助剂的作用是对涂料或涂膜的某一特定方面的性能起改进作用。不同品种的涂料需要使用不同作用的助剂；即使同一类型的涂料，由于其使用的目的，方法或性能要求的不同，而需要使用不同的助剂；一种涂料中可使用多种不同的助剂，以发挥其不同作用（例如：消泡剂、润湿剂、防流挂、防沉降、催干剂、增塑剂、防霉剂等）。

3. 涂料的分类

经过长期的发展，涂料的品种繁多，分类方法也很多：

（1）按照涂料形态分（粉末、液体）。

（2）按成膜机理分（转化型、非转化型）。

（3）按施工方法分（刷、辊、喷、浸、淋、电泳）。

（4）按干燥方式分（常温干燥、烘干、湿气固化、蒸汽固化、辐射能固化）。

(5) 按使用层次分（底漆、中层漆、面漆、腻子等）。

(6) 按涂膜外观分（清漆、色漆；无光、平光、亚光、高光；锤纹漆、浮雕漆）。

(7) 按使用对象分（汽车漆、船舶漆、集装箱漆、飞机漆、家电漆等）。

(8) 按漆膜性能分（防腐漆、绝缘漆、导电漆、耐热漆等）。

(9) 按成膜物质分（醇酸、环氧、氯化橡胶、丙烯酸、聚氨酯、乙烯等）。

以上各种分类方法各具特点，但是无论哪一种分类方法都不能把涂料所有的特性包含进去，所以世界上还没有统一的分类方法。《涂料产品分类和命名》GB/T 2705—2003，采用以涂料中的成膜物质为基础的分类方法。

4. 裱糊的相关知识

裱糊饰面工程是指在建筑物内墙和顶棚表面粘贴纸张、塑料壁纸、玻璃纤维墙布、锦缎等制品的工程。其可美化居住环境，满足使用要求，并对墙体、天棚起一定的保护作用。

裱糊饰面工程中常用的材料有纸面纸基壁纸、天然材料壁纸、金属壁纸、无毒 PVC 壁纸、发泡壁纸、饰面墙布、无纺墙布、波音软布等。

（二）油漆、涂料和裱糊工程的主要施工工艺

1. 油漆工程施工工艺

油漆施工根据基层的不同，有木材面油漆、金属面油漆、抹灰面油漆等种类（图 2-6-1、图 2-6-2）。

图 2-6-1　木材面油漆

图 2-6-2　金属面油漆

木材面油漆施工工艺：

清理木器表面→磨砂纸打光→上润油粉→打磨砂纸→满刮第一遍腻子，砂纸磨光→满刮第二遍腻子，细砂纸磨光→涂刷油色→刷第一遍清漆→拼找颜色，复补腻子，细砂纸磨光→刷第二遍清漆，细砂纸磨光→刷第三遍清漆、磨光→水砂纸打磨退光，打蜡，擦亮。

木材面混色油漆施工工艺：

首先清扫基层表面的灰尘，修补基层→用磨砂纸打平 →节疤处打漆片→打底刮腻子→涂干性油→第一遍满刮腻子→磨光→涂刷底层涂料→底层涂料干硬→涂刷面层→复补腻子进行修补→磨光擦净第三遍面漆涂刷第二遍涂料→磨光→第三遍面漆→抛光打蜡。

2. 涂料涂饰工程施工工艺

涂料施工有刷涂、喷涂、滚涂、弹涂、抹涂等形式，可用于地面、墙面、天棚面（图 2-6-3）。

基层处理→修补腻子→刮腻子→修补腻子→涂第一遍涂料→涂第二遍涂料→涂第三遍涂料。

3. 裱糊工程施工流程

裱糊有对花和不对花两种类型（图 2-6-4）。

清扫基层→熟胶粉抹面→接缝处糊条→找补腻子、磨砂纸、满刮腻子、磨平→刷防潮漆一道→涂刷涂料底胶→墙面划准线→壁纸浸水润湿→壁纸裱糊→拼缝、搭接、对花→赶压胶粘剂、气泡→裁边→擦净挤出的胶液→清理修整。

图 2-6-3　乳胶漆涂料

图 2-6-4　墙面墙纸裱糊

二、定额项目内容及有关说明

油漆、涂料、裱糊工程定额项目分为七个小节：1. 木门油漆：含调和漆、醇酸磁漆、硝基清漆、醇酸清漆、聚酯清漆、聚酯色漆、其他油漆，共 24 个子目；2. 木扶手及其他板条、线条油漆：含调和漆、醇酸磁漆、硝基清漆、醇酸清漆、聚酯清漆、聚酯色漆、其他油漆，共 72 个子目；3. 其他木材面油漆：含调和漆、醇酸磁漆、硝基清漆、醇酸清漆、聚酯清漆、聚酯色漆、其他油漆，木地板油漆，共 38 个子目；4. 金属面油漆：含金属面防腐油漆、金属面其他油漆、金属面防火涂料，共 56 个子目；5. 抹灰面油漆：含调和漆、真石漆、氟碳漆、过氯乙烯漆、乳胶漆、耐磨漆，共 24 个子目；6. 喷刷涂料：含涂料、胶砂和彩砂喷涂、一塑料三油、美术涂饰、腻子及其他，共 41 个子目；7. 裱糊：含壁纸、织锦缎，共 8 个子目。

本小节的内容详见 2017 版《江西省房屋建筑与装饰工程消耗量定额及统一基价表》第 471-520 页。

三、油漆、涂料、裱糊工程工程量计算规则及定额应用

（一）工程量计算规则

1. 木门油漆工程

执行单层木门油漆的项目，其工程量计算规则及相应系数见表 2-6-1。

工程量计算规则和系数表　　表 2-6-1

	项目	系数	工程量计算规则(设计图示尺寸)
1	单层木门	1.00	门洞口面积
2	单层半玻门	0.85	
3	单层全玻门	0.75	
4	半截百叶门	1.50	
5	全百叶门	1.70	
6	厂库房大门	1.10	
7	纱门扇	0.80	
8	特种门(包括冷藏门)	1.00	
9	装饰门扇	0.90	扇外围尺寸面积
10	间壁、隔断	1.00	单面外围面积
11	玻璃间壁露明墙筋	0.80	
12	木栅栏、木栏杆(带扶手)	0.90	

注：多面涂刷按单面计算工程量。

2. 木扶手及其他板条、线条油漆工程

（1）执行木扶手（不带托板）油漆的项目，其工程量计算规则及相应系数见表 2-6-2。

工程量计算规则和系数表　　表 2-6-2

	项目	系数	工程量计算规则(设计图示尺寸)
1	木扶手(不带托板)	1.00	延长米
2	木扶手(带托板)	2.50	
3	封檐板、博风板	1.70	
4	黑板框、生活园地框	0.50	

（2）木线条油漆按设计图示尺寸以长度计算。

3. 其他木材面油漆工程

（1）执行其他木材面油漆的项目，其工程量计算规则及相应系数见表 2-6-3。

工程量计算规则和系数表　　表 2-6-3

	项目	系数	工程量计算规则(设计图示尺寸)
1	木板、胶合板天棚	1.00	长×宽
2	屋面板带檩条	1.10	斜长×宽
3	清水板条檐口天棚	1.10	长×宽
4	吸声板(墙面或天棚)	0.87	
5	鱼鳞板墙	2.40	
6	木护墙、木墙裙、木踢脚	0.83	
7	窗台板、窗帘盒	0.83	
8	出入口盖板、检查口	0.87	
9	壁橱	0.83	展开面积
10	木屋架	1.77	跨度(长)×中高×1/2
11	以上未包括的其余木材面油漆	0.83	展开面积

(2) 木地板油漆按设计图示尺寸以面积计算，空洞、空圈、暖气包槽、壁龛的开口部分并入相应的工程量内。

(3) 木龙骨刷防火、防腐涂料按设计图示尺寸以龙骨架投影面积计算。

(4) 基层板刷防火、防腐涂料按实际涂刷面积计算。

(5) 油漆面抛光打蜡按相应刷油部位油漆工程量计算规则计算。

4. 金属面油漆工程

(1) 执行金属面油漆、涂料项目，其工程量按设计图示尺寸以展开面积计算。质量在500kg 以内的单个金属构件，可参考下表 2-6-4 中相应的系数，将质量折算为面积。

质量折算面积参考系数表　　表 2-6-4

	项目	系数
1	钢栅栏门、栏杆、窗栅	64.98
2	钢爬梯	44.84
3	踏步式钢扶梯	39.90
4	轻型屋架	53.20
5	零星铁件	58.00

(2) 执行金属平板屋面、镀锌铁皮面（涂刷磷化、锌黄底漆）油漆的项目，其工程量计算规则及相应的系数见表 2-6-5。

工程量计算规则和系数表　　表 2-6-5

	项目	系数	工程量计算规则(设计图示尺寸)
1	平板屋面	1.00	斜长×宽
2	瓦垄板屋面	1.20	
3	排水、伸缩缝盖板	1.05	展开面积

续表

项目		系数	工程量计算规则（设计图示尺寸）
4	吸气罩	2.20	水平投影面积
5	包镀锌薄钢板门	2.20	门窗洞口面积

注：多面涂刷按单面计算工程量。

5. 抹灰面油漆、喷刷涂料工程

（1）抹灰面油漆、涂料（另做说明的除外）按设计图示尺寸以面积计算。

（2）踢脚线刷耐磨漆按设计图示尺寸长度计算。

（3）槽形底板、混凝土折瓦板、有梁板底、密肋梁板底、井字梁板底刷油漆、涂料按设计图示尺寸以展开面积计算。

（4）墙面及天棚面刷石灰油浆、白水泥、石灰浆、石灰大白浆、普通水泥浆、可赛银浆、大白浆等涂料工程量按抹灰面积工程量计算规则计算。

（5）混凝土花格窗、栏杆花饰刷（喷）油漆、涂料按设计图示洞口面积计算。

（6）天棚、墙、柱面基层板缝粘贴胶带纸按相应天棚、墙、柱面基层板面积计算。

6. 裱糊工程

墙面、天棚面裱糊按设计图示尺寸以面积计算。

（二）定额应用及有关说明

1. 本章定额包括：木门油漆，木扶手及其他板条、线条油漆，其他木材面油漆，金属面油漆抹灰面油漆，喷刷涂料，裱糊，共七节。

2. 当设计与定额取定的喷、涂、刷遍数不同时，可按本章相应每增加一遍项目进行调整。

3. 油漆、涂料定额中均已考虑刮腻子。当抹灰面油漆、喷刷涂料设计与定额取定的刮腻子遍数不同时，可按本章喷刷涂料一节中刮腻子每增减一遍项目进行调整。喷刷涂料一节中刮腻子项目仅适用于单独刮腻子工程。

4. 附着安装在同材质装饰面上的木线条、石膏线条等油漆、涂料，与装饰面同色者，并入装饰面计算；与装饰面分色者，单独计算。

5. 门窗套、窗台板、腰线、压顶、扶手（栏板上扶手）等抹灰面刷油漆、涂料，与整体墙面同色者，并入墙面计算；与整体墙面分色者，单独计算，按墙面相应项目执行，其中人工乘以系数 1.43。

6. 纸面石膏板等装饰板材面刮腻子刷油漆、涂料，按抹灰面刮腻子刷油漆、涂料相应项目执行。

7. 附墙柱抹灰面喷刷油漆、涂料、裱糊，按墙面相应项目执行；独立柱抹灰面喷刷油漆、涂料、裱糊，按墙面相应项目执行，其中人工乘以系数 1.2。

8. 油漆：

（1）油漆浅、中、深各种颜色已在定额中综合考虑，颜色不同时，不另行调整。

（2）定额综合考虑了在同一平面上的分色，但美术图案需另外计算。

（3）木材面硝基清漆项目中每增加刷理漆片一遍项目和每增加硝基清漆一遍项目均适用于三遍以内。

（4）木材面聚酯清漆、聚酯色漆项目，当设计与定额取定的底漆遍数不同时，可按每增加聚酯清漆（或聚酯色漆）一遍项目进行调整，其中聚酯清漆（或聚酯色漆）调整为聚酯底漆，消耗量不变。

（5）木材面刷底油一遍、清油一遍可按相应底油一遍、熟桐油一遍项目执行，其中熟桐油调整为清油，消耗量不变。

（6）木门、木扶手、其他木材面等刷漆，按熟桐油、底油、生漆二遍项目执行。

（7）当设计要求金属面刷二遍防锈漆时，按金属面刷防锈漆一遍项目执行，其中人工乘以系数 1.74，材料均乘以系数 1.9。

（8）金属面油漆项目均考虑了手工除锈，如实际为机械除锈，另按本定额“第六章 金属结构工程”中相应项目执行，油漆项目中的除锈用工亦不扣除。

（9）喷塑（一塑三油）：底油、装饰漆、面油，其规格划分如下：

① 大压花：喷点压平，点面积在 1.2cm^2 以上；

② 中压花：喷点压平，点面积在 1～1.2cm^2；

③ 喷中点、幼点：喷点面积在 1cm^2 以下。

（10）墙面真石漆、氟碳漆项目不包括分格嵌缝，当设计要求做分格嵌缝时，费用另行计算。

9. 涂料：

（1）木龙骨刷防火涂料按四面涂刷考虑，木龙骨刷防腐涂料按一面（接触结构基层面）涂刷考虑。

（2）金属面防火涂料项目按涂料密度 500kg/m^3 和项目中注明的涂刷厚度计算，当设计与定额取定的涂料密度、涂刷厚度不同时，防火涂料消耗量可作调整。

（3）艺术造型天棚吊顶、墙面装饰的基层板缝粘贴胶带，按本章相应项目执行，人工乘以系数 1.2。

四、案例分析

【例】 某酒店 A 套型标准间天棚图如图 2-6-5 所示，天棚装饰材料分别采用在原天花板上刮仿瓷涂料二遍，刷白色乳胶漆三遍，60 石膏线条油白色乳胶漆；过道天棚采用轻钢龙骨纸面石膏板刮仿瓷涂料二遍，刷三遍白色乳胶漆。试计算酒店 A 套型标准间天棚的人工费、材料费、机械费合计（以下简称人材机合计），并列出预算表。

【解】

（一）计算工程量

1. 天棚刮仿瓷涂料二遍工程量：

$4.99\times(4.15-0.24-0.24)-0.29\times0.15=18.10m^2$

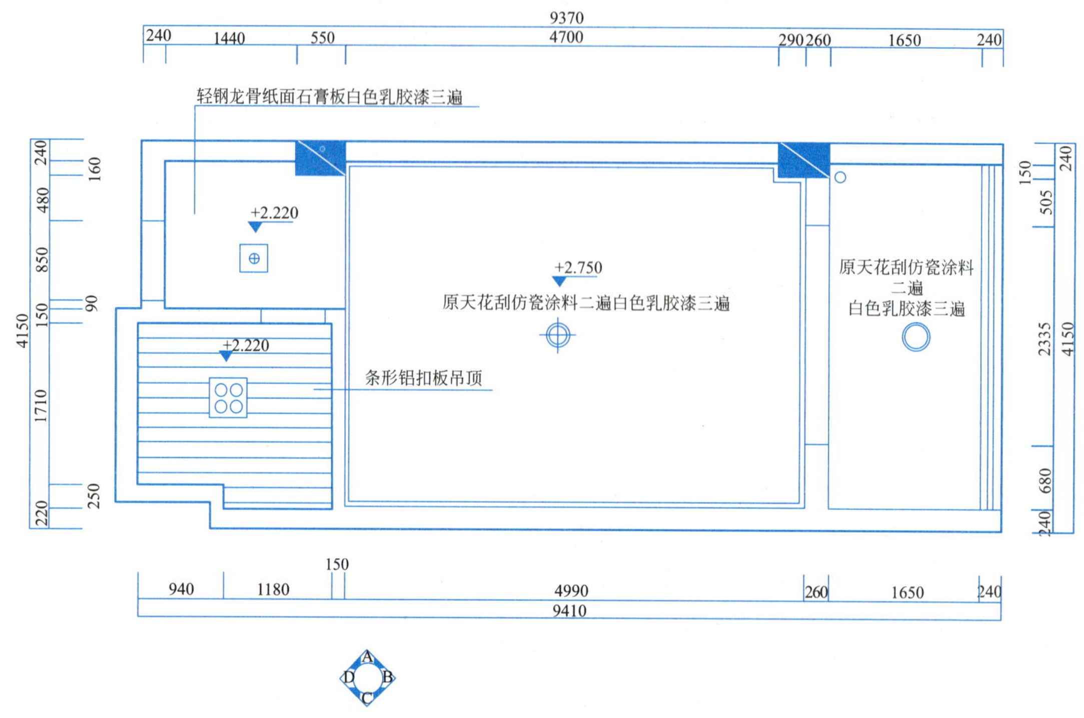

图 2-6-5　A 套型吊顶布置图

1.65×（4.15−0.24−0.24）=6.06m²

(1.44+0.55）×（0.09+0.85+0.48+0.16）−0.55×0.16=3.06m²

天棚刮仿瓷涂料二遍工程量 S_1=27.22m²

2. 油白色乳胶漆工程量：

油白色乳胶漆工程量 S_2=27.22m²

3. 60 石膏线条油白色乳胶漆工程量

(4.99+4.15−0.24−0.24）×2=17.32m

（二）套用定额基价并换算

1. 定额子目，14-218，定额基价为 1811.81 元/100m²。(详见表 2-6-9)

定额子目，14-218 换，仿瓷涂料二遍换算后的基价

=1811.81−331.28=1480.53 元/100m²。

天棚刮仿瓷涂料二遍的人材机费用=工程量×定额基价

=27.22×1480.53÷100=403.00 元

2. 定额子目，14-200，白色乳胶漆二遍基价为 2125.74 元/100m²（详见表 2-6-7)。

定额子目，14-201，白色乳胶漆每增加一遍基价为 321.97 元/100m²。

定额子目，14-200、201 换，白色乳胶漆三遍换算后的定额基价

=2125.74+321.97=2477.71 元/100m²。

天棚油乳胶漆三遍的人材机费用=工程量×定额基价

=27.22×2477.71/100=666.27 元

3. 定额子目，14-207，8cm 内线条油乳胶漆基价为 486.92 元/100m（详见表 2-6-8）。
8cm 内线条油乳胶漆的人材机费用＝工程量×定额基价
＝17.32×486.92/100＝84.33 元
（三）油漆、涂料、裱糊工程预算表（定额计价）（表 2-6-6）

工程名称：某酒店 A 套型标准间　　表 2-6-6

序号	定额编号	项目名称	单位	工程量	定额基价(元)	合价(元)
1	14-218 换	天棚刮仿瓷涂料二遍	$100m^2$	0.2722	1480.53	403
2	14-200、201 换	天棚油乳胶漆三遍	$100m^2$	0.2722	2447.71	666.27
3	14-207	8cm 内线条油乳胶漆	100m	0.1732	486.92	84.33
人材机费用合计						1153.6

答：某酒店 A 套型标准间天棚油漆、涂料、裱糊工程的人工费、材料费、机械费合计为 1153.6 元。

某省油漆、涂料、裱糊工程消耗量定额及统一基价表摘录如下表 2-6-7、表 2-6-8、表 2-6-9：

定额摘录　　表 2-6-7

工作内容：1. 室内外：清扫、满刮腻子二遍、打磨、刷底漆一遍、刷乳胶漆二遍等。2. 每增加一遍：乳胶漆一遍等。

单位：$100m^2$

定额编号				14-200	14-201
项目				乳胶漆	
				室内天棚面	
				二遍	每增加一遍
基价(元)				2125.74	321.97
其中	人工费(元)			984.96	186.62
	材料费(元)			1140.78	135.35
	机械费(元)			—	—
名称		单位	单价(元)	数量	
人工	综合工日	工日	96.00	10.260	1.944
材料	苯丙清漆	kg	55.72	11.620	—
	苯丙乳胶漆 内墙用	kg	10.71	27.810	12.360
	成品腻子粉	kg	0.86	204.120	—
	油漆溶剂油	kg	3.86	1.291	—
	水	m^3	3.27	0.100	0.002
	砂纸	张	0.44	10.100	4.000
	其他材料费	元	1.00	10.18	1.21

定额摘录 **表 2-6-8**

工作内容：清扫、配浆、满刮腻子二遍磨砂纸、刷乳胶漆等。

单位：100m

定额编号				14-206	14-207	14-208
项目				乳胶漆		
				线条		
				50mm 内	100mm 内	150mm 内
基价(元)				344.36	486.92	679.42
其中	人工费(元)			228.10	312.10	426.91
	材料费(元)			116.26	174.82	252.51
	机械费(元)			—	—	—
名称		单位	单价(元)	数量		
人工	综合工日	工日	96.00	2.376	3.251	4.447
材料	苯丙清漆	kg	55.72	1.390	2.090	3.020
	苯丙乳胶漆内墙用	kg	10.71	3.333	5.010	7.229
	成品腻子粉	kg	0.86	1.220	1.840	2.650
	油漆溶剂油	kg	3.86	0.150	0.230	0.340
	水	m^3	3.27	0.747	1.131	1.626
	砂纸	张	0.44	0.001	0.002	0.003
	其他材料费	元	1.00	1.15	1.73	2.50

定额摘录 **表 2-6-9**

工作内容：1. 墙面、天棚面：清扫、满刮腻子一遍、打磨、刮涂料。2. 每增加一遍：乳胶漆一遍等。

单位：$100m^2$

定额编号				14-218	14-219
项目				仿瓷涂料	
				天棚面三遍	每增加一遍
基价(元)				1811.81	331.28
其中	人工费(元)			1140.00	163.20
	材料费(元)			671.81	168.08
	机械费(元)			—	—
名称		单位	单价(元)		
人工	综合工日	工日	96.00	11.875	1.700
材料	仿瓷涂料	kg	4.29	127.000	38.000
	成品腻子粉	kg	0.86	128.520	—
	水	m^3	3.27	0.060	—
	砂纸	张	0.44	7.000	4.000
	其他材料费	元	1.00	13.17	3.30

五、复习思考题

（一）填空题

1. 定额中的双层木门窗单裁口是指（　　　　）。三层二玻一纱窗是指（　　　　）。

2. 定额中的单层木门刷油是按（　　　　）刷油考虑的，如采用单面刷油，其定额含量乘以（　　　　）系数计算。

3. 定额中的木扶手油漆按（　　　　）考虑。

4. 天棚顶面刮防瓷、刷乳胶漆、喷涂等，套相应子目后，其人工乘以（　　　　）系数。

5. 龙骨油漆按其面层（　　　　）计算。

6. 龙骨油漆按其面层（　　　　）计算。

7. 木龙骨油漆按其（　　　　）计算。

8. 板中木龙骨及木龙骨带毛地板油漆按（　　　　）计算。

9. 护壁、柱、天棚面层及木地板刷防火涂料，执行（　　　　）相应子目。

10. 家具类油漆套用其他木材面相应的定额子目，其人工乘以（　　　　）系数。

（二）判断题

1. 木百叶门油漆执行木门定额，其工程量按单面洞口面积乘以 1.25 系数计算。（　　）

2. 双层组合窗油漆执行木窗定额，其工程量按单面洞口面积计算。（　　）

3. 窗帘盒油漆工程量执行其他木材面定额。（　　）

4. 挂镜线、窗帘棍、单独 100mm 以内木线条油漆执行木扶手定额工程量乘以 0.52 系数计算。（　　）

5. 衣柜、壁柜油漆工程量按实刷展开面积计算。（　　）

（三）单选题

1. 本定额在同一平面上的分色及门窗内外分色已（　　）。如需做美术图案者，（　　）计算。

A. 分别考虑，另行　　　　B. 综合考虑，另行
C. 分别考虑，不再另行　　D. 综合考虑，不再另行

2. 定额内规定的喷、涂、刷遍数与设计要求不同时，可按（　　）定额项目进行调整。

A. 每增加一遍　　B. 每增加二遍　　C. 每增加三遍　　D. 无需增加

3. 隔墙、护壁、柱、天棚面层及木地板刷防火涂料，执行（　　）刷防火涂料相应子目。

A. 木门　　B. 木窗　　C. 木扶手　　D. 其他木材面

4. 木百叶窗油漆工程量按单面洞口面积计算，执行木窗定额工程量系数为（　　）。

A. 1.1　　B. 1.13　　C. 1.5　　D. 1.25

5. 窗台板、筒子板、盖板、门窗套、踢脚线油漆工程量按长×宽计算，执行其他木材面定额工程量系数为（　　）。

A. 1.1　　B. 1.00　　C. 1.07　　D. 1.20

（四）简答题

1. 木楼梯油漆工程量应如何计算？
2. 楼地面、天棚、墙、柱、梁面抹灰面油漆、涂料、裱糊工程量应如何计算？

（五）单元训练

扫码获取定额及统一基价表

1. 知识点训练

（1）油漆、涂料、裱糊工程中的其他木材面油漆工程量如何计算？
（2）油漆、涂料、裱糊工程中的抹灰面油漆工程量如何计算？
（3）油漆、涂料、裱糊工程中的金属面油漆工程量如何计算？
（4）油漆、涂料、裱糊工程中的涂料、裱糊工程量如何计算？

2. 技能点训练

请按某省装饰工程消耗量定额及统一基价表完成某酒店 A 套型 C 立面施工图（如图 2-6-6 所示）油漆、涂料、裱糊工程工程量的计算及人材机费用。墙面材料及做法为：米色墙纸、大芯板打底石膏板面层油乳胶漆并留 V 缝，门、门套及门套线条均采用实木，油漆为底油、刮腻子、漆片二遍、聚氨酯清漆二遍、亚光面漆三遍。

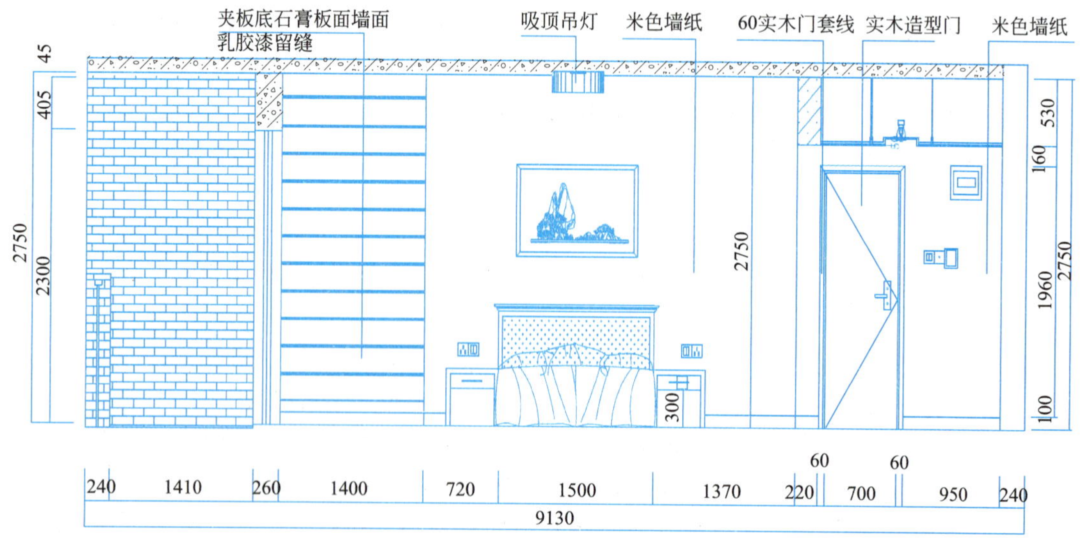

图 2-6-6　A 套型 C 立面

Chapter 07

单元七

其他装饰工程定额计量与计价

知识点

1. 定额项目内容及有关说明；
2. 其他装饰工程工程量计算规则及定额应用。

技能点

1. 能正确进行其他装饰工程的列项；
2. 能准确进行其他装饰工程工程量计算；
3. 能正确进行其他装饰工程定额套用及换算；
4. 能正确进行其他装饰工程工料分析。

能力目标

能结合实际建筑装饰工程施工图纸，完成其他装饰工程工程量的计量与计价工作。

一、定额项目内容及有关说明

其他工程定额项目分为九个小节：1. 柜类及货架，共 24 个子目；2. 压条及装饰线：含木装饰线、金属装饰线、石材装饰线、其他装饰线，共 55 个子目；3. 扶手、栏杆及栏板装饰：含扶手及栏杆、扶手及栏板、护窗栏杆、靠墙扶手、单独扶手及弯头、成品栏杆及栏板（带扶手）安装，共 23 个子目；4. 暖气罩，共 9 个子目；5. 浴厕配件，共 19 个子目；6. 雨篷及旗杆，共 11 个子目；7. 招牌及灯箱：含基层、面层，共 21 个子目；8. 美术字：含木质字、金属字、石材字、聚氯乙烯字、亚克力字，共 51 个子目；9. 石材瓷砖加工：含石材倒角及磨边、石材开槽、石材开孔、瓷砖倒角开孔，共 14 个子目。

本小节的内容详见 2017 版《江西省房屋建筑与装饰工程消耗量定额及统一基价表》第 521-568 页。

二、其他装饰工程工程量计算规则及定额应用

（一）工程量计算规则

1. 柜类、货架：

柜类、货架工程量按各项目计量单位计算。其中以“m^2”为计量单位的项目，其工程量均按正立面的高度（包括脚的高度在内）乘以宽度计算。

2. 压条、装饰线：

（1）压条、装饰线条按线条中心线长度计算。

（2）石膏角花、灯盘按设计图示数量计算。

3. 扶手、栏杆、栏板装饰：

（1）扶手、栏杆、栏板、成品栏杆（带扶手）均按其中心线长度计算，不扣除弯头长度。如遇木扶手、大理石扶手为整体弯头时，扶手消耗量需扣除整体弯头的长度，设计不明确者，每只整体弯头按 400mm 扣除。

（2）单独弯头按设计图示数量计算。

4. 暖气罩：

暖气罩（包括脚的高度在内）按边框外围尺寸垂直投影面积计算，成品暖气罩安装按设计图示数量计算。

5. 浴厕配件：

（1）大理石洗漱台按设计图示尺寸以展开面积计算，挡板、吊沿板面积并入其中，不扣除孔洞、挖弯、削角所占面积。

（2）大理石台面面盆开孔按设计图示数量计算。

（3）盥洗室台镜（带框）、盥洗室木镜箱按边框外围面积计算。

（4）盥洗室塑料镜箱、毛巾杆、毛巾环、浴帘杆、浴缸拉手、肥皂盒、卫生纸盒、晒衣架、晾衣绳等按设计图示数量计算。

6. 雨篷、旗杆：

（1）雨篷按设计图示尺寸水平投影面积计算。

（2）不锈钢旗杆按设计图示数量计算。

（3）电动升降系统和风动系统按套数计算。

7. 招牌、灯箱：

（1）柱面、墙面灯箱基层，按设计图示尺寸以展开面积计算。

（2）一般平面广告牌基层，按设计图示尺寸以正立面边框外围面积计算。复杂平面广告牌基层，按设计图示尺寸以展开面积计算。

（3）箱（竖）式广告牌基层，按设计图示尺寸以基层外围体积计算。

（4）广告牌面层，按设计图示尺寸以展开面积计算。

8. 美术字安装：

美术字按设计图示数量计算。

9. 石材、瓷砖加工：

（1）石材、瓷砖倒角按块料设计倒角长度计算。

（2）石材磨边按成型圆边长度计算。

（3）石材开槽按块料成型开槽长度计算。

（4）石材、瓷砖开孔按成型孔洞数量计算。

（二）定额应用

1. 柜类、货架：

（1）柜、台、架以现场加工，手工制作为主，按常用规格编制。设计与定额不同时，应进行调整换算。

（2）柜、台、架项目包括五金配件（设计有特殊要求者除外），未考虑压板拼花及饰面板上贴其他材料的花饰、造型艺术品。

（3）木质柜、台、架项目中板材按胶合板考虑，如设计为生态板（三聚氰胺板）等其他板材时，可以换算材料。

2. 压条、装饰线：

（1）压条、装饰线均按成品安装考虑。

（2）装饰线条（顶角装饰线除外）按直线形在墙面安装考虑。墙面安装圆弧形装饰线条、天棚面安装直线形、圆弧形装饰线条，按相应项目乘以系数执行：

① 墙面安装圆弧形装饰线条，人工乘以系数 1.2，材料乘以系数 1.1；

② 天棚面安装直线形装饰线条，人工乘以系数 1.34；

③ 天棚面安装圆弧形装饰线条，人工乘以系数 1.6，材料乘以系数 1.1；

④ 装饰线条直接安装在金属龙骨上，人工乘以系数 1.68。

3. 扶手、栏杆、栏板装饰：

（1）扶手、栏杆、栏板项目（护窗栏杆除外）适用于楼梯、走廊、回廊及其他装饰性扶手、栏杆、栏板。

（2）扶手、栏杆、栏板项目已综合考虑扶手弯头（非整体弯头）的费用。如遇木扶手、大理石扶手为整体弯头，弯头另按本章相应项目执行。

（3）当设计栏板、栏杆的主材消耗量与定额不同时，其消耗量可以调整。

4. 暖气罩：

（1）挂板式是指暖气罩直接钩挂在暖气片上；平墙式是指暖气片凹嵌入墙中，暖气罩与墙面平齐；明式是指暖气片全凸或半凸出墙面，暖气罩凸出于墙外。

（2）暖气罩项目未包括封边线、装饰线，另按本章相应装饰线条项目执行。

5. 浴厕配件：

（1）大理石洗漱台项目不包括石材磨边、倒角及开面盆洞口，另按本章相应项目执行。

（2）浴厕配件项目按成品安装考虑。

6. 雨篷、旗杆：

（1）点支式、托架式雨篷的型钢、构件的规格、数量是按常用做法考虑的，当设计要求与定额不同时，材料消耗量可以调整，人工、机械不变。托架式雨篷的斜拉杆费用另计。

（2）铝塑板、不锈钢面层雨篷项目按平面雨篷考虑，不包括雨篷侧面。

（3）旗杆项目按常用做法考虑，未包括旗杆基础、旗杆台座及其饰面。

7. 招牌、灯箱：

（1）招牌、灯箱项目，当设计与定额考虑的材料品种、规格不同时，材料可以换算。

（2）一般平面广告牌是指正立面平整无凹凸面，复杂平面广告牌是指正立面有凹凸面造型的，箱（竖）式广告牌是指具有多面体的广告牌。

（3）广告牌基层以附墙方式考虑，当设计为独立式的，按相应项目执行，人工乘以系数 1.1。

（4）招牌、灯箱项目均不包括广告牌喷绘、灯饰、灯光、店徽、其他艺术装饰及配套机械。

8. 美术字安装

（1）美术字安装项目均按成品安装考虑。

（2）美术字按最大外接矩形面积区分规格，按相应项目执行。

9. 石材、瓷砖加工：

石材瓷砖倒角、磨制圆边、开槽、开孔等项目均按现场加工考虑。

三、案例分析

【例】 某银行洗手间立面施工图如图 2-7-1 所示，墙面采用 300mm×600mm 黄砖，并磨 45 度边。门采用 2100mm×700mm 的成品单开门，80 实木线条门套线。1000mm×700mm 的 5 厘车边银镜以及 450mm 宽黑金砂大理石台面的洗漱台（不考虑挡板、吊沿板），洗漱盆采用台下盆。

试计算某银行卫生间的其他工程的人工费、材料费、机械费合计（以下简称人材机合计），并列出预算表。（表 2-7-1）

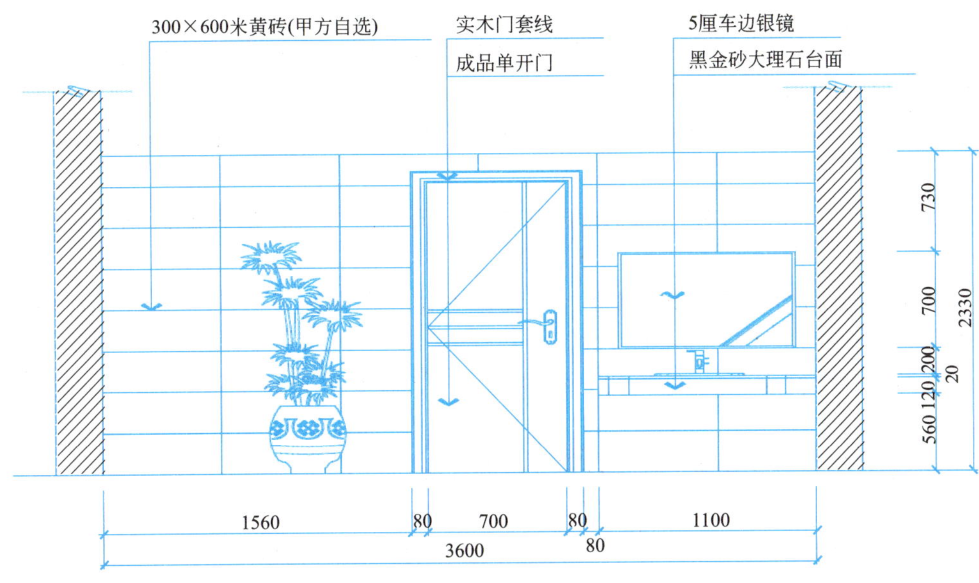

图 2-7-1 洗手间立面施工图

【解】

（一）计算工程量

1. 80 实木线条工程量：[0.7+（0.08÷2）×2] +（2.1+0.08÷2）×2=5.06m

2. 5 厘车边银镜工程量：1×0.7=0.7m²

3. 黑金砂洗漱台工程量：1.1×0.50=0.55m²

4. 洗漱台面磨一阶半圆线条工程量：1.1m

5. 300mm×600mm 米黄砖 45°外角磨边工程量：（3.6－0.86）×7＋4×2.33＋（2.33－2.18）＝28.65m

6. 300mm×600mm 米黄砖 45°内角磨边工程量：（3.6－0.86）×7＋4×2.33＋（2.33－2.18）＝28.65m

7. 石材面开洞周长 300mm 以外（安装台下盆）工程量：1 个

（二）套用定额基价并换算

1. 80，实木线条套定额子目，15-27，定额基价为 2480.27 元/100m（详见表 2-7-2）。80 实木线条的人材机费用＝工程量×定额基价＝5.06×2480.27/100 ＝125.5 元

2. 5 厘车边银镜套定额子目，15-119，定额基价为 1581.14 元/10m²（详见表 2-7-6）。5 厘车边银镜的人材机费用＝工程量×定额基价＝0.7×1581.14/100＝11.07 元

3. 黑金砂洗漱台套定额子目，15-114，定额基价为 5183.29 元/10m²（详见表 2-7-5）。黑金砂洗漱台的人材机费用＝工程量×定额基价＝1.1×0.5×5183.29/10＝28.51 元

4. 洗漱台面磨一阶半圆边套定额子目，15-218，定额基价为 1718.62 元/100m（详见表 2-7-3）。

洗漱台面磨一阶半圆线条的人材机费用＝工程量×定额基价＝1.1×1718.62/100＝11.54 元

5. 300mm×600mm 米黄砖 45°外角磨边套定额子目，15-216，定额基价为 645.49 元/100m（详见表 2-7-3）。

300mm×600mm 米黄砖 45°外角磨边的人材机费用＝工程量×定额基价＝28.65×54.60/10＝156.43 元

6. 300mm×600mm 米黄砖 45°内角磨边套定额子目，15-216，定额基价为 645.49 元/100m（详见表 2-7-3）

300mm×600mm 米黄砖 45°内角磨边的人材机费用＝工程量×定额基价＝28.65×32.15/10＝92.11 元

7. 石材面开洞周长 300mm 以外（安装台下盆）套定额子目，15-224，定额基价为 589.20 元/100 个（详见表 2-7-4）。

石材面开洞周长 300mm 以外的人材机费用＝工程量×定额基价＝1×589.20/100＝5.89 元

（三）某银行卫生间其他工程预算表（定额计价）

工程名称：某银行卫生间　　表 2-7-1

序号	定额编号	项目名称	单位	工程量	定额基价(元)	合价(元)
1	15-27	80 实木门套线	100m	0.0506	2480.27	125.5
2	15-119	5 厘车边银镜	$10m^2$	0.07	1581.14	110.68
3	15-114	黑金砂大理石洗漱台	$10m^2$	0.055	5183.29	285.08
4	15-218	洗漱台磨一阶半圆边	100m	0.011	1718.62	18.9
5	15-216	300mm×600mm 米黄砖磨 45°外角边	100m	0.2865	645.49	184.93
6	15-216	300mm×600mm 米黄砖磨 45°内角边	100m	0.2865	645.49	184.93
7	15-224	石材开洞直径≤800mm	100 个	0.01	589.20	5.89
人材机费用合计						915.91

答：某银行卫生间其他工程的人工费、材料费、机械费合计为 915.91 元。

木质装饰线条　　表 2-7-2

工作内容：定位、划线、下料、刷胶、安装、固定、修整等。　　单位：100m

定额编号				15-25	15-26	15-27	15-28
项目				宽度			
				25mm 内	50mm 内	100mm 内	150mm 内
基价(元)				583.06	793.03	2480.27	3622.40
其中	人工费(元)			214.66	228.10	265.44	303.74
	材料费(元)			362.65	559.19	2209.43	3313.26
	机械费(元)			5.74	5.74	5.40	5.40
名称		单位	单价(元)	数量			
人工	综合工日	工日	96.00	2.236	2.236	2.765	3.164
材料	木平面装饰线 25mm×13mm	m	3.34	106.000	—	—	—
	木平面装饰线 50mm×10mm	m	5.14	—	106.000	—	—

续表

材料	木平面装饰线 100mm×20mm	m	20.57	—	—	106.000	—
	木平面装饰线 150mm×20mm	m	30.86	—	—	—	106.000
	聚醋酸乙烯乳液	kg	5.57	0.683	1.365	2.730	4.095
	蚊钉　20mm 6000 个/盒	盒	10.01	0.121	0.121	—	—
	气排钉　L20 2000 个/盒	盒	8.00	—	—	0.351	0.351
	其他材料费	元	1.00	3.59	5.54	10.99	16.48
机械	电动空气压缩机 0.3m^3/min	台班	33.76	0.170	0.170	0.160	0.160

石材磨边、开洞　　表 2-7-3

工作内容：1. 倒角：切割、抛光等。2. 磨圆边：粘板、磨边、成型、抛光等。　　单位：100m

定额编号				15-216	15-217	15-218	15-219
项目				倒角、抛光（宽度）		磨制、抛光	
				≤10mm	＞10mm	半圆边	加厚半圆边
基价（元）				645.49	930.89	1718.62	2735.16
其中		人工费（元）		585.79	855.36	1684.80	2694.62
		材料费（元）		59.70	75.53	33.82	40.54
		机械费（元）		—	—	—	—
名称		单位	单价（元）	数量			
人工	综合工日	工日	96.00	6.102	8.910	17.550	28.069
材料	水	m^3	3.27	0.230	0.230	0.350	0.350
	石料切割锯片	片	21.97	1.760	2.370	—	—
	石材抛光片	片	2.64	2.640	3.560	2.640	3.560
	砂轮片（综合）	片	7.04	—	—	1.760	2.370
	电	kW·h	0.87	15.300	15.300	15.300	15.300

石材磨边、开洞　　表 2-7-4

工作内容：切割等。　　单位：10 个

定额编号				15-223	15-224
项目				开孔（周长）	
				石材面开洞（mm）	
				≤400mm	≤800mm
基价（元）				294.98	589.20
其中	人工费（元）			268.03	536.06
	材料费（元）			26.95	53.14
	机械费（元）			—	—
名称		单位	单价（元）	数量	
人工	综合日工	日工	96.00	2.792	5.584
材料	水	m^3	3.27	0.230	0.230
	石料切割锯片	片	21.97	0.950	1.900
	电	kW·h	0.87	6.120	12.240

大理石洗漱台 **表 2-7-5**

工作内容：1. 大理石洗漱台：定位、划线，钢架制作、刷防锈漆二遍、安装，大理石安装、净面等。2. 大理石台面开孔：切割、磨边、成型、抛光等。

定额编号				15-114	115
项目				大理石洗漱台	
				≤1m²	>1m²
				10m²	
基价				5183.29	4507.10
其中	人工费(元)			1827.07	1672.61
	材料费(元)			3336.27	2824.17
	机械费(元)			19.95	10.32
名称		单位	单价(元)	数量	
人工	综合工日	日工	96.00	19.032	17.423
材料	石材饰面板	m²	197.15	10.600	10.600
	角钢∟50	t	3271.04	0.249	0.129
	膨胀螺栓 M10×80	套	0.53	12.240	13.260
	热轧薄钢板 δ4.0	t	3599.35	0.001	0.001
	低碳钢焊条 J422 φ3.2	kg	5.19	6.972	3.612
	红丹防锈漆	kg	13.37	2.321	1.205
	油漆溶剂油	kg	3.86	0.237	0.124
	YJ-Ⅲ胶	kg	11.25	24.969	19.257
	玻璃胶 300ml	支	9.67	2.667	3.066
	合金钢钻头	个	8.79	5.400	2.300
	电	kW·h	0.87	0.280	0.308
机械	交流弧焊机 21kV·A	台班	68.80	0.290	0.150

零星装修 **表 2-7-6**

工作内容：铺设油毡、木筋制作安装、钉基层板、镜面玻璃裁割、安装固定角铝、清理等。

定额编号				15-119	B6-173
项目				盥洗室台镜	
				≤1m²	>1m²
				不带框	
基价(元)				1581.14	1471.95
其中	人工费(元)			216.77	196.61
	材料费(元)			1364.37	1275.34
	机械费(元)			—	—
名称		单位	单价(元)	数量	
人工	综合工日	工日	96.00	2.258	2.048

续表

材料	镜面玻璃　磨边 δ6	m^2	82.29	10.500	10.500
	胶合板 δ5	m^2	6.84	10.200	10.200
	木龙骨	m^3	1380.08	0.120	0.090
	石油沥青油毡　350#	m^2	3.86	10.100	10.100
	沉头木螺钉 L35	个	0.12	321.000	211.000
	双面强力弹性胶带	m	0.60	97.300	75.570
	镀铬装饰螺钉	个	0.30	75.000	28.000
	木材(成材)	m^3	1380.08	0.001	0.001
	圆钉　25(1)	kg	5.83	0.250	0.160
	玻璃胶 300ml	支	9.67	4.750	4.050

四、复习思考题

(一) 填空题

1. 柜橱、货架类均以正立面的高（　　　　）乘以宽以“m^2”计算。

2. 沿雨篷、檐口或阳台走向的立式招牌基层，按平面招牌复杂型执行时，应按（　　　　）计算。

3. 灯箱的面层按（　　　　）以“m^2”计算。

4. 美术字安装按字的最大外围（　　　　）以“个”计算。

5. 镜面玻璃安装、盥洗室木镜箱以（　　　　）计算。

6. 压条、装饰线条均按（　　　　）计算。

7. 石材、玻璃开孔按（　　　　）计算，金属面开孔按（　　　　）计算。

8. 箱体招牌和竖式标箱的基层，按（　　　　）计算。

9. 平面招牌基层按（　　　　）计算。

10. 装饰线条以墙面上直线安装为准，墙面安装圆弧装饰线条人工乘（　　　　）系数，材料乘（　　　　）系数。

(二) 判断题

1. 本章定额项目在实际施工中使用的材料品种、规格与定额取定不同时，不可以换算。（　　）

2. 本章定额中铁件已包括刷防锈漆一遍，如设计需涂刷油漆、防火涂料应另按相应子目执行。（　　）

3. 石膏、木装饰线均以成品安装为准。 （ ）

4. 石材装饰线条均以成品安装为准。成品石材装饰线条已含的磨边、磨圆角还需另计。 （ ）

5. 招牌的灯饰均包括在定额内。 （ ）

6. 柜类、货架定额中未考虑面板拼花及饰面板上贴其他材料的花饰、造型艺术品，货架、柜类图见本定额后面附图。 （ ）

7. 家具类不分家具功能名称，只按家具结构部位分别按台面、侧面、层板、抽屉、柜门、底板、顶板、背板套用相应定额。 （ ）

8. 石材磨边、磨斜边、磨半圆边及台面开孔子目均为现场磨制。 （ ）

9. 天棚面安装直线装饰线条人工乘以 1.0 系数。 （ ）

（三）单元训练

1. 知识点训练

（1）其他装饰工程中的柜类、货架工程量如何计算？

（2）其他装饰工程中的压条、装饰线条工程量如何计算？

（3）其他装饰工程中的招牌灯箱工程量如何计算？

（4）其他装饰工程中的美术字安装工程量如何计算？

（5）其他装饰工程中的零星装修工程量如何计算？

2. 技能点训练

请按某省装饰工程消耗量定额及统一基价表完成某茶室收银台工程量的计算及人材机费用。（收银台采用材料及施工做法见图 2-7-2 至图 2-7-4）

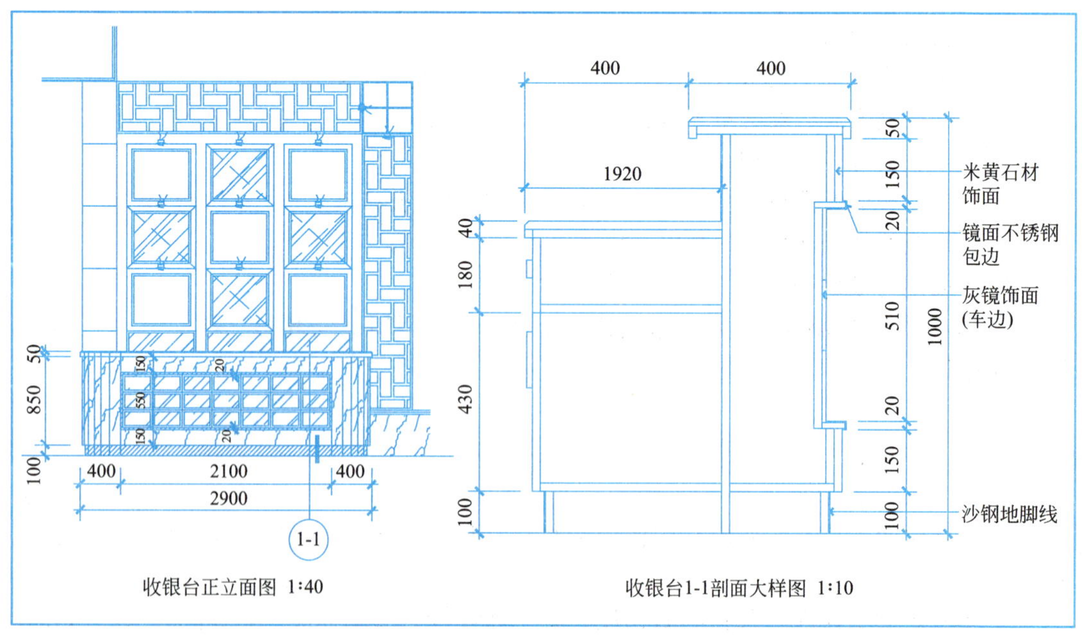

图 2-7-2 样图 1

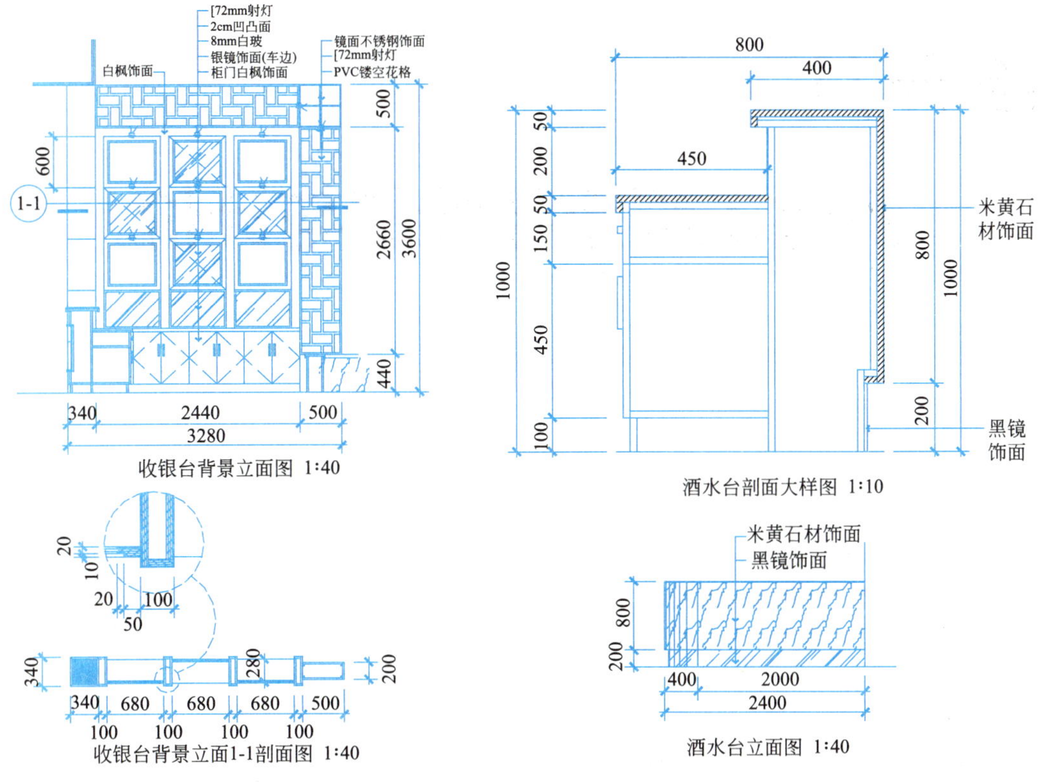

图 2-7-3　样图 2

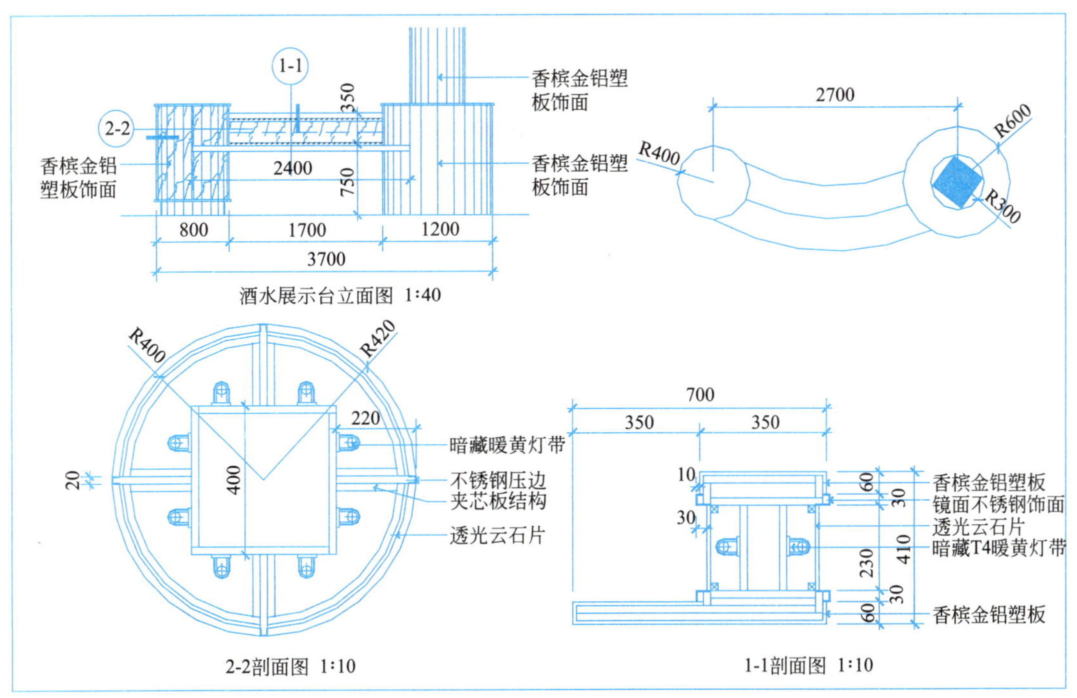

图 2-7-4　样图 3

单元八 Chapter 08

拆除工程定额计量与计价

知识点

1. 拆除工程相关知识；
2. 定额项目内容及有关说明；
3. 拆除工程工程量计算规则及定额应用。

技能点

1. 能正确进行拆除工程的列项；
2. 能准确进行拆除工程的工程量计算；
3. 能正确进行拆除工程定额套用。

能力目标

能结合实际建筑装饰工程施工图纸，进行拆除工程计量与计价。

一、拆除工程相关知识

1. 拆除工程的定义及人工拆除施工顺序

拆除工程是把现有的建筑物（或机筑物）局部或全部切割或破碎，将切割或破碎物（渣土）装车外运。这是一项复杂的互相有联系的系统工程，其过程可分为切割或破碎及清渣两部分，一般是先拆后清，也有边拆边清的。就建筑物拆除的范围来看，有整体拆除，包括地上建筑物及地下基础；有局部拆除，包括整个建筑的局部，可能是上层局部，也可能是整体的局部，当然也包括很小部分的拆除，如墙体开门，打孔等。就拆除手段来看，可分为人工拆除、机械拆除和爆破拆除，还有其他诸多特殊拆除方法。

2. 人工拆除的施工顺序

人工拆除施工是建筑施工的一个逆顺序的过程，拆除步骤应是自上而下，先次后主。拆除物的上下关系要求房屋拆除应从上往下，从高到低逐层进行，而拆除脚手架、楼梯、栏杆等与拆除楼层同步进行，严禁从下往上先拆除预制板，严禁预先拆除外廊、扶梯及栏杆。拆除物的同层中各构件的关系，例如楼板、梁、柱等。应先拆除非承重构件，该构件拆除后支撑它的构件也就变成了非承重构件，因此随着拆除工作的进行，承重构件不断变成非承重构件，能拆除的构件都是处于次要地位的非承重构件。

人工拆除建筑物的一般流程是搭设流放槽、设置垃圾井道→拆除门窗→拆除屋面瓦→拆除屋面板拆除楼梯→拆除梁柱→拆除砖墙→拆除立柱→拆除基础。

二、定额项目内容及有关说明

拆除工程定额项目分为十六个小节：1. 砌体拆除，共 9 个子目；2. 混凝土及钢筋混凝土构件拆除，共 16 个子目；3. 木构件拆除，共 13 个子目；4. 抹灰层铲除，共 9 个子目；5. 块料面层铲除，共 5 个子目；6. 龙骨及饰面铲除，共 10 个子目；7. 屋面拆除，共 6 个子目；8. 铲除油漆涂料裱糊面，共 3 个子目；9. 栏杆扶手拆除，共 4 个子目；10. 门窗拆除，共 5 个子目；11. 金属构件拆除，共 11 个子目；12. 管道拆除，共 6 个子目；13. 卫生洁具拆除，共 8 个子目；14. 一般灯具拆除，共 10 个子目；15. 其他构件拆除，共 11 个子目；16. 楼层运出垃圾、建筑垃圾外运，共 4 个子目。

本小节的内容详见 2017 版《江西省房屋建筑与装饰工程消耗量定额及统一基价表》第 569-586 页。

三、拆除工程工程量计算规则及定额应用

1. 墙体拆除：各种墙体拆除按实拆墙体体积以“m^3”计算，不扣除 $0.3m^2$ 以内孔洞

和构件所占的体积。隔墙及隔断的拆除按实拆面积以“m^2”计算。

2. 钢筋混凝土构件拆除：混凝土及钢筋混凝土的拆除按实拆体积以“m^3”计算，楼梯拆除按水平投影面积以“m^2”计算，无损切割按切割构件断面以“m^2”计算，钻芯按实钻孔数以“孔”计算。

3. 木构件拆除：各种屋架、半屋架拆除按跨度分类以“榀”计算，檩、椽拆除不分长短按实拆根数计算，望板、油毡、瓦条拆除按实拆屋面面积以“m^2”计算。

4. 抹灰层铲除：楼地面面层按水平投影面积以“m^2”计算，踢脚线按实际铲除长度以“m”计算，各种墙、柱面面层的拆除或铲除均按实拆面积以“m^2”计算，天棚面层拆除按水平投影面积以“m^2”计算。

5. 块料面层铲除：各种块料面层铲除均按实际铲除面积以“m^2”计算。

6. 龙骨及饰面拆除：各种龙骨及饰面拆除均按实拆投影面积以“m^2”计算。

7. 屋面拆除：屋面拆除按屋面的实拆面积以“m^2”计算。

8. 铲除油漆涂料裱糊面：油漆涂料裱糊面层铲除均按实际铲除面积以“m^2”计算。

9. 栏杆扶手拆除：栏杆扶手拆除均按实拆长度以“m”计算。

10. 门窗拆除：拆整樘门、窗均按“樘”计算，拆门、窗扇以“扇”计算。

11. 金属构件拆除：各种金属构件拆除均按实拆构件质量以“t”计算。

12. 管道拆除：管道拆除按实拆长度以“m”计算。

13. 卫生洁具拆除：卫生洁具拆除按实拆数量以“套”计算。

14. 一般灯具拆除：各种灯具、插座拆除均按实拆数量以“套、只”计算。

15. 其他构配件拆除：暖气罩、嵌入式柜体拆除按正立面边框外围尺寸垂直投影面积计算，窗台板拆除按实拆长度计算，筒子板拆除按洞口内侧长度计算，窗帘盒、窗帘轨拆除按实拆长度计算，干挂石材骨架拆除按拆除构件的质量以“t”计算，干挂预埋件拆除以“块”计算，防火隔离带按实拆长度计算。

16. 楼层运出垃圾、建筑垃圾外运按虚方体积计算。

四、案例分析

【例】 完成某一层施工图（图 2-8-1）需要拆除建筑内两堵多孔砖墙，多孔砖墙净高度为 3m，所有墙体厚度为 240mm，试按某省装饰工程消耗量定额及统一基价表计算砖墙拆除工程量及人材机费用。

【解】

（一）计算工程量

1. 多孔墙拆除工程量：[（4－0.24）×3－0.9×2.1]×2×0.24＝4.51m^3

2. 垃圾外运工程量（按墙体实体积的 1.3 倍计算虚方量）：4.51×1.3＝5.86m^3

（二）套用定额基价并换算

1. 多孔墙拆除工程量套定额子目，16-6 定额基价为 39.02 元/m^3（详见表 2-8-2）。

多孔墙拆除工程量的人材机费用＝工程量×定额基价＝4.51×39.02＝175.98 元

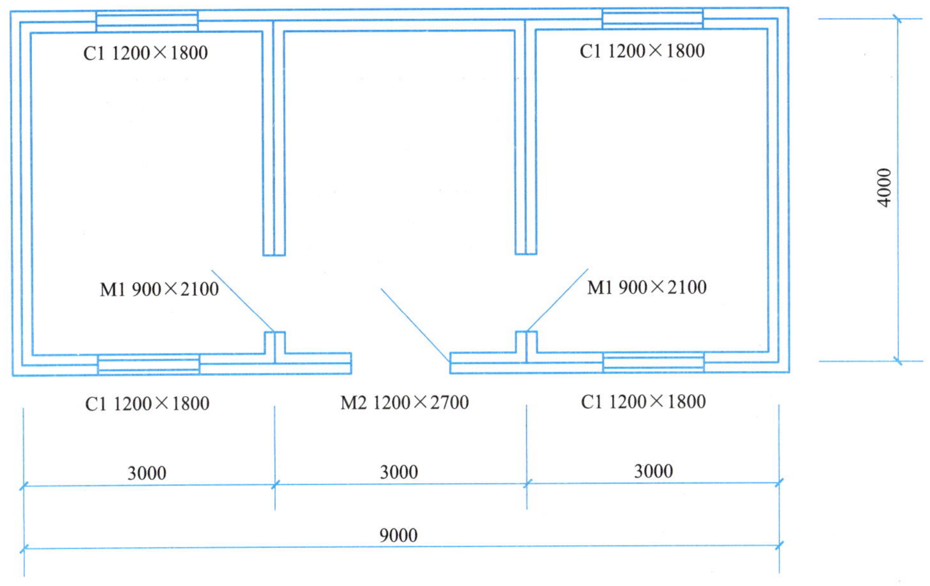

图 2-8-1　施工图

2. 垃圾外运定额子目，16-124，定额基价为 506.82 元/10m³（详见表 2-8-3）。
垃圾外运工程量的人材机费用＝工程量×定额基价＝5.86×506.82/10＝297.00 元
计算表详见表 2-8-1。

工程名称：某会议室工程　　　　表 2-8-1

序号	定额编号	项目名称	单位	工程量	定额基价(元)	合价(元)
1	16-6	多孔墙拆除	m^3	4.51	39.02	175.98
2	16-124	垃圾外运 1000m	m^3	0.586	506.82	297.00
人材机费用合计						472.98

答：某会议室墙体拆除工程的人工费、材料费、机械费合计为 472.98 元。

墙体拆除　　　　表 2-8-2

工作内容：墙体拆除，控制扬尘，废渣废料清理归堆。

定额编号				16-6	16-7	16-8	16-9
项目名称				多孔砖空心砌块墙	加气混凝土砌块墙	轻质墙板墙	石膏板隔断墙
				m^3		$10m^2$	
基价(元)				39.02	41.23	45.05	84.15
其中	人工费(元)			39.02	41.23	45.05	84.15
	材料费(元)			—	—	—	—
	机械费(元)			—	—	—	—
名称		单位	单价(元)	消耗量			
人工	综合工日	工日	85.00	0.459	0.485	0.530	0.990

注：包括墙体与墙皮以及墙上原有门窗的拆除。

楼层运出垃圾、建筑垃圾外运 **表 2-8-3**

工作内容：建筑垃圾外运，楼层运出垃圾包括室外 20m 以内水平运输以及堆放。 计量单位：$10m^3$

定额编号				16-122	16-123	16-124	16-125
项目名称				楼层运出垃圾		建筑垃圾外运	
				垂直运距 15m 以内	垂直运距 每增加 1m	运距 1000m 以内	每增加 1000m
基价(元)				579.62	14.02	506.82	32.34
其中	人工费(元)			368.05	—	345.10	—
	材料费(元)			—	—	—	—
	机械费(元)			211.57	14.02	161.72	32.34
名称		单位	单价(元)	消耗量			
人工	综合工日	工日	85.00	4.330	—	4.060	—
机械	自卸汽车 8t	台班	539.06	—	—	0.300	0.060
	单笼施工电梯 1t75m	台班	264.46	0.800	0.053	—	—

五、复习思考题

（一）填空题

1. 各种灯具、插座拆除均按实拆数量以（ ）计算。

2. 拆整樘门、窗均按樘计算，拆门、窗扇以（ ）计算。

3. 踢脚线按实际铲除长度以（ ）计算，各种墙、柱面面层的拆除或铲除均按实拆面积以（ ）计算，天棚面层拆除按水平投影面积以（ ）计算。

4. 各种龙骨及饰面拆除均按实拆投影面积以（ ）计算。

（二）判断题

1. 本章定额包括砌体工程、抹灰层铲除、块料面层铲除、龙骨及饰面拆除、屋面拆除、铲除油漆涂料裱糊面、栏杆扶手拆除、门窗拆除、金属构件拆除、管道拆除、卫生洁具安装、一般灯具拆除、其他构配件拆除以及楼层运出垃圾、建筑垃圾外运等项目。（ ）

2. 筒子板拆除按洞口内侧长度计算。（ ）

3. 铲除油漆涂料裱糊面：油漆涂料裱糊面层铲除均按实际铲除面积以“m”计算。（ ）

4. 栏杆扶手拆除均按实拆长度以“m”计算。（ ）

（三）单元训练

知识点训练

（1）拆除工程中的砌体墙、轻质墙工程量如何计算？

（2）拆除工程中的地面工程量如何计算？

（3）拆除工程中的卫生间墙面装饰工程量如何计算？

（4）拆除工程中的油漆涂料裱糊面层工程量如何计算？

单元九 Chapter 09

装饰脚手架工程定额计量与计价

知识点

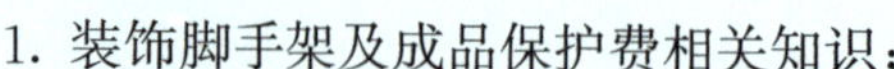

1. 装饰脚手架及成品保护费相关知识；
2. 定额项目内容及有关说明；
3. 装饰脚手架及成品保护工程工程量计算规则及定额应用。

技能点

1. 能正确进行装饰脚手架的列项；
2. 能准确进行装饰脚手架的工程量计算；
3. 能正确进行装饰脚手架定额套用；
4. 能正确进行楼装饰脚手架工料分析。

能力目标

能结合实际建筑装饰工程施工图纸，进行装饰脚手架计量与计价。

脚手架工程是工程施工中堆放材料和工人进行操作的临时设施，装饰工程施工中需搭设脚手架，如外墙装饰需搭设外脚手架，天棚、吊顶的施工，当施工高度超过一定高度需搭设满堂脚手架、单项脚手架和其他脚手架，本单元主要介绍单项脚手架工程的定额计量与计价内容。

一、装饰脚手架及成品保护费相关知识

装饰脚手架工程构造及分类

脚手架种类繁多，按其搭设形式可分：单排脚手架、双排脚手架、满堂脚手架、挑脚手架等。按构架方式分为：杆件组合式脚手架（也称多立杆式脚手架）、框架组合式脚手架（如门型脚手架）、格构件组合式脚手架（如桥式脚手架）和台架等。按材质有钢管脚手架和毛竹脚手架等，而装饰施工中常见的是钢管双排脚手架、满堂脚手架、门型脚手架、吊篮等。

二、定额项目内容及有关说明

（一）有关说明

《江西省房屋建筑与装饰工程消耗量定额及统一基价表》（2017 版）总说明中第十一条，本定额按建筑面积计算的综合脚手架，是按一个整体工程考虑的。如遇结构与装饰分别发包，则应根据工程具体情况确定划分比例。

（二）定额子目划分

装饰脚手架工程定额项目根据用途分为综合脚手架、单项脚手架（外脚手架、里脚手架、悬空脚手架、挑脚手架、满堂脚手架、整体提升架、安全网、外装饰吊篮和粉饰脚手架）、其他脚手架（电梯井架、烟囱脚手架），本章包含钢管脚手架，单层综合脚手架（按面积分）6 个子目；多层综合脚手架（按檐高分）41 个子目；单项脚手架 21 个子目；其他脚手架 20 个子目。

三、装饰脚手架及成品保护工程工程量计算规则及定额应用

（一）工程量计算规则

1. 综合脚手架：

综合脚手架按设计图示尺寸以建筑面积计算。

2. 单项脚手架：

（1）外脚手架、整体提升架按外墙外边线长度（含墙垛及附墙井道）乘以外墙高度以面积计算。

（2）计算内、外墙脚手架时，均不扣除门、窗、洞口、空圈等所占面积。同一建筑物高度不同时，应按不同高度分别计算。

（3）里脚手架按墙面垂直投影面积计算。

（4）独立柱按设计图示尺寸，以结构外围周长另加 3.6m 乘以高度以面积计算。执行双排外脚手架定额项目乘以系数。

（5）现浇钢筋混凝土梁按梁顶面至地面（或楼面）间的高度乘以梁净长以面积计算。执行双排外脚手架定额项目乘以系数。

（6）满堂脚手架按室内净面积计算，其高度在 3.6～5.2m 之间时计算基本层，5.2m 以外，每增加 1.2m 计算一个增加层，不足 0.6m 按一个增加层乘以系数 0.5 计算。计算公式见式（2-9-1）：

满堂脚手架增加层＝（室内净高－5.2）/1.2　（2-9-1）

（7）挑脚手架按搭设长度乘以层数以长度计算。

（8）悬空脚手架按搭设水平投影面积计算。

（9）吊篮脚手架按外墙垂直投影面积计算，不扣除门窗洞口所占面积。

（10）内墙面粉饰脚手架按内墙面垂直投影面积计算，不扣除门窗洞口所占面积。

（11）立挂式安全网按架网部分的实挂长度乘以实挂高度以面积计算。

（12）挑出式安全网按挑出的水平投影面积计算。

（13）烟囱、水塔脚手架，区分不同搭设高度，以“座”计算。

（14）电梯脚手架按单孔以“座”计算。

（15）砌筑贮仓脚手架，不分单筒或贮仓组均按贮仓外边线周长，乘以设计室外地坪至贮仓上口之间高度，以面积计算。

（16）贮水（油）池脚手架，按外壁周长乘以室外地坪至池壁顶面之间的高度，以面积计算。

（17）设备基础（块体）脚手架，按其外形周长乘以地坪至外形顶面边线之间的高度，以面积计算。

3. 其他脚手架：

电梯井架按单孔以“座”计算。

（二）定额应用

1. 综合脚手架中包括外墙砌筑及外墙粉饰、3.6m 以内的内墙砌筑及混凝土浇捣用脚手架以及内墙面和天棚粉饰脚手架。

2. 墙面粉饰高度在 3.6m 以外的执行内墙面粉饰脚手架项目。

3. 凡不适宜使用综合脚手架的项目，可按相应的单项脚手架项目执行。

4. 建筑物外墙脚手架，设计室外地坪至檐口的砌筑高度在 15m 以内的按单排脚手架计算；砌筑高度在 15m 以外或砌筑高度虽不足 15m，但外墙门窗及装饰面积超过外墙表面积 60%时，执行双排脚手架项目。

5. 独立柱、现浇混凝土单（连续）梁执行双排外脚手架定额项目乘以系数 0.3。

6. 建筑物檐高以设计室外地坪至檐口滴水高度（平屋顶指屋面板底高度，斜屋面指外墙外边线与斜屋面板底的交点）为准。突出主体建筑屋顶的楼梯间、电梯间、水箱间、屋面天窗等不计入檐口高度之内。

7. 高度在 3.6m 以外墙面装饰不能利用原砌筑脚手架时，可计算装饰脚手架。装饰脚手架执行双排脚手架定额乘以系数 0.3。室内凡计算了满堂脚手架，墙面装饰不再计算墙面粉饰脚手架，只按每 $100m^2$ 墙面垂直投影面积增加改架工 1.28 工日。

四、案例分析

【例】 某办公楼工程共三层，首层层高为 4.2m，二、三层均为 3.3m，女儿墙顶标高为+12m，室外地坪标高−0.3m，平面图如图 2-9-1 所示，本工程内、外墙面需装修，首层天棚吊顶，二、三层天棚抹灰，采用钢管脚手架。

试计算办公楼脚手架工程的人工费、材料费、机械费合计（以下简称人材机合计）并确定架子工日数量。

【解】

（一）计算工程量

1. 装饰外脚手架工程量：

1）外墙外边线长

（18.9+0.24+8.9+0.24）×2=56.56m

2）墙高 12.3m

装饰外脚手架工程量 $S_1=56.56\times12.3=695.69m^2$

2. 装饰满堂脚手架工程量：

首层层高 4.2m，天棚需吊顶，因此需计算满堂脚手架工程量。

3.6m<4.2m<5.2m，故只需计算基本层工程量，按实际搭设的水平投影面积计算。

（10.5−0.24）×（8.9−0.24）$=88.85m^2$

（4.2−0.24）×（3.8−0.24）×2$=28.2m^2$

（8.4−0.24）×（2.1−0.24）+3×（1.8−0.24）$=19.86m^2$

（6.6−0.24）×（3−0.24）$=17.55m^2$

满堂脚手架工程量 $S_1=154.46m^2$

3. 内墙增加改架费的工程量：

内墙增加改架费的工程量按墙面垂直投影面积计算。

（10.5−0.24+8.9−0.24）×2×4.1$=155.14m^2$

（4.2−0.24+3.8−0.24）×2×2×4.1$=123.33m^2$

[（8.4−0.24+2.1−0.24）×2+（3+1.8−0.24）×2）]×4.1$=78.47m^2$

（6.6−0.24+3−0.24）×2×4.1$=74.78m^2$

内墙增加改架费的工程量=431.72m²

二、三层天棚抹灰、墙面抹灰不需计算脚手架，因装饰定额均已综合了搭拆3.6m以内简易脚手架用工及脚手架摊销材料。

（二）套用定额基价（表2-9-3）

1. 人材机费用计算（表2-9-1）：

工程名称：某办公楼

表2-9-1

序号	定额编号	项目名称	单位	工程量	定额基价(元)	合价(元)
1	17-48	装饰单排外脚手架	100m²	6.96	957.40	6663.5
2	17-59	满堂脚手架	100m²	1.54	1080.19	1663.49
3		改架费用	100m²	4.32	1.28×85.00	470.02
人材机费用合计						8797.01

2. 架子工数量计算（表2-9-2）：

工程名称：某办公楼

表2-9-2

序号	定额编号	项目名称	单位	工程量	定额工日(工日)	合计(工日)
1	17-48	装饰外脚手架	100m²	6.96	6.13	42.66
2	17-59	满堂脚手架	100m²	1.54	9.36	14.41
3		改架费用	100m²	4.32	1.28	5.53
架子工日合计						62.6

装饰脚手架工程消耗量定额及统一基价表（定额摘录）　表2-9-3

工作内容：1. 场内、场外材料搬运。2. 搭、拆脚手架、挡脚板、上下翻板子。3. 拆除脚手架后材料的堆放。

计量单位：100m²

定额编号				17-48	17-59
项目				外脚手架	满堂脚手架
				15m以内	基本层(3.6～5.2m)
				单排	
基价(元)				957.40	1080.19
其中	人工费(元)			469.37	613.53
	材料费(元)			435.50	350.72
	机械费(元)			52.53	115.94
名称		单位	单价(元)	消耗量	
人工	综合工日	工日	85.00	5.522	7.218
材料	脚手架钢管	kg	2.88	40.315	7.341
	扣件	个	4.80	16.353	2.852
	木脚手板	m³	1028.63	0.098	0.063
	脚手架钢管底座	个	4.17	0.213	0.150
	镀锌铁丝 φ4.0	kg	7.60	8.616	29.335

续表

材料	圆钉	kg	5.83	1.084	2.846
	红丹防锈漆	kg	13.37	3.987	0.642
	油漆溶剂油	kg	3.86	0.337	0.073
	缆风绳 $\varphi 8$	kg	3.89	0.193	—
	原木	m^3	1117.32	0.003	—
	垫木 60mm×60mm×60mm	块	0.26	1.796	—
	防滑木条	m^3	1028.63	0.001	—
	挡脚板	m^3	1028.63	0.007	0.002
机械	载重汽车 6t	台班	375.20	0.140	0.309

五、复习思考题

(一) 填空题

1. 装饰脚手架工程定额项目根据用途及形式分为（　　　　）、（　　　　）和其他脚手架。

2. 满堂脚手架定额项目根据高度不同分为（　　　　）和（　　　　）2个子目。

3. 装饰外脚手架定额工程量按外墙的（　　　　）乘墙高以“m^2”计算，不扣除门窗洞口的面积。

4. 装饰内墙粉刷脚手架定额工程量按内墙的（　　　　）以“m^2”计算，不扣除门窗洞口的面积。

5. 装饰满堂脚手架定额工程量按室内（　　　　）计算，其基本层高以（　　　　）m以上至（　　　　）m为准。

(二) 判断题

1. 单项脚手架工程定额项目根据用途分为外脚手架、里脚手架、悬空脚手架、挑脚手架、满堂脚手架、整体提升架、安全网、外装饰吊篮和粉饰脚手架。（　　）

2. 装饰外脚手架定额工程量按外墙的外边线长乘墙高以“m^2”计算，不扣除门窗洞口的面积。（　　）

3. 装饰内墙粉刷脚手架定额工程量按内墙的垂直投影面积计算，应扣除门窗洞口的面积。（　　）

4. 装饰满堂脚手架定额工程量按房间净空面积计算，不扣除附墙柱、柱所占的面积。（　　）

5. 层高 3m 的天棚抹灰应按房间净空面积计算装饰满堂脚手架定额工程量。（　　）

6. 装饰满堂脚手架定额工程量计算时不扣除附墙柱、柱所占的面积。（　　）

7. 装饰满堂脚手架定额工程量计算时，凡超过 3.6m、在 5.2m 以内的天棚抹灰及装饰，应计算满堂脚手架基本层；层高超过 5.2m，每增加 1.2m 计算一个增加层。（　　）

（三）单选题

1. 装饰外脚手架定额工程量按外墙的（　　）乘墙高以“m^2”计算，不扣除门窗洞口的面积。

A. 外边线长　　B. 中心线长　　C. 轴线长　　D. 内边线长

2. 装饰满堂脚手架定额工程量按（　　）计算，不扣除附墙柱、柱所占的面积。

A. 水平面积　　B. 实际搭设的水平投影面积

C. 房间净空面积　　D. 实际搭设的体积

3. 装饰满堂脚手架定额工程量计算时，凡超过 3.6m、在（　　）m 以内的天棚抹灰及装饰，应计算满堂脚手架基本层。

A. 4　　B. 4.5　　C. 5.2　　D. 5.5

4. 装饰内墙粉刷脚手架定额工程量按内墙的（　　）计算，不扣除门窗洞口的面积。

A. 垂直投影面积　　B. 延长米　　C. 投影面积　　D. 水平面积

（四）简答题

1. 装饰外脚手架工程量如何计算？

2. 满堂脚手架工程量如何计算？

3. 内墙粉刷脚手架工程量如何计算？

（五）单元训练

1. 知识点训练

（1）装饰外脚手架工程量如何计算？

（2）满堂脚手架工程量如何计算？

（3）内墙粉刷脚手架工程量如何计算？

扫码获取图纸

2. 技能点训练

请按某省装饰工程消耗量定额及统一基价表完成某住宅工程（如本书附图所示）装饰脚手架工程量的计算及人材机费用计算。（外墙面粉刷，刷外墙漆；内墙、天棚均刮仿瓷）。

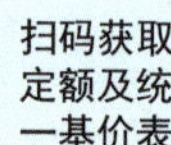

单元十 Chapter 10

垂直运输及超高增加费定额计量与计价

知识点

1. 超高增加费；
2. 垂直运输。

技能点

1. 垂直运输及超高增加费工程量计算规则应用；
2. 能正确进行垂直运输及超高增加费定额套用。

能力目标

能结合实际建筑装饰工程施工图纸，进行垂直运输及超高增加费工程计量与计价。

一、超高增加费

（一）定额说明

本定额除注明高度的外，均按单层建筑檐高 20m、多层建筑物 6 层（不含地下室）以内编制，单层建筑物檐高在 20m 以上、多层建筑物在 6 层（不含地下室）以上的工程，其降效应增加的人工、机械及有关费用，另按本定额中的建筑物超高增加费计算。建筑物檐高以设计室外地坪至檐口滴水高度（平屋顶指屋面板底高度，斜屋面指外墙外边线与斜屋面板底的交点）为准。突出主体建筑屋顶的楼梯间、电梯间、水箱间、屋面天窗等不计入檐口高度之内。

（二）定额项目划分、工程量计算规则

装饰装修楼面（包括楼层所有装饰装修工程量）区别不同的垂直运输高度（单层建筑物系檐口高度）以人工费与机械费之和按元分别计算。

装饰装修楼面超高增加费区别不同的垂直运输高度套用不同的超高增加费定额子目。

二、垂直运输

（一）定额说明

1. 本定额垂直运输按人工运输和机械运输两种方式考虑。人工运输指不能利用机械载运材料而通过楼梯人力进行垂直运输的方式。再次装饰装修利用电梯进行垂直运输按实计算。

2. 垂直运输高度：设计室外地坪以上部分指室外地坪至相应楼面的高度。

3. 檐口高度 3.6m 以内的单层建筑物，不计垂直运输费。

单层高度超过 3.6m 或一层以上的地下室可计算垂直运输费，每超过 1m，其超高部分按相应定额增加 10%。超高不足 1m，按 1m 计算。

人工垂直运输按自然层计算垂直运输费。

本定额不包括机械的场外往返运输，一次安拆及路基铺垫和轨道铺拆等的费用。

（二）定额项目划分、工程量计算规则

1. 建筑物垂直运输机械台班用量，区分不同建筑物结构及檐高按建筑面积计算。地

下室面积与地上面积合并计算。

2. 单独装饰工程垂直运输费区分不同檐高按定额工日计算。

3. 各项定额中包括的内容指单层建筑物檐口高度超过 20m，多层建筑物超过 6 层的项目。

4. 建筑工程超高增加费的人工、机械按建筑物超高部分的建筑面积计算。

5. 装饰工程的超高增加费按超高部分的人工费、机械费乘以人工、机械的降效增加系数计算。

三、案例分析

【例 1】 某工程综合楼为 6 层建筑物，其垂直运输高度为 19.8m；已知该楼的装饰装修工程定额工日为 4200 工日，求该建筑物装饰工程的机械垂直运输费用?

【解】

计算垂直运输费用：

根据工程量计算规则：依据表 2-10-2，查定额子目 17-130 得知：

垂直运输费＝4200×367.60 元/100 工日＝1.544 万元

答：该工程的垂直运输费为 1.544 万元。

【例 2】 某工程的垂直运输高度为 30m，已知该楼的装饰装修人工费与机械费之和为 98 万元，求建筑物装饰工程超高增加费?

【解】

计算超高增加费：

根据工程量计算规则，依据表 2-10-1，查定额子目 17-149 得知：

超高增加费＝980000×4.5％＝4.41 万元

答：该工程的超高增加费为 4.41 万元。

多层建筑物（超高增加费定额摘录）　　表 2-10-1

工作内容：1. 工人上下班降低功效及工作前及自然增加的休息时间。2. 垂直运输影响的时间。3. 由于工人降效引起的机械降效。

计量单位：元

定额编号				17-149	17-150	17-151	17-152	17-153
项目				垂直运输高度(m)				
				40	60	80	100	120
基价(元)				—	—	—	—	—
其中	人工费(元) 材料费(元) 机械费(元)			—	—	—	—	—
名称		单位	单价(元)	数量				
人工	人工、机械降效增加系数	%	—	4.500	6.430	8.360	10.290	12.210

机械垂直运输费定额摘录（多层建筑物） **表 2-10-2**

工作内容：1. 材料垂直运输。2. 施工人员上下使用外用电梯。 计量单位：100 工日

定额编号				17-130	17-131	17-132
项目				垂直运输高度(m 以内)		
				20	40	70
基价(元)				367.60	502.47	801.50
其中	人工费(元)			—	—	—
	材料费(元)			—	—	—
	机械费(元)			367.60	502.47	801.50
名称		单位	单价(元)	数量		
机械	电动单筒快速卷扬机 5kN	台班	125.89	2.920	—	—
	单笼施工电梯 2×1t75m	台班	264.46	—	1.900	—
	双笼施工电梯 2×1t200m	台班	535.80	—	—	1.800

四、复习思考题

（一）填空题

1. 垂直运输及超高增加费定额适用于建筑檐高（　　　　）以上的工程。檐高是指地坪至檐口的高度。突出主体建筑屋顶的电梯间、水箱间等不计入檐高之内。

2. 装饰装修楼面（　　　　）区别不同的垂直运输高度以（　　　　）之和按“元”分别计算。

3. 本定额垂直运输按（　　　　）两种方式考虑。（　　　　）指不能利用机械载运材料而通过楼梯人力进行垂直运输的方式。再次装饰装修利用电梯进行垂直运输按实计算。

4. 人工垂直运输按（　　　　）计算垂直运输费。

5. 檐口高度（　　　　）以内的单层建筑物，不计垂直运输费。单层高度超过 3.6m 或一层以上的（　　　　）可计算垂直运输费。

6. 装饰装修楼层（　　　　）区别不同垂直运输高度（　　　　）按定额工日分别计算。

（二）简答题

1. 简述装饰工程措施项目费包括哪些项目？
2. 简述装饰工程建筑物超高费如何计算？
3. 简述装饰工程建筑物垂直运输费如何计算？

单元十一 Chapter 11

定额计价模式下的建筑装饰工程造价

知识点

1. 定额计价模式下建设工程费用组成及计算方法；
2. 定额计价模式下的装饰工程费用定额；
3. 定额计价法计价程序。

技能点

1. 能正确进行装饰工程费用计算；
2. 能进行装饰工程定额取费案例分析。

能力目标

能结合实际建筑装饰工程施工图纸，进行建筑装饰工程费用计算。

一、定额计价模式下建设工程费用组成及计算方法

根据国家标准《建设工程工程量清单计价规范》GB 50500—2013、《房屋建筑与装饰工程工程量计算规范》GB 50854—2013、《通用安装工程工程量计算规范》GB 50856—2013、《市政工程工程量计算规范》GB 50857—2013 等专业工程量计算规范和住房和城乡建设部、财政部《建筑安装工程费用项目组成》（建标〔2013〕44 号）、《建筑工程施工发包与承包计价管理办法》（住房和城乡建设部令第 16 号）等有关规定，《江西省建筑与装饰、通用安装、市政工程费用定额（试行）》（2017 版）（以下简称《费用定额》）建设工程费用由分部分项工程费、措施项目费、其他项目费、规费、税金组成，见图 2-11-1。

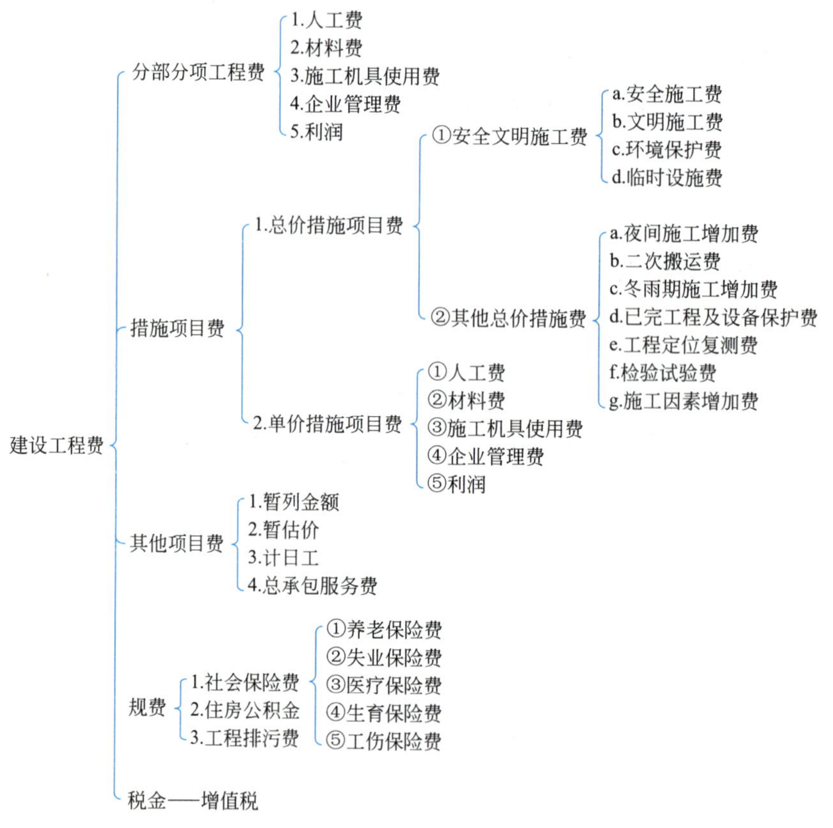

图 2-11-1　建设工程费项目组成

1. 分部分项工程费

分部分项工程费是指各专业工程的分部分项工程应予列支的各项费用。分部分项工程指按现行国家计量规范对各专业工程划分的项目。如房屋建筑与装饰工程划分的土石方工

程、地基处理与边坡支护工程、桩基工程、砌筑工程、钢筋及钢筋混凝土工程等，各类专业工程的分部分项工程划分见现行国家或行业计量规范。

（1）人工费：是指按工资总额构成规定，支付给从事建筑安装工程施工的生产工人和附属生产单位工人的各项费用。内容包括：

1）计时工资或计件工资：是指按计时工资标准和工作时间或对已做工作按计件单价支付给个人的劳动报酬。

2）奖金：是指对超额劳动和增收节支支付给个人的劳动报酬。如节约奖、劳动竞赛奖等。

3）津贴补贴：是指为了补偿职工特殊或额外的劳动消耗和因其他特殊原因支付给个人的津贴，以及为了保证职工工资水平不受物价影响支付给个人的物价补贴。如流动施工津贴、特殊地区施工津贴、高温（寒）作业临时津贴、高空津贴等。

4）加班加点工资：是指按规定支付的在法定节假日工作的加班工资和在法定日工作时间外延时工的加点工资。

5）特殊情况下支付的工资：是指根据国家法律、法规和政策规定，因病、工伤、产假、计划生育假、婚丧假、事假、探亲假、定期休假、停工学习、执行国家或社会义务等原因按计时工资标准或计时工资标准的一定比例支付的工资。

6）人工费的计算：构成人工费的要素有两个，即工日消耗量和日工资综合单价，计算公式见式（2-11-1）：

$$人工费=\sum（工日消耗量\times日工资综合单价） \tag{2-11-1}$$

$$日工资综合单价\ G=\sum_{i=1}^{5}G_i$$

式中：G_i—计时工资或计件工资、奖金、津贴补贴、加班加点工资、特殊情况下支付的工资。

（2）材料费：是指施工过程中耗费的原材料、辅助材料、构配件、零件、半成品或成品、工程设备的费用。内容包括：

1）材料原价：是指材料、工程设备的出厂价格或商家供应价格。

2）运杂费：是指材料、工程设备自来源地运至工地仓库或指定堆放地点所发生的全部费用。

3）运输损耗费：是指材料在运输装卸过程中不可避免的损耗。

4）采购及保管费：是指为组织采购、供应和保管材料、工程设备的过程中所需要的各项费用。包括采购费、仓储费、工地保管费、仓储损耗。工程设备是指构成或计划构成永久工程一部分的机电设备、金属结构设备、仪器装置及其他类似的设备和装置。

（3）施工机具使用费：是指施工作业所发生的施工机械、仪器仪表使用费或其租赁费。

1）施工机械使用费：以施工机械台班耗用量乘以施工机械台班单价表示，施工机械台班单价应由下列七项费用组成：

① 折旧费：指施工机械在规定的使用年限内，陆续收回其原值的费用。

② 大修理费：指施工机械按规定的大修理间隔台班进行必要的大修理，以恢复其正常功能所需的费用。

③ 经常修理费：指施工机械除大修理以外的各级保养和临时故障排除所需的费用。包括为保障机械正常运转所需替换设备与随机配备工具附具的摊销和维护费用，机械运转中日常保养所需润滑与擦拭的材料费用及机械停滞期间的维护和保养费用等。

④ 安拆费及场外运费：安拆费指施工机械（大型机械除外）在现场进行安装与拆卸所需的人工、材料、机械和试运转费用以及机械辅助设施的折旧、搭设、拆除等费用；场外运费指施工机械整体或分体自停放地点运至施工现场或由一施工地点运至另一施工地点的运输、装卸、辅助材料及架线等费用。大型机械安拆费及场外运输费用按我省的相关定额规定计取。

⑤人工费：指机上司机（司炉）和其他操作人员的人工费。

⑥ 燃料动力费：指施工机械在运转作业中所消耗的各种燃料及水、电等。

⑦ 税费：指施工机械按照国家规定应缴纳的车船使用税、保险费及年检费等。

2）仪器仪表使用费：是指工程施工所需使用的仪器仪表的摊销及维修费用。

（4）企业管理费：是指建筑安装企业组织施工生产和经营管理所需的费用。内容包括：

1）管理人员工资：是指按规定支付给管理人员的计时工资、奖金、津贴补贴、加班加点工资及特殊情况下支付的工资等。

2）办公费：是指企业管理办公用的文具、纸张、账表、印刷、邮电、书报、办公软件、现场监控、会议、水电、烧水和集体取暖降温（包括现场临时宿舍取暖降温）等费用。

3）差旅交通费：是指职工因公出差、调动工作的差旅费、住勤补助费，市内交通费和误餐补助费，职工探亲路费，劳动力招募费，职工退休、退职一次性路费，工伤人员就医路费，工地转移费以及管理部门使用的交通工具的油料、燃料等费用。

4）固定资产使用费：是指管理和试验部门及附属生产单位使用的属于固定资产的房屋、设备、仪器等的折旧、大修、维修或租赁费。

5）工具用具使用费：是指企业施工生产和管理使用的不属于固定资产的工具、器具、家具、交通工具和检验、试验、测绘、消防用具等的购置、维修和摊销费。

6）劳动保险和职工福利费：是指由企业支付的职工退职金、按规定支付给离休干部的经费，集体 福利费、夏季防暑降温、冬期取暖补贴、上下班交通补贴等。

7）劳动保护费：是企业按规定发放的劳动保护用品的支出。如工作服、手套、防暑降温饮料以及在有碍身体健康的环境中施工的保健费用等。

8）工会经费：是指企业按《中华人民共和国工会法》规定的全部职工工资总额比例计提的工会经费。

9）职工教育经费：是指按职工工资总额的规定比例计提，企业为职工进行专业技术和职业技能培训、专业技术人员继续教育、职工职业技能鉴定、职业资格认定以及根据需要对职工进行各类文化教育所发生的费用。

10）财产保险费：是指施工管理用财产、车辆等的保险费用。

11）财务费：是指企业为施工生产筹集资金或提供预付款担保、履约担保、职工工资支付担保等所发生的各种费用。

12）税金：是指企业按规定缴纳的房产税、车船使用税、土地使用税、印花税等。

13）附加税：是指企业按规定缴纳的城市维护建设税、教育费附加以及地方教育附加。按简易计税法计算工程造价时，附加税另列入税金。

14）其他：包括技术转让费、技术开发费、投标费、业务招待费、绿化费、广告费、公证费、法律顾问费、审计费、咨询费、保险费等。

（5）利润：是指施工企业完成所承包工程获得的盈利。

2. 措施项目费

措施项目费是指为完成建设工程施工，发生于该工程施工前和施工过程中的技术、生活、安全、环境保护等方面的费用。措施项目费分为总价措施项目费和单价措施项目费。

（1）总价措施项目费

1）安全文明施工费

① 环境保护费：是指施工现场为达到环保部门要求所需要的各项费用。

② 文明施工费：是指施工现场文明施工所需要的各项费用。

③ 安全施工费：是指施工现场安全施工所需要的各项费用。

④ 临时设施费：是指施工企业为进行建设工程施工所必须搭设的生活和生产用的临时建筑物、构筑物和其他临时设施费用。包括临时设施的搭设、维修、拆除、清理费或摊销费等。

2）其他总价措施费

① 夜间施工增加费：是指因夜间施工所发生的夜班补助费、夜间施工降效、夜间施工照明设备摊销及照明用电等费用。

② 二次搬运费：是指因施工场地条件限制而发生的材料、构配件、半成品等一次运输不能到达堆放地点，必须进行二次或多次搬运所发生的费用。

③ 冬雨期施工增加费：是指在冬期或雨期施工需增加的临时设施、防滑、排除雨雪，人工及施工机械效率降低等费用。

④ 已完工程及设备保护费：是指竣工验收前，对已完工程及设备采取的必要保护措施所发生的费用。

⑤ 工程定位复测费：是指工程施工过程中进行全部施工测量放线和复测工作的费用。

⑥ 检验试验费：是指施工企业按照有关标准规定，对建筑以及材料、构件和建筑安装物进行一般鉴定、检查所发生的费用，包括自设试验室进行试验所耗用的材料等费用。不包括新结构、新材料的试验费，对构件做破坏性试验及其他特殊要求检验试验的费用和建设单位委托检测机构进行检测的费用，对此类检测发生的费用，由建设单位在工程建设其他费用中列支。但对施工企业提供的具有合格证明的材料进行检测不合格的，该检测费用由施工企业支付。

⑦ 施工因素增加费：是指市政工程中，具有专业施工特点，但又不属于临时设施的范围，并在施工前能预见到发生的因素而增加的费用。在市政工程其他总价措施费率中包含施工因素增加费。

（2）单价措施项目费

单价措施项目是指可以计算工程量的措施项目，如：脚手架、混凝土模板及支架（撑）、垂直运输、超高施工增加、大型机械设备进出场及安拆、施工排水及降水等，以“量”计价，更有利于措施费的确定和调整，其工程量计算规范详见《各专业工程消耗量定额及统一基价表》。

3. 其他项目费

（1）暂列金额：是指建设单位在工程量清单中暂定并包括在工程合同价款中的一笔款项。用于施工合同签订时尚未确定或者不可预见的所需材料、工程设备、服务的采购，施工中可能发生的工程变更、合同约定调整因素出现时的工程价款调整以及发生的索赔、现场签证确认等的费用。

（2）暂估价：是指建设单位在工程量清单中提供的用于支付必然发生但暂时不能确定价格的材料、工程设备的单价以及专业工程的金额。

（3）计日工：是指在施工过程中，施工企业完成建设单位提出的施工图纸以外的零星项目或工作所需的费用。

（4）总承包服务费：是指总承包人为配合、协调建设单位进行的专业工程发包，对建设单位自行采购的材料、工程设备等进行保管以及施工现场管理、竣工资料汇总整理等服务所需的费用。

4. 规费

规费是指按国家法律、法规规定，由省级政府和省级有关权力部门规定必须缴纳或计取的费用。包括：

（1）社会保险费：

1）养老保险费：是指企业按照规定标准为职工缴纳的基本养老保险费。

2）失业保险费：是指企业按照规定标准为职工缴纳的失业保险费。

3）医疗保险费：是指企业按照规定标准为职工缴纳的基本医疗保险费。

4）生育保险费：是指企业按照规定标准为职工缴纳的生育保险费。

5）工伤保险费：是指企业按照规定标准为职工缴纳的工伤保险费。

（2）住房公积金：是指企业按规定标准为职工缴纳的住房公积金。

（3）工程排污费：是指企业按规定缴纳的施工现场工程排污费。

5. 税金

税金是指国家税法规定的应计入建筑安装工程造价内的增值税。增值税的计税方法，包括一般计税方法和简易计税方法。

二、定额计价模式下的装饰工程费用定额

1. 定额计价以《江西省房屋建筑与装饰工程消耗量定额及统一基价表》（2017版）、《江西省通用安装工程消耗量定额及统一基价表》（2017版）、《江西省市政工程消耗量定额及统一基价表》（2017版）等各专业工程消耗量定额与基价中人工费、材料费（含未计价材料，下同）、施工机具使用费为基础，依据《费用定额》计算工程所需的全部费用，包括人工费、材料费、施工机具使用费、企业管理费、利润、规费、税金。

2. 价差是指市场人工费、材料费、施工机械使用费与《江西省房屋建筑与装饰工程消耗量定额及统一基价表》（2017版）、《江西省通用安装工程消耗量定额及统一基价

表》（2017 版）、《江西省市政工程消耗量定额及统一基价表》（2017 版）等系列计价定额中取定价格的差价，按工程造价管理部门发布的有关规定进行计算，价差只计取税金。

（一）总价措施项目费

1. 安全文明施工措施费［包括安全文明环保费（环境保护、文明施工、安全施工费）和临时设施费］计取标准（表 2-11-1）

定额摘录　　表 2-11-1

单位：%

专业工程	计费基础	费用名称及费率	
		安全文明环保费	临时设施费
建筑工程	定额人工费	9.43	4.04
装饰工程		8.26	3.54
安装工程		8.62	3.69
市政建筑工程		6.73	2.89
市政安装工程		4.36	1.87
金属构件制安工程		5.22	2.24
桩基工程		5.94	2.54
建筑工程大型机械土石方及单独土石方工程	定额人工费＋定额机械费	4.70	2.00
市政工程大型机械土石方及单独土石方工程		2.02	0.87

2. 其他总价措施费计取标准（表 2-11-2）

定额摘录　　表 2-11-2

单位：%

专业工程	计费基础	费率
建筑工程	定额人工费	4.16
装饰工程		2.38
安装工程		3.02
市政建筑工程		6.88
市政安装工程		5.44
金属构件制安工程		4.35
桩基工程		4.28
建筑工程大型机械土石方及单独土石方工程	定额人工费＋定额机械费	2.07
市政工程大型机械土石方及单独土石方工程		2.06

（二）企业管理费、利润计取标准

详见表 2-11-3。

定额摘录

表 2-11-3

单位：%

专业工程	计费基础	费用名称及费率				
		企业管理费	附加税			利润
			在市区	在县城、镇	不在市区、县城、镇	
建筑工程	定额人工费	23.29	1.84	1.53	0.92	15.99
装饰工程		10.05	0.83	0.69	0.42	7.41
安装工程		13.12	1.85	1.54	0.93	11.13
市政建筑工程		25.35	2.84	2.36	1.42	23.81
市政安装工程		19.77	2.18	1.81	1.09	16.01
金属构件制安工程		14.08	1.11	0.92	0.56	13.95
桩基工程		18.29	1.43	1.19	0.72	18.35
建筑工程大型机械土石方及单独土石方工程	定额人工费＋定额机械费	11.61	0.92	0.76	0.46	7.98
市政工程大型机械土石方及单独土石方工程		7.61	0.85	0.71	0.43	7.15

（三）规费计取标准

详见表 2-11-4。

定额摘录

表 2-11-4

单位：%

专业工程	计费基础	费用名称及费率		
		社会保险费	住房公积金	工程排污费
建筑工程	定额人工费＋定额机械费	13.11	3.32	0.17
装饰工程		8.95	2.27	0.11
安装工程		12.50	3.16	0.16
市政建筑工程		12.32	3.12	0.16
市政安装工程		8.97	2.27	0.11
金属构件制安工程		14.23	3.60	0.18
桩基工程		4.25	1.08	0.05
建筑工程大型机械土石方及单独土石方工程		8.24	2.08	0.10
市政工程大型机械土石方及单独土石方工程		5.33	1.35	0.07

(四) 税金计取标准

1. 一般计税方法（表 2-11-5）

定额摘录　　表 2-11-5

税金名称	计费基础	税金税率(%)
增值税	不含进项税税前工程总造价	9

2. 简易计税方法（表 2-11-6）

定额摘录　　表 2-11-6

税金名称	计费基础	税金征收率(%)	附加税(%)		
			在市区	在县城、镇	不在市区、县城、镇
增值税	含进项税税前工程总造价	3	0.36	0.3	0.18

三、定额计价法计价程序

1. 一般计税方法（表 2-11-7）

定额摘录　　表 2-11-7

序号	费用项目		计算方法（计费基础：人工费）	计算方法（计费基础：人工费＋机械费）
一	分部分项工程费		Σ(工程量×消耗量定额基价)	Σ(工程量×消耗量定额基价)
	其中	1. 定额人工费	Σ(工日消耗量×定额人工单价)	Σ(工日消耗量×定额人工单价)
		2. 定额机械费	Σ(机械消耗量×定额机械台班单价)	Σ(机械消耗量×定额机械台班单价)
二	单价措施费		Σ(工程量×消耗量定额基价)	Σ(工程量×消耗量定额基价)
	其中	3. 定额人工费	Σ(工日消耗量×定额人工单价)	Σ(工日消耗量×定额人工单价)
		4. 定额机械费	Σ(机械消耗量×定额机械台班单价)	Σ(机械消耗量×定额机械台班单价)
三	其他项目费		Σ其他项目费	Σ其他项目费
四	总价措施费		[(1)+(3)]×相应费率	[(1)+(2)+(3)+(4)]×相应费率
五	企业管理费		[(1)+(3)]×相应费率	[(1)+(2)+(3)+(4)]×相应费率
六	利润		[(1)+(3)]×相应费率	[(1)+(2)+(3)+(4)]×相应费率
七	人材机价差		Σ(数量×价差)	Σ(数量×价差)

续表

序号	费用项目	计算方法 （计费基础：人工费）	计算方法 （计费基础：人工费＋机械费）
八	规费	5. 社会保险费	[(1)+(2)+(3)+(4)] ×相应费率
		6. 住房公积金	
		7. 工程排污费	
九	税金		[(一)+(二)+(三)+(四)+(五)+(六)+(七)+(八)]× 税率
十	工程总造价		(一)+(二)+(三)+(四)+(五)+(六)+(七)+(八)+(九)

注：(1) 计取各项费用基数的“定额人工费”不含施工机具使用费中的人工费。
(2) 采用“一般计税方法”：企业管理费中须包括附加税，其相应费率=企业管理费率+附加税费率。
(3) 表中的材料费、机械费、总价措施费和企业管理费中不包括可抵扣的进项税额。
(4) 机械费包括《各专业工程消耗量定额及统一基价表》中以“元”表示的其他机械费用。

2. 简易计税方法（表 2-11-8）

定额摘录　　表 2-11-8

序号	费用项目		计算方法 （计费基础：人工费）	计算方法 （计费基础：人工费＋机械费）
一	分部分项工程费		Σ(工程量×消耗量定额基价)	Σ(工程量×消耗量定额基价)
	其中	1. 定额人工费	Σ(工日消耗量×定额人工单价)	Σ(工日消耗量×定额人工单价)
		2. 定额机械费	Σ(机械消耗量×定额机械台班单价)	Σ(机械消耗量×定额机械台班单价)
二	单价措施费		Σ(工程量×消耗量定额基价)	Σ(工程量×消耗量定额基价)
	其中	3. 定额人工费	Σ(工日消耗量×定额人工单价)	Σ(工日消耗量×定额人工单价)
		4. 定额机械费	Σ(机械消耗量×定额机械台班单价)	Σ(机械消耗量×定额机械台班单价)
三	其他项目费		Σ其他项目费	Σ其他项目费
四	总价措施费		[(1)+(3)]×相应费率×1.06	[(1)+(2)+(3)+(4)]×相应费率×1.06
五	企业管理费		[(1)+(3)]×相应费率×1.0225	[(1)+(2)+(3)+(4)]×相应费率×1.0225
六	利润		[(1)+(3)]×相应费率	[(1)+(2)+(3)+(4)]×相应费率
七	人材机价差		Σ(数量×价差)	Σ(数量×价差)
八	规费		5. 社会保险费	[(1)+(2)+(3)+(4)] ×相应费率
			6. 住房公积金	
			7. 工程排污费	
九	税金		—	[(一)+(二)+(三)+(四)+(五)+(六)+(七)+(八)]×(征收率 + 附加税)
十	工程总造价		—	(一)+(二)+(三)+(四)+(五)+(六)+(七)+(八)+(九)

注：(1) 计取各项费用基数的“定额人工费”不含施工机具使用费中的人工费。
(2) 采用“简易计税方法”：企业管理费中不包括附加税，附加税统一列入税金。
(3) 表中的材料费、机械费、总价措施费和企业管理费中包括可抵扣的进项税额。
(4) 机械费包括《各专业工程消耗量定额及统一基价表》中以“元”表示的其他机械费用。

四、案例分析

【例】 某公用工程楼为框架结构，根据江西省建筑安装费用定额规定，已知该工程装饰部分的分部分项工程费为 226425.2 元（其中人工费合计为 71547.18 元）；单价措施费为 11735.72（其中人工费合计为 4012.49 元）；价差费用为 68772.56 元。安全文明环保费 8.26%、临时设施费 3.54%、其他总价措施费 2.38%，企业管理费 10.88%，利润 7.41%，规费 11.33%，增值税税率 9%，采用一般计税法，请完成该装饰工程企业管理费、利润及税金等费用的计算。

【解】

根据江西省建筑安装工程费用定额规则，各项费率查费用定额，按其规定计取如下，具体计算过程及结果如表 2-11-9 所示：

工程造价取费表（定额计价）　　表 2-11-9

工程名称：公用工程楼

代号	费用名称	计算式	费率(%)	金额(元)
—	{装饰工程部分}	—	—	—
一	分部分项工程费	Σ(工程量×消耗量定额基价)	—	226425.2
1	其中:定额人工费	Σ(工日消耗量×定额人工单价)	—	71547.18
二	单价措施费	Σ(工程量×消耗量定额基价)	—	11735.72
2	其中:定额人工费	Σ(工日消耗量×定额人工单价)	—	4012.49
三	其他项目费	Σ其他项目费	—	0
四	总价措施费	[(1)+(2)]×相应费率	14.18	10714.36
五	企业管理费	[(1)+(2)]×相应费率	10.88	8220.89
六	利润	[(1)+(2)]×相应费率	7.41	5598.97
七	人材机价差	Σ(数量×价差)	—	68772.56
八	规费	[(1)+(2)]×相应费率	11.33	8560.91
九	税　金	[(一)+(二)+(三)+(四)+(五)+(六)+(七)+(八)]× 税率	9	30602.58
十	工程总造价	(一)+(二)+(三)+(四)+(五)+(六)+(七)+(八)+(九)	—	370631.19

五、复习思考题

（一）填空题

1. 我国现行建筑工程费由（　　　　）、（　　　　）、（　　　　）、（　　　　）和（　　　　）五部分组成。

2. 分部分项工程费由（　　　　）、（　　　　）和（　　　　）组成。

3. 人工费是指按工资总额构成规定，支付给从事（　　　　）和（　　　　）的各项费用。

4. 材料费是指在施工过程中耗费的构成（　　　　）的原材料、辅助材料、构配件、零件、（　　　　）的费用。

5. 措施项目费是指为完成建设工程施工，发生于该工程施工前和施工过程中的（　　　　）、（　　　　）、安全、环境保护等方面的费用。

6. 措施项目费分为（　　　　）和（　　　　）。

7.（　　　　）是指政府和有关权力部门规定的必须缴纳的费用。

8. 企业管理费是指建筑安装企业组织施工（　　　　）和（　　　　）所需的费用。

9. 装饰工程的企业管理费和利润是以（　　　　）为计算基础。

（二）简答题

1. 简述建设装饰工程费用构成。（举例说明）
2. 简述企业管理费与利润的计算。（举例说明）
3. 简述单价措施费的费用构成及计算。
4. 简述规费的费用构成及计算。
5. 简述一般计税法税金的构成及计算。

（三）单元训练

1. 总价措施费的费用构成。
2. 规费的费用构成。
3. 简易计税法税金的构成。

建筑装饰工程清单计价

知识领域三

单元一 Chapter 01

工程量清单计价概述

知识点

1. 工程量清单计价概述；
2. 《建设工程工程量清单计价规范》GB 50500—2013 简介。

能力目标

熟悉《建设工程工程量清单计价规范》GB 50500—2013。

一、工程量清单计价概述

（一）工程量清单计价的概念

26.
清单计价
与定额计
价的区别
与联系

工程量清单计价法，是指由招标人按照国家统一规定的工程量计算规则计算工程数量和招标控制价，由投标人按照企业自身的实力，根据招标人提供的工程数量，自主报价的一种计价方式。由于“工程数量”由招标人提供，增大了招标市场的透明度，为投标企业提供了一个公平合理的基础和环境，真正体现了建设工程交易市场的公平、公正。“工程价格由投标人自主报价”即定额不再作为计价的唯一依据，政府不再进行任何参与，而是企业根据自身技术专长、材料采购渠道和管理水平等，制定企业自己的报价定额，自主报价。

工程量清单计价法是一种区别于定额计价模式的新计价模式，是一种主要由市场定价的计价模式。

（二）工程量清单计价的适用范围

工程量清单计价适用于建设工程发承包及实施阶段的计价活动。使用国有资金投资的建设工程发承包，必须采用工程量清单计价；非国有资金投资的建设工程，宜采用工程量清单计价；不采用工程量清单计价的建设工程，应执行《建设工程工程量清单计价规范》GB 50500—2013 中除工程量清单等专门性规定外的其他规定。

国有资金投资的项目包括使用国有资金和国家融资投资的工程建设项目。

1. 国有资金投资的工程建设项目包括：

（1）使用各级财政预算资金的项目；

（2）使用纳入财政管理的各种政府性专项建设资金的项目；

（3）使用国有企事业单位自有资金，并且国有资金投资者实际拥有控制权的项目。

2. 国家融资投资的工程建设项目包括：

（1）使用国家发行债券所筹资金的项目；

（2）使用国家对外借款或者担保所筹资金的项目；

（3）使用国家政策性贷款的项目；

（4）国家授权投资主体融资的项目；

（5）国家特许的融资项目。

3. 国有资金（含国有资金）为主的工程建设项目是指国有资金占有投资总额 50%以上，或虽不足 50%但国有投资者实质上拥有控股权的工程建设项目。

（三）工程量清单计价的作用

1. 提供一个平等的社会竞争条件

采用施工图预算投标报价，由于设计图纸的缺陷，不同施工企业的人员理解不一，计算出的工程量也不同，报价就相去甚远，也容易产生纠纷。而工程量清单报价就为投标者提供了一个平等竞争的条件，在工程量相同的条件下由企业结合自身的施工技术、装备和管理水平自主编制综合单价。投标人的这种自主报价使得企业的优势体现到投标报价中，可在一定程度上规范建筑市场秩序，确保工程质量。

2. 满足市场经济条件下竞争的需要

招标投标过程就是竞争的过程，招标人提供工程量清单，投标人根据自身情况确定综合单价，利用单价和工程量逐项计算每个项目的合价，再分别填入工程量清单表内，计算出投标总价。单价成了决定性的因素，定高了不能中标，定低了又要承担亏损的风险。单价的高低直接取决于企业管理水平和技术水平的高低，这种局面促成了企业整体实力的竞争，有利于我国建筑市场的有序和健康发展。

3. 有利于提高工程计价效率，能真正实现快速报价

采用工程量清单计价方式，避免了传统计价方式中招标人与投标人在工程量计算上的重复工作，促使投标人尽快编制和完善自己的企业定额，加强对工程造价数据及信息的积累，满足现代工程建设中快速报价的要求。

4. 有利于工程款的拨付和工程造价的最终结算

中标后业主要与中标单位签订施工合同，中标价就是确定合同价的基础，按照计价规范要求一般应采用固定单价合同。投标报价中的综合单价是拨付工程款的基础依据，业主根据施工企业完成的工程量，可以很容易地确定进度款的拨付额。工程竣工后，根据设计变更、工程量增减等，业主也很容易确定工程的最终造价，可以在某种程度上减少业主与施工单位之间的纠纷。

5. 有利于业主对投资的控制

采用工程量清单计价方式，其特点是量价分离、风险共担，业主在变更做法或增加功能等情况时要承担工程量变化所带来的增加投资的风险，有利于业主对投资的控制。

（四）工程定额计价法与工程量清单计价法的关系

1. 定额计价更多地反映了国家定价或国家指导价，而清单计价则反映了市场定价。

2. 计价依据及其性质：定额计价的主要计价依据为国家、省、有关专业部分制定的各种定额，其性质为指导性；清单计价的主要计价依据为“清单计价规范”，其性质是含有强制性条文的国家标准。

3. 工程量的编制主体：在定额计价中，建设工程的工程量分别由招标人或投标人分别按图计算。而在清单计价中，工程量由招标人统一计算或委托有关工程造价咨询资质单位统一计算。

4. 单价与报价的组成：定额计价法的单价包括人工费、材料费、机械台班费，而清

单计价方法采用综合单价形式，综合单价包括人工费、材料费、机械使用费、管理费、利润，并考虑风险因素。工程量清单计价法的报价附包括定额计价法的报价外，还包括预留金、材料购置费和零星工作项目费等。

5. 评标采用的方法：定额计价投票一般采用百分制评分法。采用工程量清单计价法投标，一般采用合理低级价中标法，既要对总价进行评分，还要对综合单价进行分析评分。

6. 合同价格的调整方式：定额计价方法形成的合同其价格的主要调整方式有：变更签证、定额解释、政策性调整。而工程量清单计价方法在一般情况下单价是相对固定的。

7. 工程量清单计价把施工措施性消耗单列并纳入了竞争的范畴。定额计价未区分施工实物性损耗和施工措施损耗，而工程量清单把施工措施与工程实体项目进行分离。

二、《建设工程工程量清单计价规范》GB 50500—2013 简介

《建设工程工程量清单计价规范》GB 50500—2013 于 2013 年 7 月 1 日正式实施。它包括总则、术语、一般规定、工程量清单编制、招标控制价、投标报价、合同价款约定、工程计量、合同价款调整、合同价款其中支付、竣工结算与支付、合同解除的价款结算与支付、合同价款争议的解决、工程造价鉴定、工程计价资料与档案、工程计价表格与附录共 15 部分的内容。详细内容见课后《建设工程工程量清单计价规范》GB 50500—2013 附件。

（一）分部分项工程项目清单

分部分项工程是“分部工程”和“分项工程”的总称。“分部工程”是单位工程的组成部分，系按结构部位、路段长度及施工特点或施工任务将单位工程划分为若干分部的工程；分项工程是分部工程的组成部分，系按不同施工方法、材料、工序及路段长度等将分部工程划分为若干个分项或项目的工程。

分部分项工程项目清单必须载明项目编码、项目名称、项目特征、计量单位和工程量。分部分项工程项目清单必须根据各专业工程计算规范规定的项目编码、项目名称、项目特征、计量单位和工程量计算规则进行编制，其表格如表 3-1-1 所示。在分部分项工程量清单的编制过程中，由招标人负责前 6 项内容填列，金额部分在编制招标控制价或投标报价时分别由招标人或投标人填列。

分部分项工程项目清单与计价表　　　　**表 3-1-1**

工程名称：某工程　　　　标段：　　　　第　页 共　页

序号	项目编码	项目名称	项目特征	计量单位	工程量	金额（元）		
						综合单价	合价	其中：暂估价
		楼地面工程						

续表

序号	项目编码	项目名称	项目特征	计量单位	工程量	金额(元)		
						综合单价	合价	其中：暂估价
1	011102001001	花岗岩楼面	1. 找平层：15mm 厚 1：2.5 水泥砂浆； 2. 结合层：5mm 厚 1：3 水泥砂浆结合层； 3. 600mm×600mm 黑金沙花岗岩楼面	m^2	154			
2	011102001002	花岗岩楼面	1. 找平层：15mm 厚 1：2.5 水泥砂浆； 2. 结合层：5mm 厚 1：3 水泥砂浆结合层； 3. 450mm×450mm 黑金沙花岗岩楼面	m^2	89			
3	011105002001	花岗岩踢脚线	1. 踢脚线高度：150mm 高； 2. 粘贴层厚度、材料种类：15mm 厚 1：2.5 水泥砂浆粘贴层； 3. 600mm×150mm 黑金沙花岗岩成品踢脚线	m	280			
	……							
			分部小计					

注：为计取规费等的使用，可在表中增设“其中：定额人工费”。

1. 项目编码

项目编码是分部分项工程和措施项目清单名称的阿拉伯数字标识。

分部分项工程量清单编码以五级编码设置，用十二位阿拉伯数字表示。一、二、三、四级编码为全国统一，即一到九为按计算规范附录的规定设置；第五级即十至十二位应根据拟建工程的工程量清单项目名称设置，由招标人针对招标工程项目具体编制，并应自 001 起顺序编制。同一招标工程的清单项目编码不得有重码。

各级编码代表的含义如下：

（1）第一级表示专业工程代码（分二位）。

（2）第二级表示附录分类顺序码（分二位）。

（3）第三级表示分部工程顺序码（分二位）。

（4）第四级表示分项工程项目名称顺序码（分三位）。

（5）第五级表示工程量清单项目名称顺序码（分三位）。

项目编码结构如图 3-1-1 所示（以房屋建筑与装饰工程为例）：

一、二位为专业工程代码，其中 01 表示房屋建筑与装饰工程，02 表示仿古建筑工程，03 表示通用安装工程，04 表示市政工程，05 表示园林绿化工程，06 表示矿山工程、07 表示构筑物工程、08 表示城市轨道交通工程、09 表示爆破工程。

三、四位为专业工程附录分类顺序码，其中 01 表示土方工程，02 表示地基处理与边坡支护工程，03 表示桩基工程，04 表示砌筑工程，05 表示混凝土及钢筋混凝土工程，06

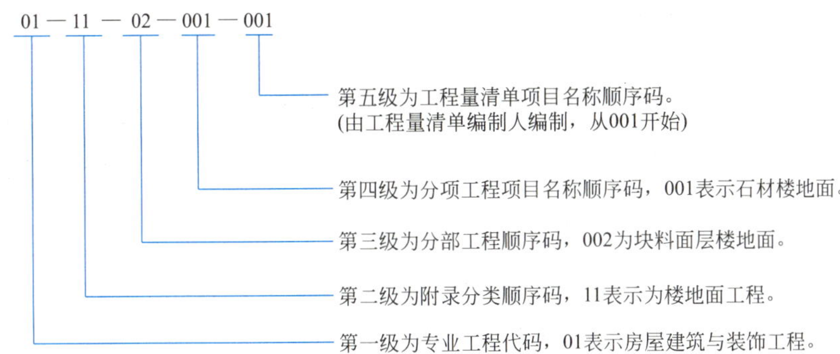

01 — 11 — 02 — 001 — 001
第五级为工程量清单项目名称顺序码。
(由工程量清单编制人编制，从001开始)
第四级为分项工程项目名称顺序码，001表示石材楼地面。
第三级为分部工程顺序码，002为块料面层楼地面。
第二级为附录分类顺序码，11表示为楼地面工程。
第一级为专业工程代码，01表示房屋建筑与装饰工程。

图 3-1-1 项目编码结构图

表示金属结构工程，07 表示木结构工程，08 表示门窗工程，09 表示屋面及防水工程，10 表示保温、隔热、防腐工程，11 表示楼地面工程，12 表示墙柱面装饰与隔断、幕墙工程，13 表示天棚工程，14 表示油漆、涂料、裱糊工程，15 表示其他工程，16 表示拆除工程，17 表示措施项目（含脚手架工程，混凝土模板及支架，垂直运输，超高施工增加，大型机械设备进出场及安拆，施工排水、降水，安全文明施工及其他措施项目）。

当同一标段（或合同段）的一份工程量清单中含有多个单位（项）工程且工程清单是以单位（项）工程为编制对象时，在编制工程量清单时应特别注意对项目编码十至十二位的设置不得有重码的规定。

例如，一个标段（或合同段）的一份工程量清单中含有三个单位工程，每一单位工程中都有项目特征相同的石材面层楼地面，在工程量清单中又需呈现三个不同单位工程的石材面层楼地面的工程量时，则第一单位工程的石材面层楼地面工程的项目编码应为 011102001001，第二单位工程的石材面层楼地面工程项目编码 011102001002，第三单位工程的石材面层楼地面工程的项目编码为 011102001003，并分别列出各单位工程石材面层楼地面工程的工程量。

2. 项目名称

分部分项工程量清单的项目名称应按各专业工程计算规范附录的项目名称结合建设工程的实际确定。附录表中的“项目名称”为分项工程项目名称，是形成分部分项工程量清单项目名称的基础。即在编制分部分项工程量清单时，以附录中的分项工程项目名称为基础，考虑该项目的规格、型号、材质等特征要求，结合建设工程的实际情况，使其工程量清单项目名称具体化、细化，以反映影响工程造价的主要因素。

3. 项目特征

项目特征是构成分部分项工程项目、措施项目自身价值的本质特征。项目特征是对项目的准确描述，是确定一个清单项目综合单价不可缺少的重要依据，是区分清单项目的依据，是履行合同义务的基础。分部分项工程量清单项目特征的描述应按各专业工程计算规则附录中规定的项目特征内容，结合技术规范、标准图集、施工图纸，按照工程结构、使用材质及规格或安装位置等予以准确和全面的表述和说明。若有些项目特征用文字难以准确、全面地描述清楚时，可采用标准图集号或施工图纸图号的方式进行描述，如详见×图集或×图号。

若计算规范清单项目中的项目特征有未描述到的其他独有特征，由清单编制人视项目具体情况确定，以准确描述清单项目为准。

在各专业工程计算规范附录中还给出了各清单项目的工作内容，工作内容是指完成清单项目可能发生的具体工作和操作程序。各项目仅列出了主要工作内容，除另有规定和说明外，视为已经包括完成该项目的全部工作内容，清单项目中的工作内容不作为组价的依据。

4. 计量单位

计量单位均应采用基本单位，除各专业另有特殊规定外均按以下单位计量：

（1）以重量计算的项目——吨或千克（t 或 kg）。

（2）以体积计算的项目——立方米（m^3）。

（3）以面积计算的项目——平方米（m^2）。

（4）以长度计算的项目——米（m）。

（5）以自然计量单位计算的项目——个、套、块、樘、组、台。

（6）以特殊计量单位计算的项目——系统、天、项。

当计量单位有 2 个或 2 个以上时，应根据所编工程量清单项目的特征要求，选择最适宜表现该项目特征并方便计算的一个单位。在一个建设项目（或标段、合同段）中，有多个单位工程的相同项目计量单位必须保持一致。

工程数量的有效位数应遵守下列规定：

（1）以“t”为单位，应保留小数点后三位数字，第四位四舍五入。

（2）以“m^3”“m^2”“m”为单位，应保留小数点后两位数字，第三位四舍五入。

（3）以“个”“项”“组”“件”等为单位，应取整数。

5. 工程量计算

工程量计算是指建设工程项目以工程设计图纸、施工组织设计或施工方案及有关技术经济文件为依据，按照工程量计算规范的计算规则、计量单位等规定，进行工程数量的计算活动。

以房屋建筑和装饰工程为例，其计算规范中规定的实体项目包括土方工程，地基处理与边坡支护工程，桩基工程，砌筑工程，混凝土及钢筋混凝土工程，金属结构工程，木结构工程，门窗工程，屋面及防水工程，保温、隔热、防腐工程，楼地面工程，墙柱面装饰与隔断、幕墙工程，天棚工程，油漆、涂料、裱糊工程，其他工程，拆除工程，分别制定了它们的项目设置和工程量计算规则。

（二）措施项目清单

1. 措施项目列项

措施项目是指为完成工程项目施工，发生于该工程施工准备和施工过程中的技术、生活、安全、环境保护等方面的项目。

措施项目清单应根据相关工程现行国家计算规范的规定编制，并应根据建设工程的实际情况列项。例如，《房屋建筑与装饰工程工程量计算规范》GB 50854—2013 中规定的措施项目，包括脚手架工程，混凝土模板及支架，垂直运输，超高施工增加，大型机械设备进出场及安拆，施工排水、降水，安全文明施工及其他措施项目。

2. 措施项目清单的标准格式

（1）措施项目清单的类别

措施项目费用的发生与使用时间、施工方法或者 2 个以上的工序相关。有些措施项目是可以计算工程量的，如脚手架工程，混凝土模板及支架，垂直运输，超高施工增加，大型机械设备进出场及安拆，施工排水、降水等，这类措施项目用分部分项工程量清单的方式采用编制综合单价，更有利于措施费的确定和调整。使用能计算的措施项目（即单价措施项目）编制工程量清单时，必须列出项目编码、项目名称、项目特征、计量单位和工程量计算规则（表 3-1-2）。

措施项目清单与计价表　　表 3-1-2

工程名称：某工程　　标段：　　第　页 共　页

序号	项目编码	项目名称	项目特征	计量单位	工程量	金额(元)		
						综合单价	合价	其中：暂估价
1	011701001001	综合脚手架	1. 建筑结构形式：框剪； 2. 檐口高度：60m	m^2				
	……							

有些措施项目是不可以计算工程量的，如安全文明施工、夜间施工、非夜间施工照明、二次搬运、冬雨期施工、地上地下设施及建筑物的临时保护设施、已完工程及设备保护等项目。应根据工程实际情况计算措施项目费用，需分摊的应合理计算摊销费用。针对这些不能计算的且以清单形式列出的项目，在编制工程量清单时，必须按计算规范规定的项目编码、项目名称确定清单项目，不必描述项目特征和确定计量单位（表 3-1-3）。

总价措施项目清单与计价表　　表 3-1-3

工程名称：某工程　　标段：　　第　页 共　页

序号	项目编码	项目名称	计算基础	费率(%)	金额(元)	调整费率(%)	调整后金额(元)	备注
1	011707001001	安全文明施工费	定额基价					
2	011707002001	夜间施工	定额人工费					
	……							

注：1. 总价措施项目各清单项目的“计算基础”应根据费用定额中的计算规定来确定；
2. 按施工方案计算的措施费，若无“计算基础”或“费率”的数值，也可以只填“金额”数值，但应在备注栏里说明施工方案出处或计算方法。

（2）措施项目清单的编制

措施项目清单的编制需考虑多种因素，除工程本身的因素外，还涉及水文、气象、环境、安全等因素。鉴于工程建设施工特点和承包人组织施工生产的施工装备水平、施工方案及其管理水平的差异，同一工程、不同承包人组织施工采用的施工措施有时是不一致的，所以措施项目清单应根据建设工程的实际情况列项。若出现清单计算规范中未列的项目，可根据工程实际情况补充。

措施项目清单的编制依据主要有：

1）施工现场情况、地质勘查水文资料、工程特点；

2）常规施工方案；

3）与建设工程有关的标准、规范、技术资料；

4）招标文件；

5）建设工程设计文件及相关资料。

（三）其他项目清单

其他项目清单是指除分部分项工程量清单、措施项目清单所包含的内容以外，因招标人的特殊要求，而发生的与建设工程有关的其他费用项目和相应数量的清单。工程建设标准的高低、工程的复杂程度、施工工期的长短、工程的组成内容、发包人对工程管理的要求等都直接影响其他项目清单的具体内容。

其他项目清单包括暂列金额、暂估价（包括材料暂估单价、工程设备暂估单价、专业工程暂估价）、计日工、总承包服务费。

其他项目清单计价汇总表有 4 种格式，包括招标工程量清单、招标控制价、投标报价、竣工结算。详见表 3-1-4 投标报价的编制格式。

其他项目清单与计价汇总表　　表 3-1-4

工程名称：某项目

序号	项目名称	金额(元)	结算金额(元)	备注
1	暂列金额	180000	—	必须按招标工程量清单数额填写
2	暂估价	150000	—	必须按招标工程量清单数额填写
2.1	材料(工程设备)暂估价/结算价	—	—	—
2.2	专业工程暂估价/结算价	150000	—	必须按招标工程量清单数额填写
3	计日工	39000	—	投标人自主报价
4	总承包服务费	24000	—	投标人自主报价
	合计	543000	—	—

注：材料（工程设备）暂估价单价进入清单项目综合单价，此处不汇总。

1. 暂列金额

暂列金额是招标人在工程量清单中暂定并包括在合同价款中的一笔款项。用于工程合同签订时尚未确定或者不可预见的所需材料、工程设备、服务的采购，施工中可能发生的工程变更、合同约定调整因素出现时的合同价款调整以及发生的索赔、现场签证确认等的费用。

不管采用何种合同形式，其理想的标准是，一份合同的价格就是最终的竣工结算价格，或者至少两者应尽可能地接近。我国规定对国有资金投资工程实行设计概算控制管理，经过项目审批部门批复的设计概算是工程投资控制的刚性指标，即使商业性开发项目也有成本的预先控制问题，否则无法相对准确地预测投资的收益和科学合理地进行投资控制。但工程建设自身的特性决定了工程的设计需要根据工程进展不断地进行优化和调整，业主需求可能会随着工程进展出现变化，工程建设过程还会存在一些不能预见、不能确定的因素。消化这些因素必然会影响工程合同价格的调整，暂列金额正是因这类不可避免的价格调整而设立，以便达到合理确定和有效控制工程造价的目标。设立暂列金额并不能保证合同结算价格就不会再出现超过合同价格的情况，是否超出合同价格完全取决于工程量清单编制人对暂列金额预测的准确性，以及工程建设过程是否出现了其他事先未预见的事件。

暂列金额的性质：包括在签约合同之内，但并不直接属承包人所有，而是由发包人暂定并掌握使用的一笔款项。

暂列金额的用途：①由发包人用于在施工合同签订时尚未确定或不可预见的相关费用；②由发包人用于在施工过程中合同价款调整、索赔、现场签证等费用；③其他用于该工程开发、承包双方认可的费用。

暂列金额应根据工程特点，要求招标人能将暂列金额与拟用项目列出明细，如确实不能详列也可以只列暂列金额的总额，投标人应将上述金额计入投标总价中。

表 3-1-5 为招标人填写的暂列金额明细表。

暂列金额明细表　　**表 3-1-5**

工程名称：某项目

序号	项目名称	计量单位	暂列金额(元)	备注
1	学院大门及门卫工程	项	150000	正在设计图纸
2	工程量偏差和设计变更	项	200000	—
3	政策性调整和材料价格波动	项	200000	—
4	其他	项	50000	—
—	合计	—	600000	—

注：本表由招标人填写，如不能详列，也可只列暂列金额的总额，投标人应将上述金额计入投标总价中。

2. 暂估价

暂估价是指招标人在工程量清单中提供的用于支付必然发生但暂时不能确定价格的材料、工程设备的单价以及专业工程的金额，包括材料暂估单价、工程设备暂估单价和专业工程暂估价。

材料、工程设备暂估价要求招标人针对每一类暂估价给出相应的拟用项目，即按照材料、工程设备的名称分别给出，以便投标人组价，将其纳入分部分项工程量清单项目的综合单价。

专业工程暂估价一般应是综合暂估价，是指分包人实施专业工程的含税后的完整价（即包含了该专业工程中所有供应、安装、完工、调试、修复缺陷等全部工作），除了合同约定的发包人应承担的总包管理、协调、配合和服务责任所对应的总承包服务费用外，承包人为履行其总包管理、协调、配合和服务场所需要发生的费用应该包括在投标报价中。

材料、工程设备暂估价应根据工程造价信息或参照市场价格估算，列出明细表；专业工程暂估价应按专业划分，给出工程范围及包括内容，按有关计价规定估算，列出明细表。暂估价可按照表 3-1-6 和表 3-1-7 的格式列项。

材料（工程设备）暂估单价及调整表 **表 3-1-6**

工程名称：某工程　　　　标段：　　　　第　页 共　页

序号	材料(工程设备)名称、规格、型号	计量单位	数量		暂估(元)		确认(元)		差额±(元)		备注
			暂估	确认	单价	合价	单价	合价	单价	合价	
1	花岗岩(规格600mm×600mm)	m^2	200	—	150	30000	—	—	—	—	用于办公大厅
2	乳胶漆	m^2	180	—	45	8100	—	—	—	—	用于内墙面
—	合计	—	—	—	—	38100	—	—	—	—	—

注：本表由招标人填写“暂估单价”，并在备注栏说明暂估价的材料、工程设备拟用在哪些清单上，投标人应将上述材料、工程设备暂估单价计入工程量综合单价报价中。

专业工程暂估价及结算价表 **表 3-1-7**

工程名称：某工程　　　　标段：　　　　第　页 共　页

序号	工程名称	工程内容	暂列金额（元）	结算金额（元）	差额±(元)	备注
1	幕墙工程	合同图纸中标明以及设计说明中规定的所有幕墙的材料、运输、安装、调试、检测等工作	280000	—	—	—
—	合计	—	280000	—	—	—

注：本表“暂估金额”由招标人填写，投标人应将“暂估金额”计入投标总价中。结算时按合同约定结算金额填写。

3. 计日工

计日工是在施工过程中，承包人完成发包人提出的工程合同范围以外的零星项目或工作，按合同中约定的单价计价的一种方式。计日工是为了解决现场发生的零星工作的计价而设立的。计日工对完成零星工作消耗的人工工时、材料数量、施工机械台班进行计量，并按照计日工表中填报的适用项目的单价进行计价支付。计日工适用的所谓零星项目或工作一般是指合同约定之外的或者因变更而产生的、工程量清单没有相应项目的额外工作，尤其是那些难以事先商定价格的额外工作。

计日工应列出项目名称、计量单位和暂估数量。招标工程量清单可按照表 3-1-8 的格式列项。

计日工表 **表 3-1-8**

工程名称：某工程　　　　标段：　　　　第　页 共　页

序号	项目名称	单位	暂定数量	实际数量	综合单价	合价	
						暂定	实际
一	人工	—	—	—	—	—	—
1	普工	工日	40	—	—	—	—
2	技工	工日	30	—	—	—	—

续表

序号	项目名称	单位	暂定数量	实际数量	综合单价	合价	
						暂定	实际
	人工小计	—	—	—	—	—	—
二	材料	—	—	—	—	—	—
1	42.5 水泥	kg	268	—	—	—	—
2	800mm×800mm 缸砖	m^2	180	—	—	—	—
	材料小计	—	—	—	—	—	—
三	施工机械	—	—	—	—	—	—
1	—	—	—	—	—	—	—
	施工机械小计	—	—	—	—	—	—
四	管理费和利润	—	—	—	—	—	—
	总计	—	—	—	—	—	—

注：本表项目名称、暂定数量由招标人填写，编制招标控制价时，单价由招标人按有关计价规定确定；投标时，单价由投标人自主报价，按暂定数量计算合价计入投标总价中。结算时按发承包双方确认的实际数量计算合价。

4. 总承包服务费

总承包服务费是总承包人为配合协调发包人进行的专业工程发包，对发包人自行采购的材料、工程设备等进行保管以及施工现场管理、竣工资料汇总整理等服务所需的费用。

总承包服务费的用途包括 3 部分：一是招标人在法律法规允许的范围内对专业工程进行发包，要求总承包人提供协调服务；二是发包人自行采购供应部分材料、工程设备时，要求总承包人提供保管等相关服务；三是总承包人对施工现场进行协调和统一管理、对竣工资料进行统一汇总整理等所需要的费用。

编制招标控制价时，总承包服务费应按照省级或行业建设主管部门的规定计算。编制投标报价时，总承包服务费应根据招标工程量清单中列出的内容和提出的要求，由投标人自主确定。

招标工程量清单中的总承包服务费计价表按照表 3-1-9 的格式列项。

总承包服务费计价表 **表 3-1-9**

工程名称：某工程　　标段：　　第　页 共　页

序号	项目名称	项目价值(元)	服务内容	计算基础	费率(%)	金额(元)
1	发包人发包专业工程(幕墙工程)	280000	1. 按专业工程承包人的要求提供施工作业面并对施工现场统一管理，对竣工资料进行统一整理汇总。 2. 为专业工程承包人提供垂直运输机械和焊接电源接入点，并承担垂直运输费和电费	—	—	—
2	发包人提供材料(铝合金门窗工程)	320000	对发包人供应的材料进行验收、保管和使用	—	—	—

续表

序号	项目名称	项目价值(元)	服务内容	计算基础	费率(%)	金额(元)
—	合计	—	—	—	—	—

注：本表项目名称、服务内容由招标人填写，编制招标控制价时，费率及金额由招标人按有关计价规定确定；投标时，费率及金额由投标人自主报价，计入投标总价中。

(四) 规费、税金项目清单

规费是根据国家法律、法规规定，由省级政府或省级有关权力部门规定施工企业必须缴纳的，应计入建筑安装工程造价的费用。

规费项目清单应按照下列内容列项：社会保险费，包括养老保险费、失业保险费、医疗保险费、工伤保险费、生育保险费，住房公积金，工程排污费，出现计价规范中未列的项目，应根据省级政府或省级有关权力部门的规定列项。

税金是国家税法规定的应计入建筑安装工程造价内的费用。

税金项目清单应按照下列内容列项：营业税、城市维护建设税、教育费附加和地方教育附加。出现计价规范中未列的项目，应根据税务部门的规定列项。

招标工程量清单中的规费、税金项目计价表如表 3-1-10 所示。

规费、税金项目清单与计价表 **表 3-1-10**

工程名称：某工程　　标段：　　第　页 共　页

序号	项目名称	计算基础	费率(%)	金额(元)
1	规费	定额人工费	—	—
1.1	社会保险费	定额人工费	—	—
(1)	养老保险费	定额人工费	—	—
(2)	失业保险费	定额人工费	—	—
(3)	医疗保险费	定额人工费	—	—
(4)	工伤保险费	定额人工费	—	—
(5)	生育保险费	定额人工费	—	—
1.2	住房公积金	定额人工费	—	—
1.3	工程排污费	按工程所在地环保部门收费标准,按实计入	—	—
2	税金	分部分项工程费＋措施项目费＋其他项目费＋规费－按固定不计税的工程设备金额	—	—
—	合计	—	—	—

单元二 Chapter 02

楼地面装饰工程工程量清单编制及清单计价

知识点

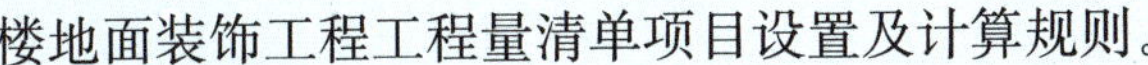

楼地面装饰工程工程量清单项目设置及计算规则。

技能点

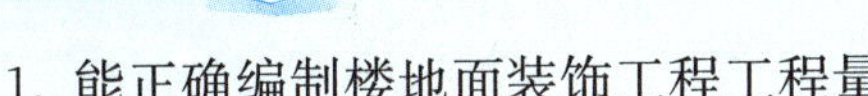

1. 能正确编制楼地面装饰工程工程量清单；
2. 能正确确定楼地面装饰工程工程量清单项目的综合单价。

能力目标

能结合实际建筑装饰工程施工图纸，进行楼地面建筑装饰工程清单计量与计价。

一、楼地面装饰工程工程量清单项目设置及计算规则

《房屋建筑与装饰工程工程量计算规范》GB 50854—2013 将楼地面装饰工程划分为 8 节 43 个清单项目，具体内容见表 3-2-1 至表 3-2-8：

1. 整体平面及找平层（编码 011101）

规范摘录 表 3-2-1

项目编码	项目名称	项目特征	计量单位	工程量计算规则	工作内容
011101001	水泥砂浆楼地面	1. 找平层厚度、砂浆配合比； 2. 素水泥浆遍数； 3. 面层厚度，砂浆配合比； 4. 面层做法要求	m^2	按设计图示尺寸以面积计算，扣除凸出地面构筑物、设备基础、室内管道、地沟等所占面积，不扣除间壁墙和单个面积在 $0.3m^2$ 以内的柱、垛、附墙烟囱及孔洞所占的面积，门洞、空圈、暖气包槽、壁龛的开口部分不增加面积	1. 基层清理；2. 抹找平层；3. 抹面层；4. 材料运输
011101002	现浇水磨石楼地面	1. 找平层厚度、砂浆配合比； 2. 面层厚度、水泥石子浆配合比； 3. 嵌条材料种类、规格； 4. 石子种类、规格、颜色； 5. 颜料种类、颜色； 6. 图案要求； 7. 磨光、酸洗、打蜡要求			1. 基层清理；2. 抹找平层；3. 面层铺设；4. 嵌缝条安装；5. 磨光、酸洗打蜡；6. 材料运输
011101003	细石混凝土楼地面	1. 找平层厚度、砂浆配合比； 2. 面层厚度、混凝土强度等级			1. 基层清理；2. 抹找平层；3. 面层铺设；4. 材料运输
011101004	菱苦土楼地面	1. 找平层厚度、砂浆配合比； 2. 面层厚度； 3. 打蜡要求			1. 基层清理；2. 抹找平层；3. 面层铺设；4. 打蜡；5. 材料运输
011101005	自流平楼地面	1. 找平层砂浆配合比，厚度； 2. 界面剂材料种类； 3. 中层漆材料种类、厚度； 4. 面漆材料种类、厚度； 5. 面层材料种类			1. 基层清理；2. 抹找平层；3. 涂界面剂；4. 涂刷中层漆；5. 打磨、吸尘；6. 镘自流平面漆（浆）；7. 拌合自流平浆料；8. 铺面层
011101006	平面砂浆找平层	1. 找平层砂浆配合比，厚度； 2. 界面剂材料种类； 3. 中层漆材料种类、厚度； 4. 面漆材料种类、厚度； 5. 面层材料种类； 6. 找平层厚度、砂浆配合比		按设计图示尺寸以面积计算	1. 基层清理；2. 垫层铺设；3. 抹找平层；4. 材料运输

注：① 水泥砂浆面层处理是拉毛还是提浆压光应在面层做法要求中描述。
② 平面砂浆找平层只适用于仅作找平层的平面抹灰。
③ 间壁墙是指墙厚不大于 120mm 的墙。

2. 块料面层（编码 011102）

规范摘录　　表 3-2-2

<table>
<tr><th>项目编码</th><th>项目名称</th><th>项目特征</th><th>计量单位</th><th>工程量计算规则</th><th>工作内容</th></tr>
<tr><td>011102001</td><td>石材楼地面</td><td rowspan="2">1. 找平层厚度、砂浆配合比；
2. 结合层厚度、砂浆配合比；
3. 面层材料品种、规格、颜色；
4. 嵌缝材料种类；
5. 防护层材料种类；
6. 酸洗、打蜡要求</td><td rowspan="3">m^2</td><td rowspan="3">按设计图示尺寸以面积计算。门洞、空圈、暖气包槽、壁龛的开口部分并入相应的工程量内计算</td><td rowspan="3">1. 基层清理；
2. 抹找平层；
3. 面层铺设、磨边；
4. 嵌缝；
5. 刷防护材料；
6. 酸洗打蜡；
7. 材料运输</td></tr>
<tr><td>011102002</td><td>碎石材楼地面</td></tr>
<tr><td>011102003</td><td>块料楼地面</td><td>1. 垫层材料种类、厚度；
2. 找平层厚度、砂浆配合比；
3. 结合层厚度、砂浆配合比；
4. 面层材料品种、规格、颜色；
5. 嵌缝材料种类；
6. 防护层材料种类；
7. 酸洗、打蜡要求</td></tr>
</table>

注：①在描述碎石材项目的面层材料特征时可不用描述面层材料的规格、品牌、颜色。
②石材、块料与粘结材料的结合面刷防渗材料的种类在防护层材料种类中描述。
③本表工作内容中的磨边是指施工现场磨边，后面章节工作内容中涉及的磨边含义同此条。

3. 橡塑面层（编码 011103）

规范摘录　　表 3-2-3

<table>
<tr><th>项目编码</th><th>项目名称</th><th>项目特征</th><th>计量单位</th><th>工程量计算规则</th><th>工作内容</th></tr>
<tr><td>011103001</td><td>橡胶板楼地面</td><td rowspan="4">1. 粘结层厚度、材料种类；
2. 面层材料品种、规格、颜色；
3. 压线条种类</td><td rowspan="4">m^2</td><td rowspan="4">按设计图示尺寸以面积计算。门洞、空圈、暖气包槽、壁龛的开口部分并入相应的工程量内计算</td><td rowspan="4">1. 基层清理；
2. 面层铺设；
3. 压缝条装订；
4. 材料运输</td></tr>
<tr><td>011103002</td><td>橡胶卷材楼地面</td></tr>
<tr><td>011103003</td><td>塑料板楼地面</td></tr>
<tr><td>011103004</td><td>塑料卷材楼地面</td></tr>
</table>

注：本表项目中如涉及找平层，按平面砂浆找平层（011101006）项目编码列项。

4. 其他材料面层（编码 011104）

规范摘录　　表 3-2-4

<table>
<tr><th>项目编码</th><th>项目名称</th><th>项目特征</th><th>计量单位</th><th>工程量计算规则</th><th>工作内容</th></tr>
<tr><td>011104001</td><td>地毯楼地面</td><td>1. 面层材料品种、规格、颜色；
2. 防护材料种类；
3. 粘结材料种类；
4. 压线条种类</td><td>m^2</td><td>按设计图示尺寸以面积计算。门洞、空圈、暖气包槽、壁龛的开口部分并入相应的工程量内计算</td><td>1. 基层清理；
2. 铺贴面层；
3. 刷防护材料；
4. 装订压条；
5. 材料运输</td></tr>
</table>

续表

项目编码	项目名称	项目特征	计量单位	工程量计算规则	工作内容
011104002	竹、木地板	1. 龙骨材料种类、规格、铺设间距； 2. 基层材料种类、规格； 3. 面层材料品种、规格、颜色； 4. 防护材料种类	m^2	按设计图示尺寸以面积计算。门洞、空圈、暖气包槽、壁龛的开口部分并入相应的工程量内计算	1. 基层清理； 2. 龙骨铺设； 3. 基层铺设； 4. 面层铺设； 5. 刷防护材料； 6. 材料运输
011104003	金属复合地板				
011104004	防静电活动地板	1. 支架高度、材料种类； 2. 面层材料品种、规格、颜色； 3. 防护材料种类			1. 基层清理； 2. 固定支架安装； 3. 活动面层安装； 4. 刷防护材料； 5. 材料运输

5. 脚踢线（编码 011105）

规范摘录　　表 3-2-5

项目编码	项目名称	项目特征	计量单位	工程量计算规则	工作内容
011105001	水泥砂浆踢脚线	1. 踢脚线高度； 2. 底层厚度、砂浆配合比； 3. 面层厚度、砂浆配合比	1. m^2 2. m	1. 以 m^2 计量，按设计图示长度乘高度以面积计算； 2. 以 m 计量，按设计图示尺寸以延长米计算	1. 基层清理； 2. 底层和面层抹灰； 3. 材料运输
011105002	石材踢脚线	1. 踢脚线高度； 2. 粘贴层厚度、材料种类； 3. 面层材料品种、规格、颜色； 4. 防护材料种类			1. 基层清理； 2. 底层抹灰； 3. 面层铺贴； 4. 擦缝； 5. 磨光、酸洗、打蜡； 6. 刷防护材料； 7. 材料运输
011105003	块料踢脚线				
011105004	塑料板踢脚线	1. 踢脚线高度； 2. 粘贴层厚度、材料种类； 3. 面层材料品种、规格、颜色		1. 按设计图示长度乘高度以面积计算； 2. 以 m 计量，按设计图示尺寸以延长米计算	1. 基层清理； 2. 基层铺贴； 3. 面层铺贴； 4. 材料运输
011105005	木质踢脚线	1. 踢脚线高度； 2. 基层材料种类、规格； 3. 面层材料品种、规格、颜色			
011105006	金属踢脚线				
011105007	防静电踢脚线				

注：石材、块料与粘结材料的结合面刷防渗材料的种类在防护层材料的种类中描述。

6. 楼梯面层（编码 011106）

规范摘录　　表 3-2-6

项目编码	项目名称	项目特征	计量单位	工程量计算规则	工作内容
011106001	石材楼梯面层	1. 找平层厚度、砂浆配合比； 2. 粘结层厚度、材料种类； 3. 面层材料品种、规格、颜色； 4. 防滑条材料种类、规格； 5. 勾缝材料种类； 6. 防护层材料种类； 7. 酸洗、打蜡要求	m^2	按设计图示尺寸以楼梯（包括踏步、休息平台及宽度≤500mm的楼梯井）水平投影面积计算。楼梯与楼地面相连时，算至梯口梁内侧边沿；无梯口梁者，算至最上一层踏步边沿加300mm	1. 基层清理； 2. 抹找平层； 3. 面层铺设、磨边； 4. 贴嵌防滑条； 5. 嵌缝； 6. 刷防护材料； 7. 酸洗打蜡； 8. 材料运输
011106002	块料楼梯面层				
011106003	拼碎块料面层				
011106004	水泥砂浆楼梯面层	1. 找平层厚度、砂浆配合比； 2. 面层厚度、砂浆配合比； 3. 防滑条材料种类、规格			1. 基层清理； 2. 抹找平层； 3. 抹面层； 4. 抹防滑条； 5. 材料运输
011106005	现浇水磨石楼梯面层	1. 找平层厚度、砂浆配合比； 2. 面层厚度、水泥石子浆配合比； 3. 防滑条材料种类、规格； 4. 石子种类、规格、颜色； 5. 颜料种类、颜色； 6. 磨光、酸洗、打蜡要求			1. 基层清理； 2. 抹找平层； 3. 面层铺设； 4. 嵌贴防滑条； 5. 磨光、酸洗打蜡； 6. 材料运输
011106006	地毯楼梯面层	1. 基层种类； 2. 面层材料品种、规格、颜色； 3. 防滑条材料种类、规格； 4. 粘结材料种类； 5. 固定配件材料种类、规格			1. 基层清理； 2. 面层铺贴； 3. 固定配件安装； 4. 刷防护材料； 5. 材料运输
011106007	木板楼梯面层	1. 基层材料种类、规格； 2. 面层材料品种、规格、颜色； 3. 粘结材料种类； 4. 防护材料种类			1. 基层清理； 2. 基层铺设； 3. 面层铺设； 4. 刷防护材料； 5. 材料运输
011106008	橡胶板楼梯面层	1. 粘结层厚度、材料种类； 2. 面层材料品种、规格、颜色； 3. 压线条种类			1. 基层清理； 2. 面层铺贴； 3. 压缝条装订； 4. 材料运输
011106009	塑料板楼梯面层				

注：① 在描述碎石材项目的面层材料特征时可不用描述品种、规格、颜色。

② 石材、块料与粘结材料的结合面刷防渗材料的种类在防护层材料的种类中描述。

7. 台阶装饰（编码 011107）

规范摘录　　表 3-2-7

项目编码	项目名称	项目特征	计量单位	工程量计算规则	工作内容
011107001	石材台阶面	1. 找平层厚度、砂浆配合比； 2. 粘结层材料种类； 3. 面层材料品种、规格、颜色； 4. 勾缝材料种类； 5. 防滑条材料种类、规格； 6. 防护层材料种类	m^2	按设计图示尺寸以台阶（包括最上层踏步边沿加300mm）水平投影面积计算	1. 基层清理； 2. 抹找平层； 3. 面层铺设； 4. 贴嵌防滑条； 5. 嵌缝； 6. 刷防护材料； 7. 材料运输
011107002	块料台阶面				
011107003	拼碎块料台阶面				
011107004	水泥砂浆台阶面	1. 找平层厚度、砂浆配合比； 2. 面层厚度、砂浆配合比； 3. 防滑条材料种类、规格			1. 基层清理； 2. 抹找平层； 3. 抹面层； 4. 抹防滑条； 5. 材料运输
011107005	现浇水磨石台阶面	1. 找平层厚度、砂浆配合比； 2. 面层厚度、水泥石子浆配合比； 3. 防滑条材料种类、规格； 4. 石子种类、规格、颜色； 5. 颜料种类、颜色； 6. 磨光、酸洗、打蜡要求			1. 基层清理； 2. 抹找平层； 3. 面层铺设； 4. 嵌贴防滑条； 5. 磨光、酸洗打蜡； 6. 材料运输
011107006	剁假石台阶面	1. 找平层厚度、砂浆配合比； 2. 面层厚度、砂浆配合比； 3. 剁假石要求			1. 基层清理； 2. 抹找平层； 3. 抹面层； 4. 剁假石； 5. 材料运输

注：① 在描述碎石材项目的面层材料特征时可不用描述品种、规格、颜色。
② 石材、块料与粘结材料的结合面刷防渗材料的种类在防护层材料的种类中描述。

8. 零星装饰项目（编码 011108）

规范摘录　　表 3-2-8

项目编码	项目名称	项目特征	计量单位	工程量计算规则	工作内容
011108001	石材零星项目	1. 工程部位； 2. 找平层厚度、砂浆配合比； 3. 贴结合层厚度、材料种类； 4. 面层材料品种、规格、颜色； 5. 勾缝材料种类； 6. 防护材料种类； 7. 酸洗、打蜡要求	m^2	按设计图示尺寸以面积计算	1. 基层清理； 2. 抹找平层； 3. 面层铺设、磨边； 4. 嵌缝； 5. 刷防护材料； 6. 酸洗打蜡； 7. 材料运输
011108002	块料零星项目				
011108003	拼碎零星项目				
011108004	水泥砂零星项目	1. 工程部位； 2. 找平层厚度、砂浆配合比； 3. 面层厚度、砂浆配合比			1. 基层清理； 2. 抹找平层； 3. 抹面层； 4. 材料运输

注：① 楼梯、台阶牵边和侧面镶贴块料面层，不大于 $0.5m^2$ 的少量分散的镶贴块料面层，应按本表执行。
② 石材、块料与粘结材料的结合面刷防渗材料的种类在防护层材料的种类中描述。

二、案例分析

【例】

某工程平面如图 3-2-1 所示，根据国家建筑标准设计图集（05J909）地面构造做法：（表 3-2-9）用 60mm 厚 C15 混凝土垫层，1∶2.5 水泥砂浆面层 20mm 厚。现浇柱截面尺寸 600mm×600mm，墙厚 240mm，轴线尺寸为墙中心线。

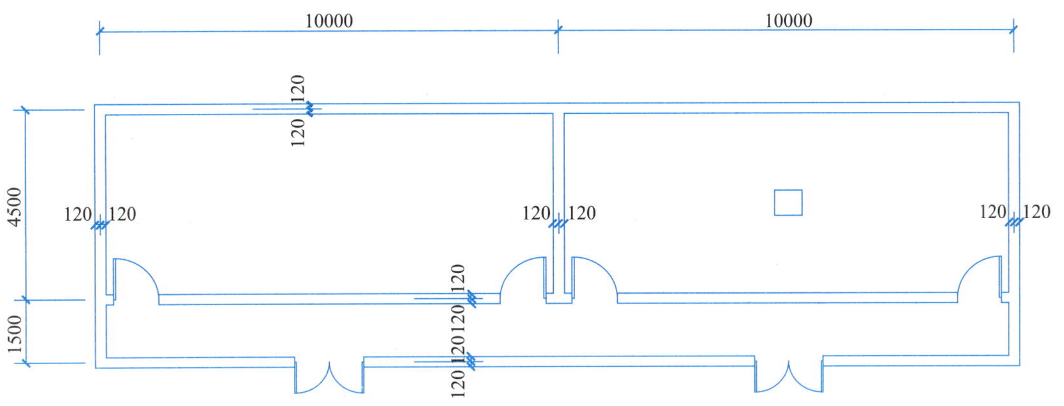

图 3-2-1　某工程一层平面图

构造做法　　表 3-2-9

<table>
<tr><th rowspan="2">编号</th><th rowspan="2">厚度及重量</th><th rowspan="2">简图</th><th colspan="2">构造做法</th><th rowspan="2">附注</th></tr>
<tr><th>地面</th><th>楼面</th></tr>
<tr><td rowspan="2">地 1A
楼 1A</td><td rowspan="2">D80
L20
0.4kN/m²</td><td rowspan="2">D d L
地面　楼面</td><td colspan="2">1. 20mm 厚 1∶2.5 水泥砂浆；
2. 水泥浆一道（内掺建筑胶）</td><td rowspan="4">1. 地面混凝土垫层 60mm 厚仅限于无重载、无汽车行驶的地面。
2. 楼面建筑构造层厚度 L 也可替换为：
L1=50
L2=100</td></tr>
<tr><td>3. 60mm 厚 C15 混凝土垫层；
4. 素土夯实</td><td>3. 现浇钢筋混凝土楼板或预制楼板现浇叠合层</td></tr>
<tr><td rowspan="2">地 1B
楼 1B</td><td rowspan="2">D230
L80
1.25kN/m²</td><td rowspan="2">D d L
地面　楼面</td><td colspan="2">1. 20mm 厚 1∶2.5 水泥砂浆；
2. 水泥浆一道（内掺建筑胶）</td></tr>
<tr><td>3. 60mm 厚 C15 混凝土垫层；
4. 150mm 厚碎石夯入土中</td><td>3. 60mm 厚 LC7.5 轻骨料混凝土；
4. 现浇钢筋混凝土楼板或预制楼板现浇叠合层</td></tr>
</table>

1. 作为招标人，根据《房屋建筑与装饰工程工程量计算规范》GB 50584—2013，试计算该工程水泥砂浆地面清单工程量，并编列出项目工程量清单。

2. 作为投标人，根据《建设工程工程量清单计价规范》GB 50500—2013 和某省装饰工程消耗量定额及统一基价表、取费定额（企业管理费 10.05%、附加税 0.83%、利润 7.41%），采用一般计税法计算水泥砂浆地面清单综合单价及投标报价。

【解】

分析：根据《房屋建筑与装饰工程工程量计算规范》GB 50584—2013，柱子工程量：$0.6\times0.6=0.36m^2>0.3m^2$，所以扣除柱子所占面积。

1. 招标人计算：现浇水泥砂浆地面清单工程量 $S=(10-0.24)\times(4.5-0.24)\times2+(10\times2-0.24)\times(1.5-0.24)-0.36=107.69m^2$

2. 投标人计算：楼地面定额计价工程量 $=107.69m^2$

60mm 厚 C15 垫层工程量 $V=S\times H=107.69\times0.06=6.46m^3$

进行报价：参考某省装饰工程消耗量定额及统一基价表，详见表 3-2-10 至表 3-2-12。

分部分项工程和单价措施项目清单与计价表　　表 3-2-10

工程名称：某工程

序号	项目编码	项目名称	项目特征描述	计量单位	工程量	金额(元)		
						综合单价	合价	其中 暂估价
1	011101001001	水泥砂浆地面	1∶2.5 水泥砂浆面层 20mm 厚 C15 混凝土垫层 60mm 厚	m^2	107.69	37.59	4048.07	—
本页小计							4048.07	—
合计							4048.07	—

楼地面面层消耗量定额及统一基价表（定额摘录）　　表 3-2-11

工作内容：清理基层、调运砂浆、抹面层。　　单位：$100m^2$

定额基价				11-6	11-7	11-8
项目				水泥砂浆楼地面		
				混凝土或硬基层	填充材料上	每增减 1mm
				厚 20mm		
基价(元)				1800.34	2205.46	66.35
其中	人工费(元)			912.67	1098.82	22.56
	材料费(元)			823.47	1026.39	40.58
	机械费(元)			64.20	80.25	3.21
名称		单位	单价(元)	数量		
人工	综合工日	工日	96.00	9.507	11.446	0.235
材料	干混地面砂浆 M20	m^3	397.89	2.040	2.550	0.102
	水	m^3	3.27	3.600	3.600	—
机械	干混砂浆罐式搅拌机	台班	188.83	0.340	0.425	0.017

现浇混凝土垫层消耗量定额及统一基价表（定额摘录）　　表 3-2-12

工作内容：混凝土搅拌、捣固、养护。　　单位：$10m^3$

定额编号				5—1
项目				混凝土垫层
基价(元)				3006.03
其中	人工费(元)			314.67
	材料费(元)			2691.36
	机械费(元)			—
名称		单位	单价(元)	消耗量
人工	综合工日	工日	85.00	3.702
材料	预拌混凝土 C15/40/32.5	m^3	264.00	10.100
	预拌浇混凝土 C20/40/32.5	m^3	277.00	—
	塑料薄膜	m^2	0.21	47.775
	水	m^3	3.27	3.950
	电	kW·h	0.87	2.310

1）5-1：混凝土垫层人材机费用＝6.46×3006.03÷10＝1947.91 元

其中人工费＝6.46×314.67÷10＝203.91 元

一般计税法企业管理需包括企业管理费和附加税，参考某省建筑安装工程费用定额规定，（详见知识领域二、单元十一，表 2-11-3）

企业管理费＝人工费费用×管理费率＝203.91×（10.05%＋0.83%）＝22.19 元

利润＝人材机费用×利润率＝203.91×7.41%＝15.11 元

混凝土垫层费用合计：人材机费用＋管理费＋利润＝1947.91＋22.19＋15.11＝1985.21 元

2）11-7：水泥砂浆面层 20mm 厚 1∶2.5 水泥砂浆 202.78 元/m^3，人材机费用：108.05×［2205.46＋2.550×（202.78－397.89）］÷100＝1845.42 元

（其中人工费＝108.05×1098.82÷100＝1187.28 元）

参考某省费用定额，暂不考虑风险费用，得知：

企业管理费＝人工费×费率＝1187.28×（10.05%＋0.83%）＝129.18 元

利润＝人工费×费率＝1187.28×7.41%＝87.98 元

水泥砂浆面层费用合计：人材机费用＋管理费＋利润＝1845.42＋129.18＋87.98＝2062.58 元

所以，费用总计＝1985.21＋2062.58＝4047.79 元

所以水泥砂浆楼地面清单综合单价＝（人材机费用＋管理费＋利润）÷清单工程量＝4047.79÷107.69＝37.59 元/m^2

三、复习思考题

（一）单选题

1. 现浇水磨石楼地面工作内容：基层清理；抹找平层；（　　）；嵌缝条安装；磨光、酸洗打蜡；材料运输。

A. 垫层铺设　　B. 结合层铺设

C. 面层铺设　　D. 防潮层铺设

2. 现浇水磨石楼地面（　　）包括：找平层厚度、砂浆配合比；面层厚度、水泥石子砂浆配合比；嵌条材料种类、规格；石子种类、规格、颜色；颜料种类、颜色图案要求；磨光、酸洗、打蜡要求。

A. 项目名称　　B. 项目特征

C. 项目种类　　D. 项目要求

3. 防静电活动地板的项目特征包括：（　　）、材料种类；面层材料品种、规格、颜色；防护材料种类。

A. 支架宽度　　B. 支架长度

C. 支架高度　　D. 支架种类

4. 风险费用：隐含于已标价工程量清单综合单价中，用于化解发承包双方在工程合同中约定内容和范围内的（　　）波动风险的费用。

A. 市场价格　　B. 材料价格

C. 设备价格　　D. 人工价格

5.（　　）中应包括招标文件中划分的应由投标人承担的风险范围及其费用，招标文件中没有明确的，应提请招标人明确。

A. 定额单价　　B. 综合单价

C. 机械单价　　D. 材料单价

6. 木板楼梯面层的项目特征包括：基层材料种类、规格；（　　）材料品种、规格、颜色；粘结材料种类；防护材料种类。

A. 垫层　　B. 找平层　　C. 防潮层　　D. 面层

7. 装饰满堂脚手架，按实际搭设的水平投影面积计算，不扣除（　　）所占的面积。

A. 附墙柱、柱　　B. 预制柱　　C. 现浇柱　　D. 构造柱

8. 某建筑物层高为 3.9m，首层有一大厅，层高 10m，其大厅建筑面积按（　　）计算。

A. 2 层　　B. 1.5 层　　C. 3 层　　D. 1 层

9. 建设项目中的水磨石楼地面属于（　　）。

A. 单位工程　　B. 单项工程

C. 分项工程　　　　　　　　　　D. 分部工程

10. 陶瓷锦砖地面面层工程量应按（　　）以“m^2”计算。

A. 墙外围面积　　　　　　　　　B. 墙净面积×系数

C. 实铺面积　　　　　　　　　　D. 主墙间净面积

（二）判断题

1. 项目编码前九位为国家统一编码，后三位为清单编制人根据相关规定自行编定。（　　）

2. 项目特征及描述：构成分部分项工程项目、措施项目自身价值的本质特征。（　　）

3. 综合单价：完成一个规定清单项目所需的人工费、材料和工程设备费、施工机械使用费和企业管理费、税金以及一定的范围内的风险费用。（　　）

4. 分部分项工程和措施项目中的单价项目，应依据投标文件及其投标工程量清单项目中的特征描述确定综合单价计算。（　　）

5. 综合单价的确定方法包括直接套用定额组价和复合组价。（　　）

6. 水泥砂浆台阶面的项目特征包括：找平层厚度、砂浆配合比；面层厚度、砂浆强度；防滑条材料种类。（　　）

7. 橡塑面层的项目特征包括：材料种类；面层材料品种、规格、颜色；压线条种类。（　　）

8. 石材、块料踢脚线的项目特征包括：踢脚线宽度；粘贴层厚度、材料种类；面层材料品种、规格、颜色。（　　）

9. 平面砂浆找平层工作内容：基层清理；抹找平层；材料运输。（　　）

10. 平面砂浆找平层项目特征包括：找平层厚度、砂浆种类。（　　）

（三）填空题

1. 楼地面装饰工程主要包括：整体面层及（　　　　）、（　　　　）、（　　　　）、其他材料面层、踢脚线、（　　　　）、（　　　　）和零星装饰项目。

2. 竹、木（复合）地板按设计图示尺寸以面积计算，（　　　　）、（　　　　）、（　　　　）、壁龛的开口部分并入相应的工程量内计算。

3. 工程量清单：载明建设工程（　　　　）、（　　　　）、（　　　　）的名称和相应数量以及（　　　　）、（　　　　）等内容的明细清单。

4. 项目编码：分部分项工程和措施项目清单名称的（　　　　）位阿拉伯数字标识。

（四）计算题（技能题）

某办公室一层平面布置图如图3-2-2所示，已知内外墙厚度为240mm，轴线尺寸为墙体中心线。地面装饰的做法，干混地面砂浆M20找平层，面层用500mm×500mm的釉面砖铺贴。本题单位均为 mm。

求：1）写出釉面砖地面面层清单项目编码。

2）计算釉面砖地面面层清单工程量。

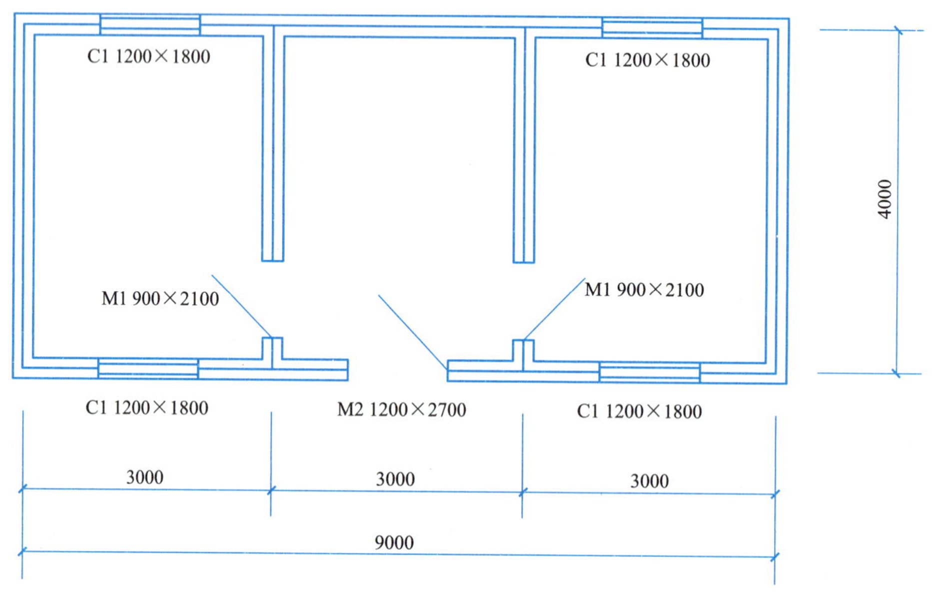

图 3-2-2　某办公室一层平面布置图

（五）单元训练

1. 知识点训练

（1）装饰工程块料面层清单工程量如何计算？

（2）楼地面整体面层综合单价如何确定？

（3）现浇楼梯装饰块料面层清单工程量如何计算？

（4）台阶装饰面层清单工程量如何计算？

2. 技能点训练

请按某省装饰工程消耗量定额及统一基价表完成本书附图住宅工程施工图的地面清单工程量。（一层地面做法：80mm 厚 C10/40/32.5 的混凝土垫层；1∶3，15mm 厚干混地面砂浆 M20 找平层；600mm×600mm 彩釉地砖面层、用 20mm 厚干混地面砂浆 M20 结合层）；作为招标人，编制分部分项工程和单价措施项目清单与计价表。

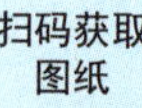

扫码获取定额及统一基价表

单元三 Chapter 03

墙柱面装饰工程工程量清单编制及清单计价

知识点

墙柱面装饰工程工程量清单项目设置及计算规则。

技能点

1. 能正确编制墙柱面装饰工程工程量清单；
2. 能正确确定墙柱面装饰工程工程量清单项目的综合单价。

能力目标

能结合实际建筑装饰工程施工图纸，进行墙柱面建筑装饰工程清单计量与计价。

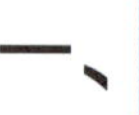

一、墙柱面装饰工程工程量清单项目设置及计算规则

《房屋建筑与装饰工程工程量计算规范》GB 50854—2013 将墙柱面装饰与隔断、幕墙工程划分为 10 节 35 个清单子项目，具体如表 3-3-1 至表 3-3-10 所示：

1. 墙面抹灰（编码 011201）

规范摘录　　表 3-3-1

项目编码	项目名称	项目特征	计量单位	工程量计算规则	工作内容
011201001	墙面一般抹灰	1. 墙体类型； 2. 底层厚度、砂浆配合比； 3. 面层厚度、砂浆配合比； 4. 装饰面材料种类； 5. 分格缝宽度、材料种类	m^2	按设计图示尺寸以面积计算。扣除墙裙、门窗洞口及单个>0.3m^2的孔洞面积，不扣除踢脚线、挂镜线和墙与构件交接处的面积，门窗洞口和孔洞的侧壁及顶面不增加面积。附墙柱、梁、垛、烟囱侧壁并入相应的墙面面积内	1. 基层清理； 2. 砂浆制作、运输； 3. 底层抹灰； 4. 抹面层； 5. 抹装饰面； 6. 勾分格缝
011201002	墙面装饰抹灰				
011201003	墙面勾缝	1. 勾缝类型； 2. 勾缝材料种类			1. 基层清理； 2. 砂浆制作、运输； 3. 勾缝
011201004	立面砂浆找平层	1. 墙体类型种类； 2. 找平的砂浆厚度、配合比			1. 基层清理； 2. 砂浆制作、运输； 3. 抹灰找平

注：① 外墙抹灰面积按外墙垂直投影面积计算。
② 外墙裙抹灰面积按其长度乘以高度计算。
③ 内墙抹灰面积按主墙间的净长乘以高度计算；无墙裙的，高度按室内楼地面至天棚底面计算；有墙裙的，高度按墙裙顶至天棚底面计算；有吊顶天棚抹灰，高度算至天棚底。
④ 内墙裙抹灰面按内墙净长乘以高度计算。
⑤ 墙面抹石灰砂浆、水泥砂浆、混合砂浆、聚合物水泥砂浆、麻刀石灰浆、石膏灰浆等按本表中墙面一般抹灰列项；墙面水刷石、斩假石、干粘石、假面砖等按本表中墙面装饰抹灰列项。
⑥ 飘窗凸出外墙面增加的抹灰并入外墙工程量内。
⑦ 有吊顶天棚的内墙面抹灰，抹至吊顶以上部分在综合单价中考虑。
⑧ 立面砂浆找平项目适用于仅做找平层的立面抹灰。

2. 柱（梁）面抹灰（编码：011202）

规范摘录　　表 3-3-2

项目编码	项目名称	项目特征	计量单位	工程量计算规则	工作内容
011202001	柱、梁面一般抹灰	1. 柱体类型； 2. 底层厚度，砂浆配合比； 3. 面层厚度、砂浆配合比； 4. 装饰面材料种类； 5. 分格缝宽度、材料种类	m^2	1. 柱面抹灰：按设计图示柱断面周长乘高度以面积计算； 2. 梁面抹灰：按设计图示梁断面周长乘长度以面积计算	1. 基层清理； 2. 砂浆制作，运输； 3. 底层抹灰； 4. 抹面层； 5. 勾分格缝
011202002	柱、梁面装饰抹灰				

续表

项目编码	项目名称	项目特征	计量单位	工程量计算规则	工作内容
011202003	柱、梁面砂浆找平	1. 柱体类型； 2. 找平的砂浆厚度、配合比	m^2		1. 基层清理； 2. 砂浆制作、运输； 3. 抹灰找平
011202004	柱、梁面勾缝	1. 勾缝类型； 2. 勾缝材料种类		按设计图示柱断面周长乘高度以面积计	1. 基层清理； 2. 砂浆制作、运输； 3. 勾缝

注：① 砂浆找平项目适用于仅做找平层的柱（梁）面抹灰。

② 抹石灰砂浆、水泥砂浆、混合砂浆、聚合物水泥砂浆、麻刀石灰浆、石膏灰浆等按柱（梁）面一般抹灰编码列项；柱（梁）面水刷石、斩假石、干粘石、假面砖等按柱（梁）面装饰抹灰项目编码列项。

3. 零星抹灰（编码：011203）

规范摘录　　表 3-3-3

项目编码	项目名称	项目特征	计量单位	工程量计算规则	工作内容
011203001	零星项目一般抹灰	1. 墙体类型； 2. 底层厚度、砂浆配合比； 3. 面层厚度、砂浆配合比； 4. 装饰面材料种类； 5. 分格缝宽度、材料种类	m^2	按设计图示尺寸以面积计算	1. 基层清理； 2. 砂浆制作、运输； 3. 底层抹灰； 4. 抹面层； 5. 抹装饰面； 6. 勾分格缝
011203002	零星项目装饰抹灰				
011203003	零星项目砂浆找平	1. 勾缝类型； 2. 勾缝材料种类			1. 基层清理； 2. 砂浆制作、运输； 3. 抹灰找平

注：① 零星项目抹石灰砂浆、水泥砂浆、混合砂浆、聚合物水泥砂浆、麻刀石灰浆、石膏灰浆等按零星项目一般抹灰编码列项，水刷石、斩假石、干粘石、假面砖等按零星项目装饰抹灰编码列项。

② 墙、柱（梁）面≤0.5m^2 的少量分散的抹灰按本表中零星抹灰项目编码列项。

4. 墙面块料面层（编码：011204）

规范摘录　　表 3-3-4

项目编码	项目名称	项目特征	计量单位	工程量计算规则	工作内容
011204001	石材墙面	1. 墙体类型； 2. 安装方式； 3. 面层材料品种、规格、颜色； 4. 缝宽、嵌缝材料种类； 5. 防护材料种类； 6. 磨光、酸洗、打蜡要求	m^2	按镶贴表面积计算	1. 基层清理； 2. 砂浆制作、运输； 3. 粘结层铺贴； 4. 面层安装； 5. 勾缝； 6. 刷防护材料； 7. 磨光、酸洗、打蜡
011204002	拼碎石材墙面				
011204003	块料墙面				
011204004	干挂石材钢骨架	1. 骨架种类、规格； 2. 防锈漆品种及刷图遍数	t	按设计图示以质量计算	1. 骨架制作、运输、安装； 2. 刷漆

注：① 在描述碎块项目的面层材料特征时可不用描述规格、品牌、颜色。

② 石材、块料与粘接材料的结合面刷防渗材料的种类在防护层材料种类中描述。

③ 安装方式可描述为砂浆或粘接剂粘贴、挂贴、干挂等，不论哪种安装方式，都要详细描述与组价相关的内容。

5. 柱（梁）面镶贴块料（编码：011205）

规范摘录　　表 3-3-5

<table>
<tr><th>项目编码</th><th>项目名称</th><th>项目特征</th><th>计量单位</th><th>工程量计算规则</th><th>工作内容</th></tr>
<tr><td>011205001</td><td>石材柱面</td><td rowspan="3">1. 柱截面类型、尺寸；
2. 安装方式；
3. 面层材料品种、规格、颜色；
4. 缝宽、嵌缝材料种类；
5. 防护材料种类；
6. 磨光、酸洗、打蜡要求</td><td rowspan="5">m^2</td><td rowspan="5">按镶贴表面积计算</td><td rowspan="5">1. 基层清理；
2. 砂浆制作、运输；
3. 粘结层铺贴；
4. 面层安装；
5. 嵌缝；
6. 刷防护材料；
7. 磨光、酸洗、打蜡</td></tr>
<tr><td>011205002</td><td>块料柱面</td></tr>
<tr><td>011205003</td><td>拼碎块柱面</td></tr>
<tr><td>011205004</td><td>石材梁面</td><td rowspan="2">1. 安装方式；
2. 面层材料品种、规格、颜色；
3. 缝宽、嵌缝材料种类；
4. 防护材料种类；
5. 磨光、酸洗、打蜡要求</td></tr>
<tr><td>011205005</td><td>块料梁面</td></tr>
</table>

注：① 在描述碎块项目的面层材料特征时可不用描述规格、品牌、颜色。
② 石材、块料与粘接材料的结合面刷防渗材料的种类在防护层材料种类中描述。
③ 柱梁面干挂石材的钢骨架按墙面块料面层（编码：011204）相应项目编码列项。

6. 镶贴零星块料（编码：011206）

规范摘录　　表 3-3-6

<table>
<tr><th>项目编码</th><th>项目名称</th><th>项目特征</th><th>计量单位</th><th>工程量计算规则</th><th>工作内容</th></tr>
<tr><td>011206001</td><td>石材零星项目</td><td rowspan="3">1. 安装方式；
2. 面层材料品种、规格、颜色；
3. 缝宽、嵌缝材料种类；
4. 防护材料种类；
5. 磨光、酸洗、打蜡要求</td><td rowspan="3">m^2</td><td rowspan="3">按镶贴表面积计算</td><td rowspan="3">1. 基层清理；
2. 砂浆制作、运输；
3. 面层安装；
4. 嵌缝；
5. 刷防护材料；
6. 磨光、酸洗、打蜡</td></tr>
<tr><td>011206002</td><td>块料零星项目</td></tr>
<tr><td>011206003</td><td>拼碎块零星项目</td></tr>
</table>

注：① 在描述碎块项目的面层材料特征时可不用描述规格、品牌、颜色。
② 石材、块料与粘接材料的结合面刷防渗材料的种类在防护层材料种类中描述。
③ 零星项目干挂石材的钢骨架按表 3-3-4 相应项目编码列项。
④ 墙柱面≤$0.5m^2$ 的少量分散的镶贴块料面层应按零星项目执行。

7. 墙饰面（编码：011207）

规范摘录　　表 3-3-7

<table>
<tr><th>项目编码</th><th>项目名称</th><th>项目特征</th><th>计量单位</th><th>工程量计算规则</th><th>工作内容</th></tr>
<tr><td>011207001</td><td>墙面装饰板</td><td>1. 龙骨材料种类、规格、中距；
2. 隔离层材料种类、规格；
3. 基层材料种类、规格；
4. 面层材料品种、规格、颜色；
5. 压条材料种类、规格</td><td rowspan="2">m^2</td><td>按设计图示墙净长乘净高以面积计算。扣除门窗洞口及单个>$0.3m^2$ 的孔洞所占面积</td><td>1. 基层清理；
2. 龙骨制作、运输、安装；
3. 钉隔离层；
4. 基层铺钉；
5. 面层铺贴</td></tr>
<tr><td>011207002</td><td>墙面装饰浮雕</td><td>1. 基层类型；
2. 浮雕材料种类；
3. 浮雕样式</td><td>按设计图示尺寸以面积计算</td><td>1. 基层清理；
2. 材料制作、运输；
3. 安装成型</td></tr>
</table>

8. 柱（梁）饰面（编码：011208）

规范摘录　　表 3-3-8

项目编码	项目名称	项目特征	计量单位	工程量计算规则	工作内容
011208001	柱（梁）面装饰	1. 龙骨材料种类、规格、中距； 2. 隔离层材料种类、规格； 3. 基层材料种类、规格； 4. 面层材料品种、规格、颜色； 5. 压条材料种类、规格	m^2	按设计图示饰面外围尺寸以面积计算。柱帽、柱墩并入相应柱饰面工程量内	1. 基层清理； 2. 龙骨制作、运输、安装； 3. 钉隔离层； 4. 基层铺钉； 5. 面层铺贴
011208002	成品装饰柱	1. 柱截面、高度尺寸； 2. 柱材质	1. 根； 2. m	1. 以根计量，按设计数量计算； 2. 以米计量，按设计长度计算	柱运输、固定、安装

9. 幕墙工程（编码：011209）

规范摘录　　表 3-3-9

项目编码	项目名称	项目特征	计量单位	工程量计算规则	工作内容
011209001	带骨架幕墙	1. 骨架材料种类、规格、中距； 2. 面层材料品种、规格、颜色； 3. 面层固定方式； 4. 隔离带、边框封闭材料品种、规格； 5. 嵌缝、塞口材料种类	m^2	按设计图示框外围尺寸以面积计算。与幕墙同种材质的窗所占面积不扣除	1. 骨架制作、运输、安装； 2. 面层安装； 3. 隔离带、框边封闭； 4. 嵌缝、塞口； 5. 清洗
011209002	全玻（无框玻璃）幕墙	1. 玻璃品种、规格、颜色； 2. 粘结塞口材料种类； 3. 固定方式		按设计图示尺寸以面积计算。带肋全玻幕墙按展开面积计算	1. 幕墙安装； 2. 嵌缝、塞口； 3. 清洗

10. 隔断（编码：011210）

规范摘录　　表 3-3-10

项目编码	项目名称	项目特征	计量单位	工程量计算规则	工作内容
011210001	木隔断	1. 骨架、边框材料种类、规格； 2. 隔板材料品种、规格、颜色； 3. 嵌缝、塞口材料品种； 4. 压条材料种类	m^2	按设计图示框外围尺寸以面积计算。不扣除单个 $\leqslant 0.3m^2$ 的孔洞所占面积；浴厕门的材质与隔断相同时，门的面积并入隔断面积内	1. 骨架及边框制作、运输、安装； 2. 隔板制作、运输、安装； 3. 嵌缝、塞口； 4. 装订压条
011210002	金属隔断	1. 骨架、边框材料种类、规格； 2. 隔板材料品种、规格、颜色； 3. 嵌缝、塞口材料品种			1. 骨架及边框制作、运输、安装； 2. 隔板制作、运输、安装； 3. 嵌缝、塞口

续表

项目编码	项目名称	项目特征	计量单位	工程量计算规则	工作内容
011210003	玻璃隔断	1. 边框材料种类、规格； 2. 玻璃品种、规格、颜色； 3. 嵌缝、塞口材料品种	m^2	按设计图示框外围尺寸以面积计算。不扣除单个≤$0.3m^2$ 的孔洞所占面积	1. 边框制作、运输、安装； 2. 玻璃制作、运输、安装； 3. 嵌缝、塞口
011210004	塑料隔断	1. 边框材料种类、规格； 2. 玻璃品种、规格、颜色； 3. 嵌缝、塞口材料品种			1. 骨架及边框制作、运输、安装； 2. 隔板制作、运输、安装； 3. 嵌缝、塞口
011210005	成品隔断	1. 隔断材料品种、规格、颜色； 2. 配件品种、规格	1. m^2； 2. 间	1. 按设计图示框外围尺寸以面积计算。 2. 按设计间的数量以间计算	1. 隔断运输、安装； 2. 嵌缝、塞口
011210006	其他隔断	1. 骨架、边框材料种类、规格； 2. 隔板材料品种、规格、颜色； 3. 嵌缝、塞口材料品种	m^2	按设计图示框外围尺寸以面积计算。不扣除单个≤$0.3m^2$ 的孔洞所占面积	1. 骨架及边框制作、运输、安装； 2. 隔板安装； 3. 嵌缝、塞口

二、案例分析

【例】

某工程平面如图 2-3-10 所示，根据国家建筑标准设计图集（11J930—外墙 7）外墙面构造做法：

1. 贴 8～10mm 厚外墙面砖，在砖粘贴面上随贴随涂刷一层混凝土界面剂；增强粘结力；

2. 6mm 厚干混抹灰砂浆 M10（掺建筑胶）；

3. 12mm 厚干混抹灰砂浆 M10 打底扫毛或划出纹道。

该工程檐口标高为 4.2m，室外地坪标高为 −0.3m，为砖墙砌筑，面砖规格为 240mm × 60mm，灰缝 5mm，窗台高 900mm，其中 M1：900mm × 2400mm，M2：900mm×2400mm，C1：1800mm×1800mm，墙厚 240mm，轴线尺寸为墙中心线，门窗均安装于墙中。

1. 作为招标人，根据国家《房屋建筑与装饰工程工程量计算规范》GB 50584—2013，试计算该工程外墙面装饰清单工程量，并编列出项目工程量清单。

2. 作为投标人，根据国家《建设工程工程量清单计价规范》GB 50500—2013 和某省装饰工程消耗量定额及统一基价表、取费定额（企业管理费 10.05%、附加税 0.83%、利润 7.41%），采用一般计税法计算外墙面砖装饰清单的综合单价及投标报价。

【解】

1. 招标人计算：

分析：根据 2013 版国家清单规范工程量计算规则，块料墙面 9 位清单编码为 011204003，计算规则为按镶贴表面积计算（表 3-3-11）。

外墙面砖装饰清单工程量：$S=[(4.5+4.5+0.24)+(6+0.24)]\times2\times(4.5+0.3)+1.8\times4\times0.24\times2+(0.9+2.4\times2)\times0.24=153.44\text{m}^2$

分部分项工程量清单　　表 3-3-11

工程名称：某工程

序号	项目编码	项目名称	项目特征描述	计量单位	工程量
1	011204003001	外墙面砖	1. 贴 8～10mm 厚外墙面砖，在砖粘贴面上随贴随涂刷一层混凝土界面剂；增强粘结； 2. 6mm 厚干混抹灰砂浆 M10(掺建筑胶)； 3. 12mm 厚干混抹灰砂浆 M10 打底扫毛或划出纹道	m^2	153.44

2. 投标人计算：

分析：根据项目特征描述，参考某省装饰工程消耗量定额及统一基价表中工程量计算规则计算及说明：墙面贴块料面层工程量按实贴表面积计算；外墙抹灰面积，按外墙面的垂直投影面积以"m^2"计算。应扣除门窗洞口、外墙裙和大于 $0.3m^2$ 孔洞所占面积，洞口侧壁面积不另增加（表 3-3-12、表 3-3-13）。

外墙面砖定额计价工程量$=130.72m^2$

进行报价（参考某省装饰工程消耗量定额及统一基价表）：

分部分项工程和单价措施项目清单与计价表　　表 3-3-12

工程名称：某工程

序号	项目编码	项目名称	项目特征描述	计量单位	工程量	金额(元)		
						综合单价	合价	其中 暂估价
1	011204003001	外墙面砖	1. 1∶1 水泥(或白水泥掺色)砂浆(细砂)勾缝； 2. 贴 8mm～10mm 厚外墙面砖，在砖粘贴面上随贴随涂刷一层混凝土界面剂，增强粘结力； 3. 6mm 厚 1∶2.5 水泥砂浆(掺建筑胶)； 4. 12mm 厚 1∶3 水泥砂浆打底扫毛或划出纹道	m^2	130.72	130.72	13505.99	—
本页小计							13505.99	—
合计							13505.99	—

墙面块料面层（定额摘录） 表 3-3-13

工作内容：1. 基层清理、修补、调运砂浆、砂浆打底、铺贴结合层（刷粘结剂）。2. 选料、贴面砖、拖缝、清洁表面。

计量单位：$100m^2$

定额编号				12—57	12—58
项目				240mm×60mm 面砖	
				预拌砂浆(干混)粘贴	
				面砖灰缝(mm)	
				5	10(内)
基价(元)				7584.94	7480.93
其中	人工费(元)			3587.42	3586.75
	材料费(元)			3927.65	3823.56
	机械费(元)			69.87	70.62
名称		单位	单价(元)	数量	
人工	综合工日	工日	96.00	37.369	37.362
材料	墙面 240mm×60mm	m^2	30.00	93.112	89.257
	干混抹灰砂浆 M10	m^3	265.35	2.222	2.245
	粉状型建筑胶粘贴	kg	1.71	—	—
	石料切割锯片	片	21.97	0.237	0.237
	棉纱头	kg	3.80	1.050	1.050
	水	m^3	3.27	1.032	1.036
	电	kW·h	0.87	6.960	6.960
机械	干混砂浆罐式搅拌机	台班	188.83	0.370	0.374

12—21：外墙抹灰打底人材机费用＝130.72×1906.55÷100＝2492.24 元

(其中人工费＝130.72×3587.42÷100＝4689.48 元)

12—57：外墙面砖人材机费用＝130.72×7584.94÷100＝9915.03 元

(其中人工费＝130.72×3587.42÷100＝4689.48 元)

参考某省费用定额得知：

企业管理费＝人工费×费率＝（1317.41＋4689.48）×（10.05%＋0.83%）＝653.55 元

利润＝人工费×费率＝（1317.41＋4689.48）×7.41%＝445.11 元

外墙面砖费用合计：人材机费用＋管理费＋利润＝（2492.24＋9915.03）＋653.55＋445.11＝13505.93 元

暂不考虑风险费用

外墙面砖饰面清单综合单价＝（人材机费用＋管理费＋利润）÷清单工程量

＝13505.93÷130.72＝103.32 元/m^2

三、复习思考题

（一）填空题

1. 墙柱面装饰工程墙面一般抹灰、装饰抹灰、勾缝清单工程量按（　　　）计算。
2. 墙柱面装饰工程柱、梁面一般抹灰、装饰抹灰清单工程量按（　　　）计算。
3. 墙柱面装饰工程石材墙面、块料墙面清单工程量按（　　　）计算。

（二）判断题

1. 墙柱面装饰工程零星项目一般抹灰按设计图示尺寸以面积计算。（　　）
2. 墙柱面装饰工程中立面砂浆找平项目适用于仅做找平层的立面抹灰。（　　）
3. 墙面水刷石、斩假石、干粘石、假面砖等按墙面一般抹灰列项。（　　）
4. 墙柱面装饰工程中干挂石材钢骨架清单工程量按设计图示以面积计算。（　　）
5. 墙面装饰板按设计图示墙净长乘净高以面积计算。扣除门窗洞口及单个＞0.3m^2的孔洞所占面积。（　　）
6. 带骨架幕墙清单工程量按设计图示框外围尺寸以面积计算。扣除与幕墙同种材质的窗所占面积。（　　）

（三）单选题

1. 墙柱面装饰工程中块料柱面清单工程量按（　　）计算。

A. 镶贴表面积　B. 结构表面积　C. 断面积　D. 体积

2. 外墙上的飘窗凸出外墙面增加的抹灰并入（　　）抹灰工程量内计算。

A. 零星　B. 外墙

C. 房间　D. 天棚

3. 墙柱面≤（　　）m^2 的少量分散的镶贴块料面层应按零星项目执行。

A. 4　B. 4.5　C. 0.5　D. 5.5

4. 玻璃隔断清单工程量按设计图示框外围尺寸以面积计算。不扣除单个≤（　　）m^2 的孔洞所占面积。

A. 0.3　B. 0.4　C. 0.5　D. 0.6

（四）简答题

1. 墙柱面装饰工程中的一般抹灰是指哪些砂浆？其清单工程量如何计算？

2. 墙面块料面层装饰中，石材墙面清单的项目特征主要描述哪些内容，其综合单价如何确定？

3. 幕墙主要有哪几种类型？其清单工程量如何计算？

（五）单元训练

1. 知识点训练

（1）墙柱面装饰工程中的一般抹灰是指哪些砂浆？其清单工程量如何计算？

（2）墙面块料面层装饰中，石材墙面清单的项目特征主要描述哪些内容，其综合单价如何确定？

（3）幕墙主要有哪几种类型？其清单工程量如何计算？

2. 技能点训练

请完成本书附图住宅施工图墙柱面工程清单工程量；作为招标人，按某省装饰工程消耗量定额及统一基价表编制墙柱面工程分部分项工程和单价措施项目清单与计价表。

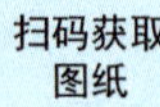

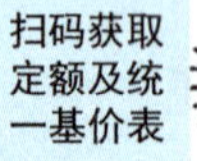

单元四 Chapter 04

天棚装饰工程工程量清单编制及清单计价

知识点

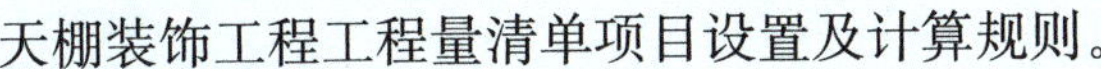

天棚装饰工程工程量清单项目设置及计算规则。

技能点

1. 能正确编制天棚装饰工程工程量清单；
2. 能正确确定天棚装饰工程工程量清单项目的综合单价。

能力目标

能结合实际建筑装饰工程施工图纸，进行天棚建筑装饰工程清单计量与计价。

一、天棚装饰工程工程量清单项目设置及计算规则

《房屋建筑与装饰工程工程量计算规范》GB 50854—2013 将天棚装饰工程划分为 4 节 10 个清单项目，具体内容如表 3-4-1 至表 3-4-4 所示。

1. 天棚抹灰（011301）

规范摘录　　表 3-4-1

项目编码	项目名称	项目特征	计量单位	工程量计算规则	工作内容
011301001	天棚抹灰	1. 基层类型； 2. 抹灰厚度、材料种类； 3. 砂浆配合比	m^2	按设计图示尺寸以水平投影面积计算。不扣除间壁墙、垛、柱、附墙烟囱、检查口和管道所占面积。 带梁天棚、梁两侧的抹灰面积并入天棚面积内。 板式楼梯底面抹灰按斜面积计算；锯齿形楼梯底板抹灰按展开面积计算	1. 基层清理； 2. 底层抹灰； 3. 抹面层

2. 天棚吊顶（011302）

规范摘录　　表 3-4-2

项目编码	项目名称	项目特征	计量单位	工程量计算规则	工作内容
011302001	天棚吊顶	1. 吊顶形式、吊杆规格、高度； 2. 龙骨材料种类、规格、中距； 3. 基层材料种类、规格； 4. 面层材料品种、规格； 5. 压条材料种类、规格； 6. 嵌缝材料种类； 7. 防护材料种类	m^2	按设计图示尺寸以水平投影面积计算。天棚中的灯槽、跌级、锯齿形、吊挂式、藻井式天棚面积不展开计算，不扣除间壁墙、检查洞、附墙烟囱、柱垛和管道所占面积，扣除单个面积大于 0.3m 的孔洞、独立柱及与天棚相连的窗帘盒所占的面积	1. 基层清理，吊杆安装； 2. 龙骨安装； 3. 基层板铺贴； 4. 面层铺贴； 5. 嵌缝； 6. 刷防护材料
011302002	格栅吊顶	1. 龙骨材料种类、规格、中距； 2. 基层材料种类、规格； 3. 面层材料品种、规格； 4. 防护材料种类		按设计图示尺寸以水平投影面积计算	1. 基层清理； 2. 安装龙骨； 3. 基层板铺贴； 4. 面层铺贴； 5. 刷防护材料
011302003	吊筒吊顶	1. 吊筒形状、规格； 2. 吊筒材料种类； 3. 防护材料种类			1. 基层清理； 2. 吊筒安装； 3. 刷防护材料
011302004	藤条造型悬挂吊顶	1. 骨架材料种类、规格； 2. 面层材料品种、规格			1. 基层清理； 2. 龙骨安装； 3. 铺贴面层

续表

项目编码	项目名称	项目特征	计量单位	工程量计算规则	工作内容
011302005	织物软雕吊顶	1. 骨架材料种类、规格； 2. 面层材料品种、规格	m^2	按设计图示尺寸以水平投影面积计算	1. 基层清理； 2. 龙骨安装； 3. 铺贴面层
011302006	装饰网架吊顶	网架材料品种、规格			1. 基层清理； 2. 网架制作安装

3. 采光天棚（011303）

规范摘录　　表 3-4-3

项目编码	项目名称	项目特征	计量单位	工程量计算规则	工作内容
011303001	采光天棚	1. 骨架类型； 2. 固定类型、固定材料品种、规格； 3. 面层材料品种、规格； 4. 嵌缝、塞口材料种类	m^2	按框外围展开面积计算	1. 基层清理； 2. 面层制作安装； 3. 嵌缝、塞口； 4. 清洗

注：采光天棚骨架不包括在本节中，应单独按金属结构工程中相应项目编码列项。

4. 天棚其他装饰（011304）

规范摘录　　表 3-4-4

项目编码	项目名称	项目特征	计量单位	工程量计算规则	工作内容
011304001	灯带	1. 灯带类型、尺寸； 2. 格栅片材料品种、规格； 3. 安装固定方式	m^2	按设计图示尺寸以框外围面积计算	安装、固定
011304002	送风口、回风口	1. 风口材料品种、规格； 2. 安装固定方式； 3. 防护材料种类	个	按设计图示数量计算	1. 安装、固定； 2. 刷防护材料

二、案例分析

【例】 如图 2-4-25 和 2-4-26 所示，某工程用 $\phi8$ 钢筋作吊筋，不上人型装配式 U 形轻钢龙骨，纸面石膏板天棚面层，最低天棚面层到吊筋安装点的高度为 0.90m，面层上的龙筋方格为 450mm×450mm，吊筋暂不考虑刷防锈漆，跌级处贴绷带，天棚基层处理，面乳胶漆三遍。问题：根据国家《建设工程工程量清单计价规范》GB 50500—

2013 和某省装饰工程消耗量定额及统一基价表、取费定额（企业管理费 10.05%、附加税 0.83%、利润 7.41%），采用一般计税法，计算并编制天棚工程量清单、工程量清单综合单价。

【解】

1. 计算天棚清单工程量

① 轻钢龙骨、石膏板吊顶（面积）＝（15－0.1×2）×（9－0.1×2）＝130.24m²

② 编制工程量清单表，详见表 3-4-5。

工程量清单　　表 3-4-5

序号	清单项目编号	清单项目名称	计算式	工程量合计	计量单位
1	011302001001	轻钢龙骨、石膏板吊顶	S＝130.24	130.24	m²

③ 根据工程量计算结果，2013 清单及现行消耗量定额编制天棚工程量清单综合单价分析表；天棚工程清单与计价表，详见表 3-4-7。

2. 计算天棚定额工程量

① 龙骨工程量（面积）＝（15－0.1×2）×（9－0.1×2）＝130.24m²

② 面层工程量（面积）＝（15－0.1×2）×（9－0.1×2）＋（12.4＋6.4）×2×0.3＝141.58m²

③ 跌级处贴绷带，天棚基层处理工程量＝（6.4＋12.4）×2＝37.6m。

④ 乳胶漆面层＝（15－0.1×2）×（9－0.1×2）＋（12.4＋6.4）×2×0.3＝141.58m²

3. 报价［参考某省装饰工程消耗量定额及统一基价表（表 3-4-6 至表 3-4-8）］：

1）13－31：天棚龙骨人材机费用＝：130.24×5477.66÷100＝7134.10 元

（其中人工费＝130.24×1438.18÷100＝1873.09 元）

2）13－101：天棚面层人材机费用＝：141.52×1951.92÷100＝2762.36 元

（其中人工费＝141.58×800.74÷100＝1133.21 元）

3）14－20：乳胶漆人材机费用＝：141.58×2125.74÷100＝3008.35 元

（其中人工费＝141.58×984.96÷100＝1393.92 元）

分部分项工程费＝7134.10＋2762.36＋3008.35＝11276.14 元

其中人工费＝1873.09＋1133.21＋1393.92＝4491.3 元

参考某省费用定额得知：

企业管理费＝人工费×费率＝4491.3×（10.05%＋0.83%）＝488.65 元

利润＝人工费×费率 ＝4491.3×7.41%＝332.81 元

轻钢龙骨、石膏板吊顶费用合计：人材机费用＋管理费＋利润＝11276.14＋488.65＋332.81＝12097.6 元

暂不考虑风险费用。

轻钢龙骨、石膏板吊顶清单综合单价＝（人材机费用＋管理费＋利润）÷清单工程量＝12097.6÷130.24＝92.89 元/m²

分部分项工程量清单与计价表见表 3-4-9。

天棚龙骨（定额摘录）　　表 3-4-6

工程内容：1. 吊件加工、安装；2. 定位、弹线、射钉；3. 选料、下料、定位杆控制高度、平整、安装龙骨及吊配件、孔洞预留；4. 临时加固、调整、校正；5. 灯箱风口封边、龙骨设置；6. 预留位置、整体调整。 计量单位：$100m^2$

定额编号				13—30	13—31
项目				装配式 U 形轻钢龙骨(不上人)	
				450mm×450mm	
				平面	跌级
基价(元)				3895.63	5477.66
其中	人工费(元)			1233.02	1438.18
	材料费(元)			2341.73	3635.22
	机械费(元)			320.88	374.26
名称		单位	单价(元)	数量	
人工	综合工日	工日	96.00	12.844	14.981
材料	轻钢龙骨不上人型(平面)450mm×450mm	m^2	18.86	105.00	—
	轻钢龙骨不上人型(跌级)450mm×450mm	m^3	29.41	—	105.00
	吊杆	kg	3.85	26.163	36.000
	六角螺栓	kg	7.95	1.890	1.800
	低碳合金焊条 E43 系列	kg	7.03	15.367	17.924
	射钉	10 个	0.50	15.300	15.500
	角钢(综合)	kg	3.25	40.000	40.000
	杉木板	m^3	1380.08	—	0.070
	铁件(综合)	kg	4.85	—	0.700
	方钢管 25mm×25mm×2.5mm	m	8.56	—	6.120
	扁钢(综合)	kg	3.14	—	1.540
	钢板(综合)	kg	3.48	—	0.470
机械	交流弧焊机 32kV·A	台班	101.48	3.162	3.688

天棚面层（定额摘录）　　表 3-4-7

工程内容：安装天棚面层。　　计量单位：$100m^2$

定额编号		13—101	13—102
项目		石膏板	
		安在 U 形轻钢龙骨上	安在 T 形铝合金龙骨上
基价(元)		1951.92	1720.96
其中	人工费(元)	800.74	640.51
	材料费(元)	1151.18	1080.45
	机械费(元)	—	—

续表

名称		单位	单价(元)	数量	
人工	综合工日	工日	96.00	8.341	6.672
材料	纸面石膏板	m^2	10.29	105.00	105.00
	自攻螺钉	100个	2.01	35.187	—

天棚乳胶漆（定额摘录） 表 3-4-8

工程内容：1. 室内外：清扫、满刮腻子二遍、打磨、刷底漆一遍、乳胶漆二遍；2. 每增加一遍：刷乳胶漆一遍等。

计量单位：$100m^2$

定额编号				14—199	14—200
项目				乳胶漆	
				室内	
				墙面	天棚面
基价(元)				1928.75	2125.74
其中	人工费(元)			787.97	984.96
	材料费(元)			1140.78	1140.78
	机械费(元)			—	—
名称		单位	单价(元)	数量	
人工	综合工日	工日	96.00	8.208	10.260
材料	苯丙清漆	kg	55.729	11.620	11.620
	丙苯乳胶漆 内墙用	kg	10.71	27.810	27.810
	成品腻子粉	kg	0.86	204.120	204.120
	油漆溶剂油	kg	3.86	1.291	1.291
	水	m^3	3.27	0.100	0.100
	砂纸	张	0.44	10.100	10.100
	其他材料费	元	1.001	10.18	10.18

分部分项工程量清单与计价表 表 3-4-9

工程名称：天棚工程 第 1 页 共 1 页

序号	项目编码	项目名称	项目特征	计量单位	工程量	金额		
						综合单价	合价	其中暂估价
1	011302001001	吊顶天棚工程	1. 轻钢龙骨跌级吊顶，间距450mm×450mm 2. 石膏板天棚面层(跌级) 3. 跌级处贴绷带，天棚基层处理 4. 天棚面乳胶漆三遍	m^2	130.24	92.89	12097.99	—

三、复习思考题

（一）填空题

1. 天棚装饰工程工程量项目主要包括：（　　　　）、（　　　　）、（　　　　）、（　　　　）。

2. 天棚吊顶的项目编码是（　　　　）。格栅吊顶的项目编码是（　　　　）。

3. 天棚抹灰清单工程量按设计图示尺寸以（　　　　）面积计算。（　　　　）扣除间壁墙、垛、柱、附墙烟囱、检查口和管道所占面积。带梁天棚、梁两侧的抹灰面积（　　　　）天棚面积内。

4. 天棚吊顶清单工程量按设计图示尺寸以水平投影面积计算。天棚面中的灯槽、跌级、锯齿形、吊挂式、藻井式天棚面积按（　　　　）展开计算，（　　　　）扣除间壁墙、检查洞、附墙烟囱、柱垛和管道所占面积，（　　　　）单个面积大于 0.3m 的孔洞、独立柱及与天棚相连的窗帘盒所占的面积。

5. 采光天棚清单工程量按（　　　　）展开面积计算。

6. 装饰网架吊顶清单工程量按（　　　　）以水平投影面积计算。

7. 吊筒吊顶的项目特征是（　　　　）、（　　　　）、（　　　　）。

8. 藤条造型悬挂吊顶的项目特征是（　　　　）、（　　　　）。

9. 织物软雕吊顶的工程内容是（　　　　）、（　　　　）、（　　　　）。

10. 送风口、回风口的清单计量单位是（　　　　）。

（二）判断题

1. 天棚抹灰的项目特征是 a 基层类型；b 抹灰厚度、材料种类；c 砂浆配合比。（　　）

2. 灯带的项目编码是 011304002。（　　）

3. 吊筒吊顶的清单工程量按设计图示尺寸以水平投影面积计算。（　　）

4. 采光天棚的清单工程量按设计图示尺寸以水平投影面积计算。（　　）

5. 送风口、回风口的工作内容是刷防护材料。（　　）

（三）简答题

1. 天棚吊顶（011302001）的项目特征是什么？它的工作内容是什么？

2. 格栅吊顶（011302002）有哪些？

（四）单元训练

1. 知识点训练

（1）格栅吊顶、网架吊顶清单工程量如何计算？

（2）装饰工程天棚面层综合单价如何确定？

（3）现浇楼梯板底抹灰清单工程量如何计算？

（4）雨篷抹灰清单工程量如何计算？

2. 技能点训练

请完成本书附图住宅施工图天棚工程清单工程量；作为招标人，按某省装饰工程消耗量定额及统一基价表编制墙柱面工程分部分项工程和单价措施项目清单与计价表。

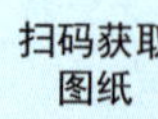

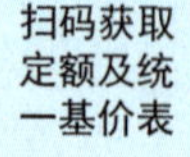

单元五 Chapter 05

门窗工程工程量清单编制及清单计价

知识点

门窗工程工程量清单项目设置及计算规则。

技能点

1. 能正确编制门窗工程工程量清单；
2. 能正确确定门窗工程工程量清单项目的综合单价。

能力目标

能结合实际建筑装饰工程施工图纸，编制门窗工程工程量清单。

一、门窗工程工程量清单项目设置及计算规则

《房屋建筑与装饰工程工程量计算规范》GB 50854—2013 中将门窗工程划分为 10 节 55 个清单项目，具体内容如表 3-5-1 至表 3-5-10 所示：

1. 木门（编码：010801）

规范摘录　　表 3-5-1

项目编码	项目名称	项目特征	计量单位	工程量计算规则	工作内容
010801001	木质门	1. 门代号及洞口尺寸； 2. 镶嵌玻璃品种及厚度	1. 樘； 2. m^2	1. 以樘计量，按设计图示以数量计算。 2. 以 m^2 计量，按设计图示洞口尺寸以面积计算	1. 门安装； 2. 玻璃安装； 3. 五金安装
010801002	木质门带套				
010801003	木质连窗门				
010801004	木质防火门				
010801005	木门框	1. 门代号及洞口尺寸； 2. 框截面尺寸； 3. 防火材料种类			1. 木门框制作、安装； 2. 运输； 3. 刷防护材料
010801006	门锁安装	1. 锁种类； 2. 锁规格	个(樘)	按设计图示以数量计算	安装

注：①木质门应区分镶板木门、企口木板门、实木装饰门、夹板装饰门、木纱门、全玻门（带木质扇框）、木质半玻门（带木质扇框）等项目，并分别编码列项。

② 木门五金应包括折页、插销、门碰珠、弓背拉手、搭机、木螺钉、弹簧折页（自动门）、管子拉手（自由门、地弹门）、地弹簧（地弹门）、角铁、门扎头（弹簧门、自由门）等。

③ 木质门带套计量按洞口尺寸以面积计算，不包括门套的面积。

④ 以樘计量时，项目特征必须描述洞口尺寸；以 m^2 计算时项目特征可不描述洞口尺寸。

⑤ 单独制作安装木门框按木门框项目编码列项。

2. 金属门（编码：010802）

规范摘录　　表 3-5-2

项目编码	项目名称	项目特征	计量单位	工程量计算规则	工作内容
010802001	金属(塑钢)门	1. 门代号和洞口尺寸； 2. 门框或扇外围尺寸； 3. 门框、扇材质； 4. 玻璃品种、厚度	1. 樘； 2. m^2	1. 以樘计量，按设计图示以数量计算。 2. 以 m^2 计量，按设计图示洞口尺寸以面积计算	1. 门安装； 2. 玻璃安装； 3. 五金安装
010802002	彩板门	1. 门代号和洞口尺寸； 2. 门框或扇外围尺寸			

续表

项目编码	项目名称	项目特征	计量单位	工程量计算规则	工作内容
010802003	钢质防火门	1. 门代号和洞口尺寸； 2. 门框或扇外围尺寸； 3. 门框、扇材质	1. 樘； 2. m^2	1. 以樘计量，按设计图示以数量计算。 2. 以 m^2 计量，按设计图示洞口尺寸以面积计算	1. 门安装； 2. 五金安装
010802004	防盗门				

注：① 金属门应区分金属平开门、金属推拉门、金属地弹门、全玻门（带金属扇框）、金属半玻门（带扇框）等项目，并分别编码列项。

② 铝合金门五金应包括地弹簧、门锁、拉手、门插、门铰、螺钉等。

③ 其他金属门五金应包括 L 形执手插锁（双舌）、执手锁（单舌）、门轨头、地锁、防盗门机、门眼（猫眼）、门碰珠、电子锁（磁卡锁）、闭门器、装饰拉手等。

④ 以樘计量时，项目特征必须描述洞口尺寸，若没有洞口尺寸必须描述门框或扇外围尺寸。

⑤ 以平方米计算时项目特征可不描述洞口尺寸。以 m^2 计算时，若没有图示洞口尺寸，按门框或扇外围尺寸以面积计算。

3. 金属卷帘门（编码：010803）

表 3-5-3

项目编码	项目名称	项目特征	计量单位	工程量计算规则	工作内容
010803001	金属卷（闸）帘门	1. 门代号和洞口尺寸； 2. 门材质； 3. 启动装置品种及规格	1. 樘； 2. m^2	1. 以樘计量，按设计图示以数量计算。 2. 以 m^2 计量，按设计图示洞口尺寸以面积计算	1. 门运输、安装； 2. 启动装置、活动小门、五金安装
0108003002	防火卷（闸）帘门				

说明：以樘计量时，项目特征必须描述洞口尺寸；以平方米计算时项目特征可不描述洞口尺寸。

4. 厂库房大门特种门（编码：010804）

规范摘录 表 3-5-4

项目编码	项目名称	项目特征	计量单位	工程量计算规则	工作内容
0108004001	木板大门	1. 门代号和洞口尺寸； 2. 门框或扇外围尺寸； 3. 门框、扇材质； 4. 五金种类规格； 5. 防护材料种类	1. 樘； 2. m^2	1. 以樘计量，按设计图示以数量计算。 2. 以 m^2 计量，按设计图示洞口尺寸以面积计算	1. 门（骨架）制作、运输； 2. 门五金安装； 3. 刷防护材料
0108004002	钢木大门				
0108004003	全钢板大门				
0108004004	防护铁丝门			1. 以樘计量，按设计图示以数量计算。 2. 以 m^2 计量，按设计图示门框或扇外围尺寸以面积计算	

续表

<table>
<tr><th>项目编码</th><th>项目名称</th><th>项目特征</th><th>计量单位</th><th>工程量计算规则</th><th>工作内容</th></tr>
<tr><td>0108004005</td><td>金属格栅门</td><td>1. 门代号和洞口尺寸；
2. 门框或扇外围尺寸；
3. 门框、扇材质；
4. 启动装置品种及规格</td><td rowspan="3">1. 樘；
2. m^2</td><td>1. 以樘计量，按设计图示以数量计算。
2. 以 m^2 计量，按设计图示洞口尺寸以面积计算</td><td>1. 门安装；
2. 启动装置、五金配件安装</td></tr>
<tr><td>0108004006</td><td>钢制花饰大门</td><td rowspan="2">1. 门代号和洞口尺寸；
2. 门框或扇外围尺寸；
3. 门框、扇材质</td><td>1. 以樘计量，按设计图示以数量计算。
2. 以 m^2 计量，按设计图示门框或扇外围尺寸以面积计算</td><td rowspan="2">1. 门安装；
2. 五金配件安装</td></tr>
<tr><td>0108004007</td><td>特种门</td><td>1. 以樘计量，按设计图示以数量计算。
2. 以 m^2 计量，按设计图示洞口尺寸以面积计算</td></tr>
</table>

注：① 特种门应区分冷藏门、冷冻间门、保温门、变电室门、隔声门、防射门、人防门、金库门等项目，并分别编码列项。

② 以樘计量时，项目特征必须描述洞口尺寸，若没有洞口尺寸必须描述门框或扇外围尺寸；以 m^2 计算时项目特征可不描述洞口尺寸。

③ 以平方米计算时，若没有设计图示洞口尺寸，按门框或扇外围尺寸以面积计算。

5. 其他门（编码：010805）

规范摘录　　表 3-5-5

<table>
<tr><th>项目编码</th><th>项目名称</th><th>项目特征</th><th>计量单位</th><th>工程量计算规则</th><th>工作内容</th></tr>
<tr><td>010805001</td><td>平开电子感应门</td><td rowspan="4">1. 门代号和洞口尺寸；
2. 门框或扇外围尺寸；
3. 门框、扇材质；
4. 玻璃品种、厚度；
5. 启动装置品种及规格；
6. 电子配件品种规格</td><td rowspan="7">1. 樘；
2. m^2</td><td rowspan="7">1. 以樘计量，按设计图示以数量计算；
2. 以 m^2 计量，按设计图示洞口尺寸以面积计算</td><td rowspan="4">1. 门安装；
2. 启动装置、五金、电子配件安装</td></tr>
<tr><td>010805002</td><td>旋转门</td></tr>
<tr><td>010805003</td><td>电子对讲门</td></tr>
<tr><td>010805004</td><td>电动伸缩门</td></tr>
<tr><td>010805005</td><td>全玻自由门</td><td>1. 门代号和洞口尺寸；
2. 门框或扇外围尺寸；
3. 框材质；
4. 玻璃品种、厚度</td><td rowspan="3">1. 门安装；
2. 五金安装</td></tr>
<tr><td>010805006</td><td>镜面不锈钢饰面门</td><td rowspan="2">1. 门代号和洞口尺寸；
2. 门框或扇外围尺寸；
3. 门框、扇材质；
4. 玻璃品种、厚度</td></tr>
<tr><td>010805007</td><td>复合材料门</td></tr>
</table>

注：① 以樘计量时，项目特征必须描述洞口尺寸，若没有洞口尺寸必须描述门框或扇外围尺寸；以 m^2 计算时项目特征可不描述洞口尺寸。

② 以平方米计算时，若没有图示洞口尺寸，按门框或扇外围尺寸以面积计算。

6. 木窗（编码：010806）

规范摘录 表 3-5-6

项目编码	项目名称	项目特征	计量单位	工程量计算规则	工作内容
010806001	木质窗	1. 窗代号及洞口尺寸； 2. 玻璃品种及厚度	1. 樘； 2. m^2	1. 以樘计量，按设计图示以数量计算。 2. 以 m^2 计量，按设计图示洞口尺寸以面积计算	1. 窗安装； 2. 五金、玻璃安装
010806002	木飘(凸)窗				
010806003	木橱窗	1. 窗代号； 2. 框截面及外围展开面积； 3. 玻璃品种及厚度； 4. 防护材料种类		1. 以樘计量，按设计图示以数量计算。 2. 以 m^2 计量，按设计图示尺寸以框外围展开面积计算	1. 窗制作、运输、安装； 2. 五金、玻璃安装； 3. 刷防护材料
010806004	木纱窗	1. 窗代号及框外围尺寸； 2. 窗纱材料品种规格		1. 以樘计量，按设计图示以数量计算。 2. 以 m^2 计量，按设计图示洞口尺寸以面积计算	1. 窗安装； 2. 五金安装

注：① 木质窗应区分木百叶窗、木组合窗、木天窗、木固定窗、木装饰空花饰窗等项目，并分别编码列项。
② 以樘计量时，项目特征必须描述洞口尺寸，若没有洞口尺寸必须描述门框或扇外围尺寸；以 m^2 计算时项目特征可不描述洞口尺寸。
③ 以 m^2 计算时，若没有图示洞口尺寸，按门框或扇外围尺寸以面积计算。
④ 木橱窗、木飘窗（凸窗）以樘计量时，项目特征必须描述框截面及外围展开面积。
⑤ 木窗五金包括折页、插销、风钩、木螺钉、滑轮、滑轨（推拉窗）等。

7. 金属窗（编码：010807）

规范摘录 表 3-5-7

项目编码	项目名称	项目特征	计量单位	工程量计算规则	工作内容
010807001	金属(塑钢、断桥)窗	1. 窗代号及洞口尺寸； 2. 框扇材质； 3. 玻璃品种及厚度	1. 樘； 2. m^2	1. 以樘计量，按设计图示以数量计算。 2. 以 m^2 计量，按设计图示洞口尺寸以面积计算	1. 窗安装； 2. 五金、玻璃安装
010807002	金属防火窗				
010807003	金属百叶窗				1. 窗安装； 2. 五金安装
010807004	金属纱窗	1. 窗代号及洞口尺寸； 2. 框材质； 3. 窗纱材料品种规格		1. 以樘计量，按设计图示以数量计算。 2. 以 m^2 计量，按框外围尺寸以面积计算	
010807005	金属格栅窗	1. 窗代号及洞口尺寸； 2. 框外围尺寸； 3. 框、扇材质		1. 以樘计量，按设计图示以数量计算。 2. 以 m^2 计量，按设计图示洞口尺寸以面积计算	

续表

<table>
<tr><th>项目编码</th><th>项目名称</th><th>项目特征</th><th>计量单位</th><th>工程量计算规则</th><th>工作内容</th></tr>
<tr><td>010807006</td><td>金属(塑钢、断桥)橱窗</td><td>1. 窗代号；
2. 框外围展开面积；
3. 框、扇材质；
4. 玻璃品种及厚度；
5. 防护材料种类</td><td rowspan="4">1. 樘；
2. m^2</td><td rowspan="2">1. 以樘计量，按设计图示以数量计算。
2. 以 m^2 计量，按设计图示尺寸以框外围展开面积计算</td><td>1. 窗制作、运输、安装；
2. 五金、玻璃安装；
3. 刷防护材料</td></tr>
<tr><td>010807007</td><td>金属(塑钢、断桥)飘(凸)窗</td><td>1. 窗代号；
2. 框外围展开面积；
3. 框、扇材质；
4. 玻璃品种及厚度</td><td rowspan="3">1. 窗安装；
2. 五金、玻璃安装</td></tr>
<tr><td>010807008</td><td>彩板窗</td><td rowspan="2">1. 窗代号及洞口尺寸；
2. 框外围尺寸；
3. 框、扇材质；
4. 玻璃品种及厚度</td><td rowspan="2">1. 以樘计量，按设计图示以数量计算。
2. 以 m^2 计量，按设计图示尺寸以框外围面积计算</td></tr>
<tr><td>010807009</td><td>复合材料窗</td></tr>
</table>

注：① 金属窗应区分金属组合窗、防盗窗等项目，并分别编码列项。

② 以樘计量时，项目特征必须描述洞口尺寸，若没有洞口尺寸必须描述门框或扇外围尺寸；以“m^2”计算时项目特征可不描述洞口尺寸。

③ 以 m^2 计算时，若没有图示洞口尺寸，按门框或扇外围尺寸以面积计算。

④ 金属橱窗、飘窗（凸窗）以樘计量时，项目特征必须描述框截面及外围展开面积。

⑤ 金属窗五金包括折页、螺钉、执手、卡锁、风撑、滑轮、滑轨、拉把、拉手、角码、牛角制等。

8. 门窗套（编码：010808）

规范摘录　　表 3-5-8

<table>
<tr><th>项目编码</th><th>项目名称</th><th>项目特征</th><th>计量单位</th><th>工程量计算规则</th><th>工作内容</th></tr>
<tr><td>010808001</td><td>木门窗套</td><td>1. 窗代号及洞口尺寸；
2. 门窗套展开宽度；
3. 基层材料种类；
4. 面层材料种类；
5. 线条种类、规格；
6. 防护材料种类</td><td rowspan="5">1. 樘；
2. m^2；
3. m</td><td rowspan="5">1. 以樘计量，按设计图示以数量计算；
2. 以 m^2 计量，按设计图示尺寸以展开面积计算；
3. 以 m 计量，按设计图示中心尺寸以延长米计算</td><td rowspan="3">1. 清理基层；
2. 立筋制作安装；
3. 基层板安装；
4. 面层铺贴；
5. 线条安装；
6. 刷防护材料</td></tr>
<tr><td>010808002</td><td>木筒子板</td><td rowspan="2">1. 筒子板宽度；
2. 基层材料种类；
3. 面层材料种类；
4. 线条种类、规格；
5. 防护材料种类</td></tr>
<tr><td>010808003</td><td>饰面夹板筒子板</td></tr>
<tr><td>010808004</td><td>金属门窗套</td><td>1. 窗代号及洞口尺寸；
2. 门窗套展开宽度；
3. 基层材料种类；
4. 面层材料种类；
5. 防护材料种类</td><td>1. 清理基层；
2. 立筋制作安装；
3. 基层板安装；
4. 面层铺贴；
5. 刷防护材料</td></tr>
<tr><td>010808005</td><td>石材门窗套</td><td>1. 窗代号及洞口尺寸；
2. 门窗套展开宽度；
3. 底层厚度、砂浆配合比；
4. 面层材料品种、规格；
5. 线条品种、规格</td><td>1. 清理基层；
2. 立筋制作安装；
3. 基层板安装；
4. 面层铺贴；
5. 线条安装</td></tr>
</table>

续表

项目编码	项目名称	项目特征	计量单位	工程量计算规则	工作内容
010808006	门窗木贴脸	1. 窗代号及洞口尺寸； 2. 贴脸板宽度； 3. 防护材料种类	1. 樘； 2. m	1. 以樘计量，按设计图示以数量计算； 2. 以m计量，按设计图示尺寸以延长米计算	安装
010808007	成品木门窗套	1. 窗代号及洞口尺寸； 2. 门窗套展开宽度； 3. 门窗套材料品种、规格	1. 樘； 2. m^2； 3. m	1. 以樘计量，按设计图示以数量计算。 2. 以m^2计量，按设计图示尺寸以展开面积计算； 3. 以m计量，按设计图示中心尺寸以延长米计算	1. 清理基层； 2. 立筋制作安装； 3. 板安装

注：① 以樘计量时，项目特征必须描述洞口尺寸、门窗套展开宽度。
② 以m^2计算时，项目特征可不描述洞口尺寸、门窗套展开宽度。
③ 以m计量时，项目特征必须描述门窗套展开宽度筒子板及贴脸宽度。
④ 木门窗适用于单独门的窗套制作、安装。

9. 窗台板（编码：010809）

规范摘录　　表 3-5-9

项目编码	项目名称	项目特征	计量单位	工程量计算规则	工作内容
010809001	木窗台板	1. 基层材料种类； 2. 窗台面板材质、规格、颜色； 3. 防护材料种类	m^2	按设计图示尺寸以展开面积计算	1. 清理基层； 2. 清理、制作、安装； 3. 窗台板制作、安装； 4. 刷防护材料
010809002	铝塑窗台板				
010809003	金属窗台板				
010809004	石材窗台板	1. 粘结层厚度、砂浆配合比； 2. 窗台面板材质、规格、颜色			1. 清理基层； 2. 抹找平层； 3. 窗台板制作、安装

10. 窗帘、窗帘盒、窗帘轨（编码：010810）

规范摘录　　表 3-5-10

项目编码	项目名称	项目特征	计量单位	工程量计算规则	工作内容
010810001	窗帘（杆）	1. 窗帘材质； 2. 窗帘高度、宽度； 3. 窗帘层数； 4. 带幔要求	1. m^2； 2. m	1. 以m计量，按设计图示尺寸以米计算； 2. 以m^2计量，按设计图示尺寸以展开面积计算	1. 制作、运输； 2. 安装

续表

项目编码	项目名称	项目特征	计量单位	工程量计算规则	工作内容
010810002	木窗帘盒	1. 窗帘盒材质、规格； 2. 防护材料种类	m	按设计图示尺寸以长度计算	1. 制作、运输、安装； 2. 刷防护材料
010810003	饰面夹板塑料窗帘盒				
010810004	铝合金窗帘盒				
010810005	窗帘轨	1. 窗帘轨材质、规格； 2. 防护材料种类			

注：① 窗帘若是双层，项目特征必须描述每层材质。

② 窗帘以“m”计量时，项目特征必须描述窗帘高度和宽度。

二、案例分析

【例 1】：某工程某户居室门详见门窗表，详见表 3-5-11。

某户居室门窗表　　表 3-5-11

名称	代号	洞口尺寸(mm)	樘数	备注
成品钢制防盗门	FDM-1	900×2100	1	含锁、五金
成品实木	M-2	900×2100	2	含锁、普通五金
	M-4	700×2100	1	
成品平开塑钢窗	C-9	1500×1500	1	夹胶玻璃(6mm＋2.5mm＋6mm)，型材为钢塑 90 系列，普通五金
	C-12	1000×1500	1	
	C-15	600×1500	1	
成品塑钢门带窗	SMC-2	门(900×2100) 窗(600×1500)	1	
成品塑钢门	SM-1	2400×2100	1	

问题：计算、编制门窗工程量清单、门窗工程量清。

【解】

计算门窗工程量，编制工程量清单表，详见表 3-5-12。

清单工程工程量计算表　　表 3-5-12

序号	清单项目编号	清单项目名称	计算式	工程量合计	计量单位
1	010802004001	成品钢质防盗门	$S=0.9\times2.1=1.89m^2$	1.89	m^2

续表

序号	清单项目编号	清单项目名称	计算式	工程量合计	计量单位
2	010801002001	成品实木门带套	$S=0.9\times2.1\times2+0.7\times2.1\times1=5.25m^2$	5.25	m^2
3	010807001001	成品平开塑钢窗	$S=1.5\times1.5+1\times1.5+0.6\times1.5\times2=5.55m^2$	5.55	m^2
4	010802001001	成品塑钢门	$S=0.9\times2.1+2.4\times2.1=6.93m^2$	6.93	m^2

【例 2】：根据【例 1】中工程量计算结果，根据国家《建设工程工程量清单计价规范》GB 50500—2013 和某省装饰工程消耗量定额及统一基价表、取费定额（企业管理费 10.05%、附加税 0.83%、利润 7.41%），采用一般计税法，编制门窗工程量清单；综合单价计价表。

【解】

(1) 8—3：成品实木门带套人材机费用=5.25×11308.75÷10=5937.09 元

(其中人工费=5.25×353.57÷10=185.62 元)

参考某省费用定额得知：

企业管理费=人工费×费率=185.62×（10.05%+0.83%）=20.20 元

利润=人工费×费率=185.62×7.41%=13.75 元

成品实木门带套费用合计：人材机费用+管理费+利润=12907.25+529.73+360.78=5971.04 元

暂不考虑风险费用。

成品实木门带套清单综合单价=（人材机费用+管理费+利润）÷清单工程量

$=5971.04\div5.25=1137.34$ 元/m^2

(2) 8—9：成品塑钢门人材机费用=6.93×22045.28÷100=1527.74 元

(其中人工费=6.93×1972.13÷100=136.67 元)

参考某省费用定额得知：

企业管理费=人工费×费率=136.67×(10.05%+0.83%）=14.87 元

利润=人工费×费率=136.67×7.41%=10.13 元

成品塑钢门费用合计：人材机费用+管理费+利润=1527.74+14.87+10.13=1552.74 元

暂不考虑风险费用。

成品塑钢门清单综合单价=（人材机费用+管理费+利润）÷清单工程量

$=1552.74\div6.93=224.06$ 元/m^2

(3) 8—14：成品钢质防盗门人材机费用=1.89×34340.55=649.04 元

(其中人工费=1.89×3024.00=57.15 元)

参考某省费用定额得知：

企业管理费=人工费×费率=57.15×（10.05%+0.83%）=6.22 元

利润=人工费×费率=57.15×7.41%=4.23 元

成品钢质防盗门费用合计：人材机费用+管理费+利润=649.04+6.22+4.23=659.49 元

暂不考虑风险费用

成品钢质防盗门清单综合单价＝（人材机费用＋管理费＋利润）÷清单工程量

＝659.49÷1.89＝348.94 元/m^2

（4）8—73：成品平开塑钢窗人材机费用＝5.55×23013.59＝1277.25 元

（其中人工费＝5.55×1427.71＝79.24 元）

参考某省费用定额得知：

企业管理费＝人工费×费率＝79.24×（10.05%＋0.83%）＝8.62 元

利润＝人工费×费率＝79.24×7.41%＝5.87 元

成品平开塑钢窗费用合计：人材机费用＋管理费＋利润＝1277.25＋8.62＋5.87＝1291.74 元

暂不考虑风险费用

成品平开塑钢窗清单综合单价＝（人材机费用＋管理费＋利润）÷清单工程量

＝1291.74÷5.55＝232.75 元/m^2

门、窗（定额摘录）见表 3-5-13。

门、窗（定额摘录）　　表 3-5-13

工程内容：1. 室内外：清扫、满刮腻子二遍、打磨、刷底漆一遍、乳胶漆二遍。2. 每增加一遍：刷乳胶漆一遍等。

定额编号				8—3	8—9	8—14	8—73
目				成品套装	成品塑钢门	成品钢质防盗门	成品塑钢窗
				单扇门	推拉	—	推拉
				10 樘	100m^2	100m^2	100m^2
基价(元)				11308.75	22045.28	34340.55	23013.59
其中	人工费(元)			353.57	1972.13	3024.00	1427.71
	材料费(元)			10955.18	20073.15	31288.34	21585.88
	机械费(元)			—	—	28.21	—
名称		单位	单价(元)	数量			
人工	综合工日	工日	96.00	3.683	20.543	31.500	14.872
材料	单扇套装平开实木门	樘	1071.49	10.000	—	—	—
	木材	m^3	1380.08	0.003	—	—	—
	不锈钢合页	个	10.52	20.000	—	—	—
	沉头木螺钉 L32	个	0.10	126.000	—	—	—
	水砂纸	张	0.44	5.000	—	—	—
	塑钢推拉门	m^2	156.01	—	96.980	—	—
	铝合金门窗配件　固定连接件(地脚)3×30×300(mm)	个	0.11	—	445.913	—	580.124
	聚氨酯发泡密封胶(750ml/支)	支	19.97	—	116.262	—	142.719
	硅酮耐候密封胶	kg	35.60	—	66.706	—	98.717
	塑料膨胀螺栓	套	0.34	—	445.913	—	585.868
	钢质防盗门	m^2	313.73	—	—	97.810	—
	铁件(综合)	kg	4.85	—	—	95.779	—

续表

材料	低碳钢焊条 J422φ4.0	kg	5.10	—	—	9.690	—
材料	水泥砂浆 1∶3	m^3	181.72	—	—	0.260	—
材料	塑钢推拉窗	m^2	157.72	—	—	—	94.530
材料	电	kW·A	0.87	—	7.000	11.450	7.000
材料	其他材料费	元	1.001	10.94	40.07	31.26	43.09
机械	交流弧焊机 21kV·A	台班	68.80	—	—	0.410	—

分部分项工程量清单与计价表见表 3-5-14。

分部分项工程量清单与计价表　　　表 3-5-14

工程名称：门窗工程　　　标段：门窗工程　　　第一页

项目编码	项目名称	项目特征	计量单位	工程量	金额(元)		
					综合单价	合价	其中：暂估价
010802004001	成品钢质防盗门	1. 门代号及洞口尺寸 FDM-1(900mm×2100mm)； 2. 门框、扇材质：钢质； 3. 平开门	m^2	1.89	348.94	659.50	—
010801002001	成品实木门	1. 门代号及洞口尺寸：M-2(900mm×2100mm)； M-4(700mm×2100mm)； 2. 成品实木门； 3. 平开门	m^2	5.25	1137.34	5971.34	—
010807001001	成品平开塑钢窗	1. 窗代号及洞口尺寸：C-9(1500mm×1500mm)； C-12(1000mm×1500mm)C-15(600mm×1500mm) 2. 框上材质：塑钢 90 系列； 3. 玻璃品种、厚度：夹胶玻璃(6mm+2.5mm+6mm)； 4. 推拉窗	m^2	5.55	232.75	1291.76	—
010802001001	成品塑钢门	1. 门代号及洞口尺寸： SM-1、SMC-2 洞口尺寸详见门窗表； 2. 门框、扇材质：塑钢 90 系列； 3. 玻璃品种、厚度：夹胶玻璃； (6mm+2.5mm+6mm)	m^2	6.93	224.06	1552.74	—
本页合计						9475.34	—
合计						9475.34	—

三、复习思考题

单元训练

1. 知识点训练

（1）门窗工程在编制清单工程量时需要对哪些特征进行描述？

（2）门窗工程中木门窗工程的清单工程量计算规则是什么？

2. 技能点训练

请按某省装饰工程消耗量定额及统一基价表完成以本书后附图门窗工程清单工程量。并作为招标人，编制分部分项工程量清单与计价表和清单综合单价分析表。

扫码获取图纸

扫码获取定额及统一基价表

Chapter 06

单元六

油漆、涂料、裱糊工程工程量清单编制及清单计价

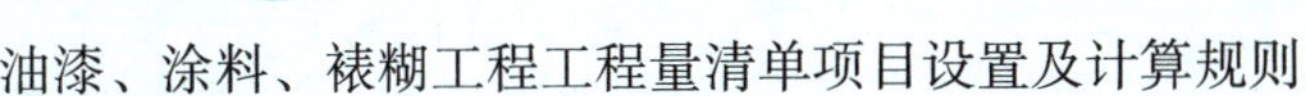

知识点

油漆、涂料、裱糊工程工程量清单项目设置及计算规则。

技能点

1. 能正确编制油漆、涂料、裱糊工程工程量清单；
2. 能正确计算油漆、涂料、裱糊工程工程量清单项目的综合单价。

能力目标

能结合实际建筑装饰工程施工图纸，完成油漆、涂料、裱糊工程清单计量与计价。

一、油漆、涂料、裱糊工程工程量清单项目设置及计算规则

《房屋建筑与装饰工程工程量计算规范》GB 50854—2013 将油漆、涂料、裱糊划分为8节36个清单项目，具体内容如表3-6-1至表3-6-8所示：

1. 门油漆（编号：011401）

规范摘录 表3-6-1

项目编码	项目名称	项目特征	计量单位	工程量计算规则	工作内容
011401001	木门油漆	1. 门类型； 2. 门代号及洞口尺寸； 3. 腻子种类； 4. 刮腻子遍数； 5. 防护材料种类； 6. 油漆品种、刷漆遍数	1. 樘； 2. m^2	1. 以樘计量，按设计图示数量计量； 2. 以 m^2 计量，按设计图示洞口尺寸以面积计算	1. 基层清理； 2. 刮腻子； 3. 刷防护材料、油漆
011401002	金属门油漆				1. 除锈、基层清理； 2. 刮腻子； 3. 刷防护材料、油漆

注：① 木门油漆应区分木大门，单层木门、双层（一玻一纱）木门、双层（单裁口）木门、全玻自由门、半玻自由门、装饰门及有框门或无框门等项目，分别编码列项。
② 金属门油漆应区分平开门、推拉门、钢制防火门等项目，分别编码列项。
③ 以平方米计量，项目特征可不必描述洞口尺寸。

2. 窗油漆（编号：011402）

规范摘录 表3-6-2

项目编码	项目名称	项目特征	计量单位	工程量计算规则	工作内容
011402001	木窗油漆	1. 窗类型； 2. 窗代号及洞口尺寸； 3. 腻子种类； 4. 刮腻子遍数； 5. 防护材料种类； 6. 油漆品种、刷漆遍数	1. 樘； 2. m^2	1. 以樘计量，按设计图示数量计量； 2. 以 m^2 计量，按设计图示洞口尺寸以面积计算	1. 基层清理； 2. 刮腻子； 3. 刷防护材料、油漆
011402002	金属窗油漆				1. 除锈、基层清理； 2. 刮腻子； 3. 刷防护材料、油漆

注：① 木窗油漆应区分单层木窗、双层（一玻一纱）木窗、双层框扇（单裁口）木窗、双层框三层（二玻一纱）木窗、单层组合窗、双层组合窗、木百叶窗、木推拉窗等项目，分别编码列项。
② 金属窗油漆应区分平开窗、推拉窗、固定窗、组合窗、金属隔栅窗等项目，分别编码列项。
③ 以平方米计量，项目特征可不必描述洞口尺寸。

3. 木扶手及其他板条、线条油漆（编号：011403）

规范摘录　　表 3-6-3

项目编码	项目名称	项目特征	计量单位	工程量计算规则	工作内容
011403001	木扶手油漆	1. 断面尺寸； 2. 腻子种类； 3. 刮腻子遍数； 4. 防护材料种类； 5. 油漆品种、刷漆遍数	m	按设计图示尺寸以长度计算	1. 基层清理； 2. 刮腻子； 3. 刷防护材料、油漆
011403002	窗帘盒油漆				
011403003	封檐板、顺水板油漆				
011403004	挂衣板、黑板框油漆				
011403005	挂镜线、窗帘棍、单独木线油漆				

注：木扶手应区分带托板与不带托板，分别编码列项，若是木栏杆带扶手，木扶手不应单独列项，应包含在木栏杆油漆内。

4. 木材面油漆（编号：011404）

规范摘录　　表 3-6-4

项目编码	项目名称	项目特征	计量单位	工程量计算规则	工作内容
011404001	木护墙、木墙裙油漆	1. 腻子种类； 2. 刮腻子遍数； 3. 防护材料种类； 4. 油漆品种、刷漆遍数	m^2	按设计图示尺寸以面积计算	1. 基层清理； 2. 刮腻子； 3. 刷防护材料、油漆
011404002	窗台板、筒子板、盖板、门窗套、踢脚线油漆				
011404003	清水板条天棚、檐口油漆				
011404004	木方格吊顶天棚油漆				
011404005	吸声板墙面、天棚面油漆				
011404006	暖气罩油漆				
011404007	其他木材面				
011404008	木间壁、木隔断油漆			按设计图示尺寸以单面外围面积计算	
011404009	玻璃间壁露明墙筋油漆				
011404010	木栅栏、木栏杆(带扶手)油漆				
011404011	衣柜、壁柜油漆			按设计图示尺寸以油漆部分展开面积计算	
011404012	梁柱饰面油漆				
011404013	零星木装修油漆				

续表

项目编码	项目名称	项目特征	计量单位	工程量计算规则	工作内容
011404014	木地板油漆	1. 腻子种类； 2. 刮腻子遍数； 3. 防护材料种类； 4. 油漆品种、刷漆遍数	m^2	按设计图示尺寸以面积计算。空洞、空圈、暖气包槽、壁龛的开口部分并入相应的工程量内	1. 基层清理； 2. 刮腻子； 3. 刷防护材料、油漆
011404015	木地板烫硬蜡面	1. 硬蜡品种； 2. 面层处理要求			1. 基层清理； 2. 烫蜡

5. 金属面油漆（编号：011405）

规范摘录　　表 3-6-5

项目编码	项目名称	项目特征	计量单位	工程量计算规则	工作内容
011405001	金属面油漆	1. 构件名称； 2. 腻子种类； 3. 刮腻子要求； 4. 防护材料种类； 5. 油漆品种、刷漆通数	1. t； 2. m^2	1. 以吨计量，按设计图示尺寸以质量计算； 2. 以 m^2 计量，按设计展开面积计算	1. 基层清理； 2. 刮腻子； 3. 刷防护材料、油漆

6. 抹灰面油漆（编号：011406）

规范摘录　　表 3-6-6

项目编码	项目名称	项目特征	计量单位	工程量计算规则	工作内容
011406001	抹灰面油漆	1. 基层类型； 2. 腻子种类； 3. 刮腻子遍数； 4. 防护材料种类； 5. 油漆品种、刷漆遍数； 6. 部位	m^2	按设计图示尺寸以面积计算	1. 基层清理； 2. 刮腻子； 3. 刷防护材料、油漆
011406002	抹灰线条油漆	1. 线条宽度、道数； 2. 腻子种类； 3. 刮腻子遍数； 4. 防护材料种类； 5. 油漆品种、刷漆遍数	m	按设计图示尺寸以长度计算	
011406003	满刮腻子	1. 基层类型； 2. 腻子种类； 3. 刮腻子遍数	m^2	按设计图示尺寸以面积计算	1. 基层清理； 2. 刮腻子

7. 喷刷涂料（编号：011407）

规范摘录 表 3-6-7

项目编码	项目名称	项目特征	计量单位	工程量计算规则	工作内容
011407001	墙面喷刷涂料	1. 基层类型； 2. 喷刷涂料部位； 3. 腻子种类； 4. 刮腻子要求； 5. 涂料品种、喷刷遍数	m^2	按设计图示尺寸以面积计算	1. 基层清理； 2. 刮腻子； 3. 刷、喷涂料
011407002	天棚喷刷涂料				
011407003	空花格、栏杆刷涂料	1. 腻子种类； 2. 刮腻子遍数； 3. 涂料品种、刷喷遍数		按设计图示尺寸以单面外围面积计算	
011407004	线条刷涂料	1. 基层清理； 2. 线条宽度； 3. 刮腻子遍数； 4. 刷防护材料、油漆	m	按设计图示尺寸以长度计算	
011407005	金属构件刷防火涂料	1. 喷刷防火涂料构件名称； 2. 防火等级要求； 3. 涂料品种、喷刷遍数	1. t； 2. m^2	1. 以 t 计量，按设计图示尺寸以质量计算； 2. 以 m^2 计量，按设计展开面积计算	1. 基层清理； 2. 刷防护材料、油漆
011407006	木材构件喷刷防火涂料		m^2	以 m^2 计量，按设计图示尺寸以面积计算	1. 基层清理； 2. 刷防火材料

注：喷刷墙面涂料部位要注明内墙或外墙。

8. 裱糊（编号：011408）

规范摘录 表 3-6-8

项目编码	项目名称	项目特征	计量单位	工程量计算规则	工作内容
011408001	墙纸裱糊	1. 基层类型； 2. 裱糊部位； 3. 腻子种类； 4. 刮腻子遍数； 5. 粘结材料种类； 6. 防护材料种类； 7. 面层材料品种、规格、颜色	m^2	按设计图示尺寸以面积计算	1. 基层清理； 2. 刮腻子； 3. 面层铺贴； 4. 刷防护材料
011408002	织锦缎裱糊				

注：① 油漆、涂料、裱糊工程中既列有“木扶手”和“木栏杆”的油漆项目，若是木栏杆带扶手，木扶手不应单独列项，应包括在木栏杆油漆中。

② 油漆、涂料、裱糊工程中抹灰面油漆和刷涂料工作内容中包括“刮腻子”，但又单独列有“满刮腻子”项目，此项目只适用于仅做“满刮腻子”的项目，不得将抹灰面油漆和刷涂料中“刮腻子”内容单独分出执行满刮腻子项目。

二、案例分析

【例】 某酒店 A 套型标准间天棚图如图 2-6-5 所示，天棚装饰材料采用在原天花板上刮仿瓷涂料三遍，油白色乳胶漆二遍，60 石膏线条油白色乳胶漆；过道天棚采用轻钢龙骨纸面石膏板刮仿瓷涂料三遍，油二遍白色乳胶漆。

1. 作为招标人，根据国家《房屋建筑与装饰工程工程量计算规范》GB 50854—2013，试计算该工程油漆、涂料、裱糊清单工程量，并编列出项目工程量清单。

2. 作为投标人，根据国家《建设工程工程量清单计价规范》GB 50500—2013 和某省装饰工程消耗量定额及统一基价表、取费定额（企业管理费 10.05%、附加税 0.83%、利润 7.41%），采用一般计税法，计算油漆、涂料、裱糊工程清单综合单价及投标报价。

【解】

1. 根据《房屋建筑与装饰工程工程量计算规范》GB 50584—2013，招标人计算（表 3-6-9）：

（1）天棚喷刷涂料清单工程量：

4.99×（4.15−0.24−0.22）−0.29×0.15+1.65×（4.15−0.24−0.22）+（1.44+0.55）×（0.09+0.85+0.48+0.16）−0.55×0.16=27.52m^2

（2）线条刷涂料清单工程量：

（4.99+4.15−0.24−0.22）×2=17.36m

2. 根据相关计算规则，投标人计算（表 3-6-10）：

（1）天棚喷刷涂料清单工程量计算：

1）原天棚刮仿瓷涂料二遍工程量：

4.99×（4.15−0.24−0.22）−0.29×0.15+1.65×（4.15−0.24−0.22）+（1.44+0.55）×（0.09+0.85+0.48+0.16）−0.55×0.16=27.52m^2

2）油白色乳胶漆三遍工程量：

4.99×（4.15−0.24−0.22）−0.29×0.15+1.65×（4.15−0.24−0.22）+（1.44+0.55）×（0.09+0.85+0.48+0.16）−0.55×0.16=27.52m^2

3）60 石膏线条油白色乳胶漆工程量：

（4.99+4.15−0.24−0.22）×2=17.36m

（2）天棚喷刷涂料综合单价报价：

[参考某省装饰工程消耗量定额及统一基价表（表 3-6-11）]

1）14-218 换：天棚仿瓷涂料三遍人材机费用

=27.38×1811.81/100=496.07 元

（其中人工费=27.38×1140.00/100=312.13 元）

2）14-200：白色乳胶漆二遍人材机的费用=27.38×2125.74/100=582.03 元

（其中人工费=27.38×984.96/100=269.68 元）

企业管理费=人工费×费率=（312.13+269.68）×10.88%=63.30 元

利润＝人工费×费率＝（312.13＋269.68）×7.41%＝43.11 元

天棚仿瓷涂料二遍、白色乳胶漆二遍费用共计：人材机费用＋管理费＋利润＝496.07＋582.03＋63.30＋43.11＝1184.51 元

暂不考虑风险费用。

天棚喷刷涂料、乳胶漆综合单价＝（人材机费用＋管理费＋利润）÷清单工程量

＝1184.51÷27.52＝43.26 元/m^2

（3）线条刷涂料清单：

1）60 石膏线条油白色乳胶漆工程量

（4.99＋4.15－0.24－0.22）×2＝17.36m

2）线条刷涂料综合单价报价［参见某省装饰工程消耗量定额及统一基价表（表 3-6-11）］

14-207：8cm 内线条油乳胶漆的人材机费用＝17.36×486.92/100＝84.53 元

（其中人工费＝17.36×312.10/100＝54.18 元）

企业管理费＝人工费×费率＝54.18×10.88%＝5.89 元

利润＝人工费×费率＝54.18×7.41%＝4.01 元

8cm 内线条油乳胶漆费用共计：人材机费用＋管理费＋利润＝84.53＋5.89＋4.01＝94.43 元

8cm 内线条油乳胶漆清单综合单价＝（人材机费用＋管理费＋利润）÷清单工程量

＝94.43÷17.36＝5.44 元/m^2

分部分项工程和单价措施项目清单与计价表（招标人）　　　　表 3-6-9

工程名称：某工程

序号	项目编码	项目名称	项目特征描述	计量单位	工程量
1	011407002001	天棚喷刷涂料	1. 基层类型：原天棚、部分石膏； 2. 板基层； 3. 喷刷部位：天棚； 4. 腻子种类及要求：仿瓷涂料三遍； 5. 涂料品种及遍数：白乳胶漆二遍	m^2	27.52
2	011407004001	线条刷涂料	1. 基层清理； 2. 线条宽度 60mm； 3. 刮腻子油白色乳胶漆	m	17.36

分部分项工程和单价措施项目清单与计价表（投标人）　　　　表 3-6-10

工程名称：某工程

序号	项目编码	项目名称	项目特征描述	计量单位	工程量	金额（元）		
						综合单价	合价	其中 暂估价
1	011407002001	天棚喷刷涂料	1. 基层类型：原天棚、部分石膏板基层； 2. 喷刷部位：天棚； 3. 腻子种类及要求：仿瓷涂料三遍； 4. 涂料品种及遍数：白色乳胶漆二遍	m^2	27.38	43.26	1184.46	—

续表

序号	项目编码	项目名称	项目特征描述	计量单位	工程量	金额(元)		
						综合单价	合价	其中 暂估价
2	011407004001	线条刷涂料	1. 基层清理； 2. 线条宽度 60mm； 3. 刮腻子油白色乳胶漆	m	17.36	3.44	94.44	—
本页小计							1278.90	—
合计							1278.90	—

油漆、涂料、裱糊工程消耗量定额及统一基价表（定额摘录）　　表 3-6-11

工程内容：1. 室内外：清扫、满刮腻子二遍、打磨、刷底漆一遍、乳胶漆二遍。

2. 每增加一遍：刷乳胶漆一遍等。

计量单位：$100m^2$（线条 100m）

定额编号				14-200	14-207	14-218
项　目				乳胶漆		仿瓷涂料
				室内	100m	三遍
				天棚面	线条宽度≤100mm	天棚面
基价(元)				2125.74	486.92	1811.81
其中	人工费(元)			984.96	312.10	1140.00
	材料费(元)			1140.78	174.82	671.81
	机械费(元)			—	—	—
名称		单位	单价(元)	数量		
人工	综合工日	工日	96.00	10.260	3.251	11.875
材料	苯丙清漆	kg	55.729	11.620	2.090	—
	仿瓷涂料	kg	4.29	—	—	127.000
	丙苯乳胶漆　内墙用	kg	10.71	27.810	5.010	—
	成品腻子粉	kg	0.86	204.120	1.840	128.52
	油漆溶剂油	kg	3.86	1.291	0.230	—
	水	m^3	3.27	0.100	0.002	0.060
	砂纸	张	0.44	10.100	1.131	7.000
	其他材料费	元	1.001	10.18	1.73	13.17

三、复习思考题

（一）填空题

1. 金属门油漆应区分平开门、推拉门、钢制防火门等项目，分别为（　　　　）。

以平方米计量，项目特征可不必描述（ ）。

2. 木扶手应区分带托板与不带托板，分别编码列项，若是木栏杆带扶手，木扶手不应（ ），应包含在（ ）内。

3. 木门油漆清单工程量以“m^2”计量，按设计图示（ ）以面积计算。

4. 金属窗油漆清单工程量以“m^2”计量，按设计图示（ ）以面积计算。

5. 木地板油漆清单工程量按设计图示尺寸以（ ）计算，空洞、空圈、暖气包槽壁龛的开口部分（ ）。

6. 金属面油漆清单工程量以（ ）计量，按设计图示尺寸以（ ）计算。

7. 空花格刷涂料清单工程量按设计图示尺寸以（ ）计算。

8. 线条刷涂料清单工程量按设计图示尺寸以（ ）计算。

9. 墙纸裱糊清单工程量按设计图示尺寸以（ ）计算。

10. 抹灰面油漆分为（ ）、（ ）、（ ）。

（二）判断题

1. 金属窗油漆清单工程量以“m^2”计量，按设计展开面积计算。（ ）

2. 喷刷墙面涂料部位要注明内墙或外墙。（ ）

3. 油漆、涂料、裱糊工程中抹灰面油漆和刷涂料工作内容中包括“刮腻子”，但又单独列有“满刮腻子”项目，应该将抹灰面油漆和刷涂料中“刮腻子”内容单独分出执行满刮腻子项目。（ ）

4. 墙面喷刷涂料清单工程量按设计图示尺寸以面积计算。（ ）

5. 金属门油漆清单工程量以樘计量，按设计图示数量计量。（ ）

（三）单选题

1. 梁柱饰面油漆清单工程量按设计图示尺寸以油漆部分（ ）计算。

A. 投影面积　　B. 展开面积

C. 墙面积　　D. 柱面积

2. 木间壁、木隔断油漆清单工程量按设计图示尺寸以（ ）计算。

A. 投影面积　　B. 展开面积

C. 油漆部分展开面积　　D. 单面外围面积

3. 零星木装修油漆清单工程量按设计图示尺寸以（ ）计算。

A. 投影面积　　B. 展开面积

C. 油漆部分展开面积　　D. 单面外围面积

4. 木方格吊顶天棚油漆清单工程量按设计图示尺寸以（ ）计算。

A. 投影面积　　B. 展开面积　　C. 面积　　D. 油漆部分展开面积

5. 窗台板、筒子板、盖板、门窗套、踢脚线油漆清单工程量按设计图示尺寸以（ ）计算。

A. 投影面积　　　　　　　　　　B. 展开面积
C. 油漆部分展开面积　　　　　　D. 面积

(四) 简答题

1. 金属面油漆清单工程量应如何计算?
2. 栏杆刷涂料清单工程量应如何计算?

(五) 单元训练

1. 知识点训练

(1) 油漆、涂料、裱糊工程中的木材面油漆清单工程量如何计算?
(2) 油漆、涂料、裱糊工程中的木材面油漆综合单价如何计算?
(3) 油漆、涂料、裱糊工程中的涂料、裱糊清单工程量如何计算?

2. 技能点训练

请按某省装饰工程消耗量定额及统一基价表完成某酒店 A 套型 C 立面施工图(如图 2-6-6 所示)油漆、涂料、裱糊工程清单工程量的计算及综合单价的计算。(墙面材料及做法为:米色墙纸、大芯板打底石膏板面层油乳胶漆并留 V 缝,门、门套及门套线条均采用实木,油漆为底油、刮腻子、漆片二遍、聚氨酯清漆二遍、亚光面漆三遍。)作为投标人,编制分部分项工程和单价措施项目清单与计价表。

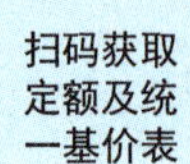

单元七 Chapter 07

其他装饰工程工程量清单编制及清单计价

知识点

其他装饰工程工程量清单项目设置及计算规则。

技能点

1. 能正确编制其他装饰工程的工程量清单；
2. 能准确计算其他装饰工程工程量清单项目的综合单价。

能力目标

能结合实际建筑装饰工程施工图纸，完成其他装饰工程清单计量与计价。

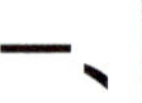

一、其他装饰工程工程量清单项目设置及计算规则

详见表 3-7-1 至表 3-7-8。

1. 柜类、货架（编号：011501）

规范摘录 表 3-7-1

项目编码	项目名称	项目特征	计量单位	工程量计算规则	工作内容
011501001	柜台	1. 台柜规格； 2. 材料种类、规格； 3. 五金种类、规格； 4. 防护材料种类； 5. 油漆品种、刷漆遍数	1. 个； 2. m； 3. m^3	1. 以个计量，按设计图示数量计量； 2. 以 m 计量，按设计图示尺寸以延长米计算； 3. 以 m^3 计量，按设计图示尺寸以体积计算	1. 台柜制作、运输、安装（安放）； 2. 刷防护材料、油漆； 3. 五金件安装
011501002	酒柜				
011501003	衣柜				
011501004	存包柜				
011501005	鞋柜				
011501006	书柜				
011501007	厨房壁柜				
011501008	木壁柜				
011501009	厨房低柜				
011501010	厨房吊柜				
011501011	矮柜				
011501012	吧台背柜				
011501013	酒吧吊柜				
011501014	酒吧台				
011501015	展台				
011501016	收银台				
011501017	试衣间				
011501018	货架				
011501019	书架				
011501020	服务台				

2. 压条、装饰线（编号：011502）

规范摘录 表 3-7-2

项目编码	项目名称	项目特征	计量单位	工程量计算规则	工作内容
011502001	金属装饰线	1. 基层类型； 2. 线条材料品种、规格、颜色； 3. 防护材料种类	m	按设计图示尺寸以长度计算	1. 线条制作、安装； 2. 刷防护材料
011502002	木质装饰线				
011502003	石材装饰线				
011502004	石膏装饰线				
011502005	镜面玻璃线	1. 基层类型； 2. 线条材料品种、规格、颜色； 3. 防护材料种类			
011502006	铝塑装饰线				
011502007	塑料装饰线				
011502008	GRC 装饰线条	1. 基层类型； 2. 线条规格； 3. 线条安装部位； 4. 填充材料种类			线条制作安装

3. 扶手、栏杆、栏板装饰（编码：011503）

规范摘录 表 3-7-3

<table>
<tr><th>项目编码</th><th>项目名称</th><th>项目特征</th><th>计量单位</th><th>工程量计算规则</th><th>工作内容</th></tr>
<tr><td>011503001</td><td>金属扶手、栏杆、栏板</td><td rowspan="3">1. 扶手材料种类、规格；
2. 栏杆材料种类、规格；
3. 栏板材料种类、规格、颜色；
4. 固定配件种类；
5. 防护材料种类</td><td rowspan="8">m</td><td rowspan="8">按设计图示以扶手中心线长度(包括弯头长度)计算</td><td rowspan="8">1. 制作；
2. 运输；
3. 安装；
4. 刷防护材料</td></tr>
<tr><td>011503002</td><td>硬木扶手、栏杆、栏板</td></tr>
<tr><td>011503003</td><td>塑料扶手、栏杆、栏板</td></tr>
<tr><td>011503004</td><td>GRC栏杆、扶手</td><td>1. 栏杆的规格；
2. 安装间距；
3. 扶手类型规格；
4. 填充材料种类</td></tr>
<tr><td>011503005</td><td>金属靠墙扶手</td><td rowspan="3">1. 扶手材料种类、规格；
2. 固定配件种类；
3. 防护材料种类</td></tr>
<tr><td>011503006</td><td>硬木靠墙扶手</td></tr>
<tr><td>011503007</td><td>塑料靠墙扶手</td></tr>
<tr><td>011503008</td><td>玻璃栏板</td><td>1. 栏杆玻璃的种类、规格、颜色、品牌；
2. 固定方式；
3. 固定配件种类</td></tr>
</table>

4. 暖气罩（编号：011504）

规范摘录 表 3-7-4

<table>
<tr><th>项目编码</th><th>项目名称</th><th>项目特征</th><th>计量单位</th><th>工程量计算规则</th><th>工作内容</th></tr>
<tr><td>011504001</td><td>饰面板暖气罩</td><td rowspan="3">1. 暖气罩材质；
2. 防护材料种类</td><td rowspan="3">m^2</td><td rowspan="3">按设计图示尺寸以垂直投影面积(不展开)计算</td><td rowspan="3">1. 暖气罩制作、运输、安装；
2. 刷防护材料</td></tr>
<tr><td>011504002</td><td>塑料板暖气罩</td></tr>
<tr><td>011504003</td><td>金属暖气罩</td></tr>
</table>

5. 浴厕配件（编号：011505）

规范摘录　　表 3-7-5

项目编码	项目名称	项目特征	计量单位	工程量计算规则	工作内容
011505001	洗漱台	1. 材料品种、规格、颜色； 2. 支架、配件品种、规格	1. m^2； 2. 个	1. 按设计图示尺寸以台面外接矩形面积计算。不扣除孔洞、挖弯、削角所占面积，挡板、吊沿板面积并入台面面积内； 2. 按设计图示数量计算	1. 台面及支架运输、安装； 2. 杆、环、盒、配件安装； 3. 刷油漆
011505002	晒衣架		个	按图示数量计算	
011505003	帘子杆				
011505004	浴缸拉手				
011505005	卫生间扶手				
011505006	毛巾杆(架)		套		
011505007	毛巾环		副		
011505008	卫生纸盒		个		
011505009	肥皂盒				
011505010	镜面玻璃	1. 镜面玻璃品种、规格； 2. 框材质、断面尺寸； 3. 基层材料种类； 4. 防护材料种类	m^2	按设计图示尺寸以边框外围面积计算	1. 基层安装； 2. 玻璃及框制作、运输、安装
011505011	镜箱	1. 箱体材质、规格； 2. 玻璃品种、规格； 3. 基层材料种类； 4. 防护材料种类； 5. 油漆品种、刷漆遍数	个	按设计图示数量计算	1. 基层安装； 2. 箱体制作、运输、安装； 3. 玻璃安装； 4. 刷防护材料、油漆

6. 雨篷、旗杆（编号：011506）

规范摘录　　表 3-7-6

项目编码	项目名称	项目特征	计量单位	工程量计算规则	工作内容
011506001	雨篷吊挂饰面	1. 基层类型； 2. 龙骨材料种类、规格、中距； 3. 面层材料品种、规格； 4. 吊顶(天棚)材料品种、规格； 5. 嵌缝材料种类； 6. 防护材料种类	m^2	按设计图示尺寸以水平投影面积计算	1. 底层抹灰； 2. 龙骨基层安装； 3. 面层安装； 4. 刷防护材料、油漆

续表

项目编码	项目名称	项目特征	计量单位	工程量计算规则	工作内容
011506002	金属旗杆	1. 旗杆材料、种类、规格； 2. 旗杆高度； 3. 基础材料种类； 4. 基座材料种类； 5. 基座面层材料、种类、规格	根	按设计图示数量计算	1. 土石挖、填、运； 2. 基础混凝土浇筑； 3. 旗杆制作、安装； 4. 旗杆台座制作、饰面
011506003	玻璃雨篷	1. 玻璃雨篷固定方式； 2. 龙骨材料种类、规格、中距； 3. 玻璃材料品种、规格； 4. 嵌缝材料种类； 5. 防护材料种类	m^2	按设计图示尺寸以水平投影面积计算	1. 龙骨基层安装； 2. 面层安装； 3. 刷防护材料、油漆

7. 招牌、灯箱（编号：011507）

规范摘录　　表 3-7-7

项目编码	项目名称	项目特征	计量单位	工程量计算规则	工作内容
011507001	平面、箱式招牌	1. 箱体规格； 2. 基层材料种类； 3. 面层材料种类； 4. 防护材料种类	m^2	按设计图示尺寸以正立面边框外围面积计算。复杂形状的凸凹造型部分不增加面积	1. 基层安装； 2. 箱体及支架制作、运输、安装； 3. 面层制作、安装； 4. 刷防护材料、油漆
011507002	竖式标箱				
011507003	灯箱				
011507004	信报箱		个	按设计图示数量计算	

8. 美术字（编号：011508）

规范摘录　　表 3-7-8

项目编码	项目名称	项目特征	计量单位	工程量计算规则	工作内容
011508001	泡沫塑料字	1. 基层类型； 2. 携字材料品种、颜色； 3. 字体规格； 4. 固定方式； 5. 油漆品种、刷漆遍数	个	按设计图示数量计算	1. 字制作、运输、安装； 2. 刷油漆
011508002	有机玻璃字				
011508003	木质字				
011508004	金属字				
011508005	吸塑字				

• 柜类、货架、涂刷配件、雨篷、旗杆、招牌、灯箱、美术字等单件项目，工作内

容中包括了“刷油漆”，主要考虑整体性。不得单独将油漆分离，单列油漆清单项目；其他的项目，工作内容中没有包括“刷油漆”可单独按相应项目编码列项。

- 凡栏杆、栏板含扶手的项目，不得单独将扶手进行编码列项。

二、案例分析

【例】 某银行卫生间立面施工图如图 2-7-8 所示，墙面贴 300mm×600mm 米黄砖，门采用 2100mm×700mm 的成品单开门，80mm 实木线条门套线。1000mm×700mm 的 5mm 车边银镜以及 1100mm×600mm 黑金砂大理石台面的洗漱台，洗漱盆采用台下盆。(参考某省工程信息价，装饰人工市场价 73 元/工日，黑金砂市场价为 330 元/m^2)

1. 作为招标人，根据国家《房屋建筑与装饰工程工程量计算规范》GB 50854—2013，试计算该工程其他装饰工程清单工程量，并编列出项目工程量清单。

2. 作为投标人，根据国家《建设工程工程量清单计价规范》GB 50500—2013 和某省装饰工程消耗量定额及统一基价表、取费定额（企业管理费 10.05%、附加税 0.83%、利润 7.41%），采用一般计税法。计算油漆、涂料、裱糊工程清单综合单价及投标报价。

【解】

1.《房屋建筑与装饰工程工程量计算规范》GB 50584—2013，招标人计算（表 3-7-9）：

（1）木质装饰线清单工程量：0.78+（2.1+0.04）×2=5.06m

（2）镜面玻璃清单工程量：1×0.7=0.7m^2

（3）黑金砂洗漱台清单工程量：1.1×0.6=0.66m^2

（4）面磨一阶半圆线条定额工程量：1.1m

（5）石材面开洞直径 200mm 以外定额工程量：1 个

2. 根据相关计算规则，投标人计算（表 3-7-10）：

（1）80 实木装饰线清单工程量：0.86+2.1×2=5.06m

（2）80 实木装饰线综合单价报价（参考某省装饰工程消耗量定额及统一基价表）

15-27，80mm 实木线条的人材机费用=5.06×2480.27/100=125.50 元

其中人工费=5.06×265.44/100=13.43 元

企业管理费=人工费×费率=13.43×10.88%=1.46 元

利润=人工费×费率=13.43×7.41%=1.00 元

80mm 实木装饰线费用共计：人材机费用+管理费+利润

=125.50+1.46+1.00=127.96 元

暂不考虑风险费用。

80mm 实木装饰线综合单价=（人材机费用+管理费+利润）÷清单工程量=127.96÷5.06=25.29 元/m

（3）镜面玻璃清单工程量：1×0.7=0.7m^2

（4）镜面玻璃综合单价报价（参考某省装饰工程消耗量定额及统一基价表）

15-119，镜面玻璃的人材机费用：=0.7×1581.14/10=110.68 元

其中人工费=0.7×216.77/10=15.17 元

企业管理费=人工费×费率=15.17×10.88%=1.65 元

利润=人工费×费率=15.17×7.41%=1.12 元

镜面玻璃费用共计：人材机费用+管理费+利润=110.68+1.65+1.12=113.45 元

暂不考虑风险费用。

镜面玻璃综合单价=（人材机费用+管理费+利润）÷清单工程量=113.45÷0.7=162.07 元/m^2

（5）黑金砂洗漱台清单工程量：1.1×0.6=0.66m^2

（6）黑金砂洗漱台综合单价报价（参考某省装饰工程消耗量定额及统一基价表）

1）15-114，黑金砂洗漱台的人材机费用：=0.66×5183.29/10=342.10 元

其中人工费=0.66×1827.07/10=120.59 元

2）15-218，洗漱台面磨一阶半圆线条的人材机费用：=1.1×1718.62/100=18.90 元

其中人工费=1.1×1684.80/100=18.53 元

3）15-225，石材面开洞直径 200mm 以外人材机费用：=1×736.21/100=7.36 元

其中人工费=1×670.08/100=6.70 元

企业管理费共计=人工费×费率=（120.59+18.53+6.70）×10.88%=15.87 元

利润=人工费×费率=（120.59+18.53+6.70）×7.41%=10.81 元

黑金砂洗漱台清单项目费总计：人材机费用+管理费+利润

=（342.10+18.90+7.36）+15.87+10.81=395.04 元

暂不考虑风险费用。

黑金砂洗漱台清单项目综合单价=（人材机费用+管理费+利润）÷清单工程量

=395.04÷0.66=598.55 元/m^2

分部分项工程和单价措施项目清单与计价表（招标人）　　　　表 3-7-9

工程名称：某工程

序号	项目编码	项目名称	项目特征描述	计量单位	工程量
1	011502002001	木质装饰线	1. 基层类型：无； 2. 线条材料、品种、规格、颜色； 3. 80mm 实木线条； 4. 防护材料种类：无	m	5.06
2	011505010001	镜面玻璃	1. 镜面玻璃品种、规格：5mm 车边镜； 2. 框材质：无； 3. 基层材料种类：无； 4. 防护材料种类：无	m^2	0.7
3	011505001001	洗漱台	1. 材料品种、规格、颜色：1100mm×600mm 黑金砂台面，台面磨一阶半圆边，开直径 200mm 以外的洞； 2. 支架、配件品种、规格：5 号角钢	m^2	0.66

分部分项工程和单价措施项目清单与计价表（投标人） 表 3-7-10

工程名称：某工程

序号	项目编码	项目名称	项目特征描述	计量单位	工程量	金额(元)		
						综合单价	合价	其中 暂估价
1	011502002001	木质装饰线	1. 基层类型：无； 2. 线条材料品种规格；颜色：80mm 实木线条； 3. 防护材料种类：无	m	5.06	25.29	127.97	—
2	011505010001	镜面玻璃	1. 镜面玻璃品种、规格：5mm 车边镜； 2. 框材质：无； 3. 基层材料种类：无； 4. 防护材料种类：无	m^2	0.7	162.07	113.45	—
3	011505001001	洗漱台	1. 材料品种、规格、颜色：1100mm×600mm 黑金砂台面，台面磨一阶半圆边，开直径 200mm 以外的洞； 2. 支架、配件品种、规格：5 号角钢	m^2	0.66	598.55	395.04	—
本页小计							636.46	—
合计							636.46	—

三、复习思考题

(一) 填空题

1. 硬木扶手、栏杆、栏板清单工程量按设计图示以扶手中心线长度（　　　　）计算。

2. 饰面板暖气罩清单工程量按设计图示尺寸以垂直投影面积（　　　　）计算。

3. 洗漱台清单工程量按设计图示尺寸以台面（　　　　）计算。

4. 镜面玻璃清单工程量按设计图示尺寸以（　　　　）计算。

5. 雨篷吊挂饰面清单工程量按设计图示尺寸以（　　　　）计算。

6. 玻璃雨篷清单工程量按设计图示尺寸以（　　　　）计算。

7. 平面、箱式招牌清单工程量按设计图示尺寸以（　　　　）计算。

8. 金属旗杆清单工程量以根为单位，按设计图示（　　　　）计算。

9. 玻璃栏板清单工程量以“m”为单位，按设计图示以（　　　　）包括弯头长度计算。

10. 柜台清单工程量以“m”计量，按设计图示尺寸以（　　　　）计算。

（二）判断题

1. 洗漱台清单工程量以“m^2”计量，扣除孔洞、挖弯、削角所占面积，挡板、吊沿板面积并入台面面积内。（　　）

2. 平面、箱式招牌清单工程量以“m^2”计量，复杂形的凹凸造型部分增加面积。（　　）

3. 凡栏杆、栏板含扶手的项目，不得单独对扶手进行编码列项。（　　）

4. 柜类、货架、涂刷配件、雨篷、旗杆、招牌、灯箱、美术字等单件项目，工作内容中包括了“刷油漆”，主要考虑整体性。也可单独将油漆分离，单列油漆清单项目。（　　）

5. 其他项目，工作内容中没有包括“刷油漆”可单独按相应项目编码列项。（　　）

（三）单元训练

1. 知识点训练

（1）其他工程中的柜类、货架清单工程量如何计算？

（2）其他工程中的压条、装饰线条清单工程量如何计算？

（3）其他工程中的零星装修工程综合单位如何计算？

2. 技能点训练

请按某省装饰工程消耗量定额及统一基价表完成某茶室收银台清单工程量的计算及综合单价的计算。（收银台采用材料施工做法见图 3-7-1 至图 3-7-3）作为投标人，编制分部分项工程和单价措施项目清单与计价表。

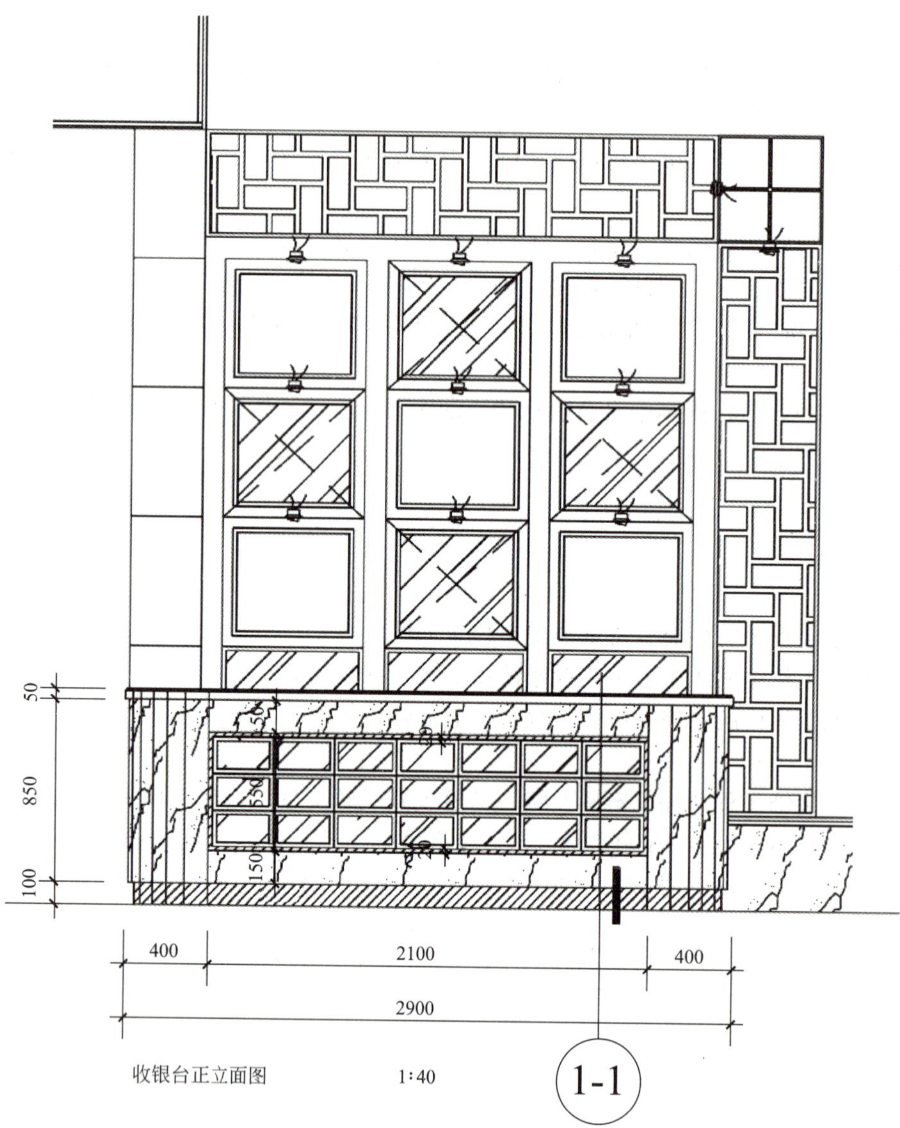

图 3-7-1 施工图（一）

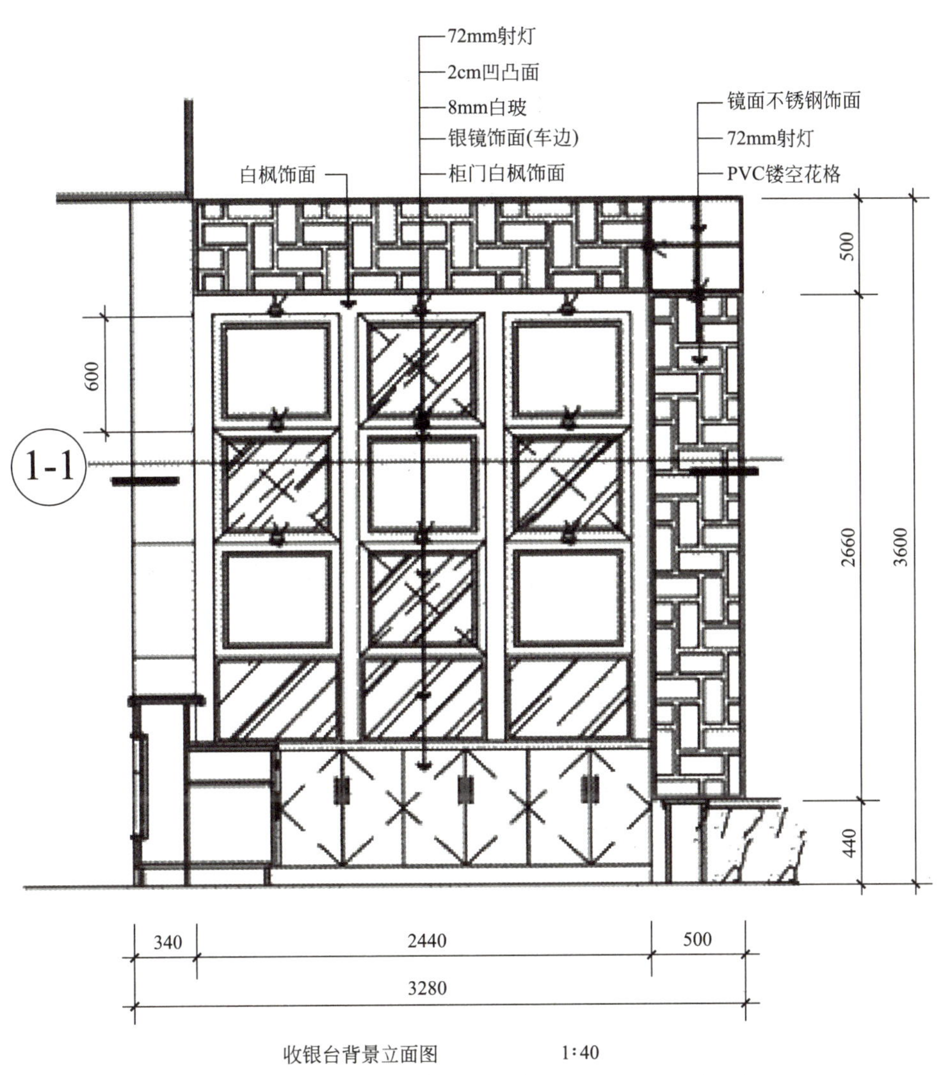

收银台背景立面图　　1:40

图 3-7-2　施工图（二）

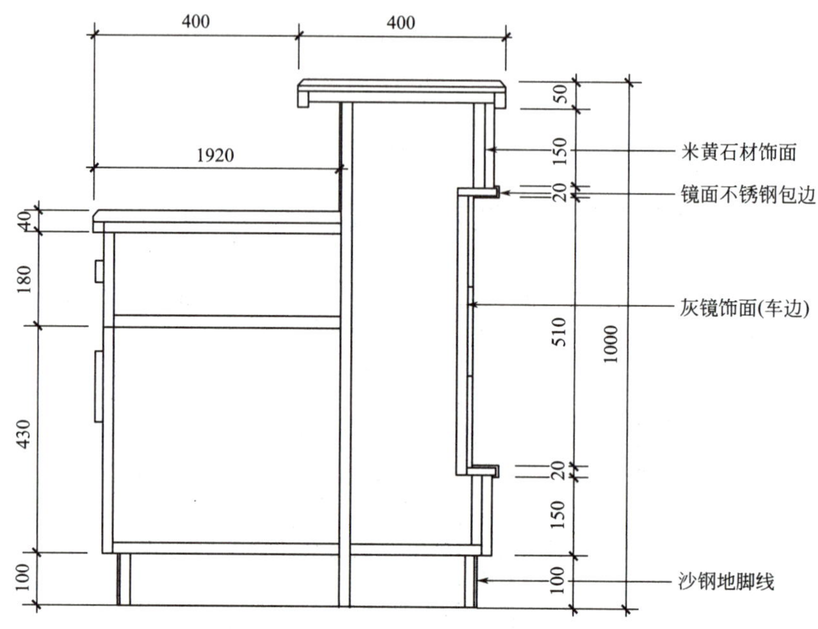

收银台1-1　剖面大样图　　1:10

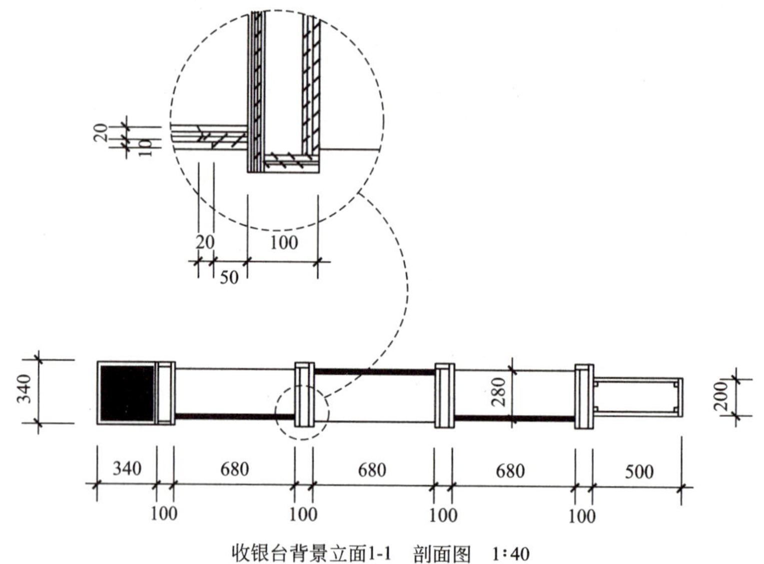

收银台背景立面1-1　剖面图　1:40

图 3-7-3　施工图（三）

单元八 Chapter 08

拆除工程工程量清单编制及清单计价

知识点

拆除工程工作量清单项目设置及计算规则。

技能点

1. 能正确编制拆除工程工程量清单；
2. 能正确确定拆除工程工程量清单项目的综合单价。

能力目标

能结合实际建筑装饰工程施工图纸，进行拆除工程工程量清单计量与计价。

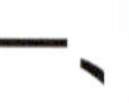

一、拆除工程工程量清单项目设置及计算规则

详见表 3-8-1。

拆除工程（编码 011701）（规范摘录）　　表 3-8-1

项目编码	项目名称	项目特征	计量单位	工程量计算规则
011601001	砖砌体拆除	1. 砌体名称； 2. 砌体材质； 3. 拆除高度； 4. 拆除砌体的截面尺寸； 5. 砌体表面的附着物种类	m^3/m	1. 以 m^3 计量，按拆除的体积计算； 2. 以 m 计量，按拆除的延长米计算
011602001	混凝土构件拆除	1. 构件名称； 2. 拆除构件的厚度或规格尺寸； 3. 构件表面的附着物种类	m^3/m^2/m	1. 以 m^3 计算，按拆除构件的混凝土体积计算； 2. 以 m^2 计算，按拆除部位的面积计算； 3. 以 m 计算，按拆除部位的延长米计算
011602002	钢筋混凝土构件拆除	1. 构件名称； 2. 拆除构件的厚度或规格尺寸； 3. 构件表面的附着物种类	m^3/m^2/m	
011603001	木构件拆除	1. 构件名称； 2. 拆除构件的厚度，或规格尺寸； 3. 构件表面的附着物种类	m^3/m^2/m	1. 以 m^3 计算，按拆除构件的混凝土体积计算； 2. 以 m^2 计算，按拆除面积计算； 3. 以 m 计算，按拆除延长米计算
011604001	平面抹灰层拆除	1. 拆除部位； 2. 抹灰层种类	m^2	按拆除部位的面积计算
011604002	立面抹灰层拆除	1. 拆除部位； 2. 抹灰层种类	m^2	
011604003	天棚抹灰面拆除	1. 拆除部位； 2. 抹灰层种类	m^2	
011605001	平面块料拆除	1. 拆除的基层类型； 2. 饰面材料种类	m^2	按拆除面积计算
011605002	立面块料拆除	1. 拆除的基层类型； 2. 饰面材料种类	m^2	

续表

项目编码	项目名称	项目特征	计量单位	工程量计算规则
011606001	楼地面龙骨及饰面拆除	1. 拆除的基层类型； 2. 龙骨及饰面种类	m^2	按拆除面积计算
011606002	墙柱面龙骨及饰面拆除	1. 拆除的基层类型； 2. 龙骨及饰面种类	m^2	
011606003	天棚面龙骨及饰面拆除	1. 拆除的基层类型； 2. 龙骨及饰面种类	m^2	
011607001	屋面刚性层拆除	刚性层厚度	m^2	按铲除部位的面积计算
011607002	屋面防水层拆除	防水层种类	m^2	
011608001	铲除油漆面	1. 铲除部位名称； 2. 铲除部位的截面尺寸	m^2/m	1. 以 m^2 计算，按铲除部位的面积计算； 2. 以 m 计算，按铲除部位的延长米计算
011608002	铲除涂料面	1. 铲除部位名称； 2. 铲除部位的截面尺寸	m^2/m	
011608003	铲除裱糊面	1. 铲除部位名称； 2. 铲除部位的截面尺寸	m^2/m	
011609001	栏杆、栏板拆除	1. 栏杆（板）的高度； 2. 栏杆、栏板种类	m^2/m	1. 以 m^2 计量，按拆除部位的面积计算； 2. 以 m 计量，按拆除的延长米计算
011609002	隔断、隔墙拆除	1. 拆除隔墙的骨架种类； 2. 拆除隔墙的饰面种类	m^2	按拆除部位的面积计算
011610001	木门窗拆除	1. 室内高度； 2. 门窗洞口尺寸	m^2/樘	1. 以 m^2 计量，按拆除面积计算； 2. 以樘计量，按拆除樘数计算
011610002	金属门窗拆除	1. 室内高度； 2. 门窗洞口尺寸	m^2/樘	
011611001	钢梁拆除	1. 构件名称； 2. 拆除构件的规格尺寸	t/m	1. 以 t 计算，按拆除构件的质量计算； 2. 以 m 计算，按拆除延长米计算
011611002	钢柱拆除	1. 构件名称； 2. 拆除构件的规格尺寸	t/m	
011611003	钢网架拆除	1. 构件名称； 2. 拆除构件的规格尺寸	t	按拆除构件的质量计算
011611004	钢支撑、钢墙架拆除	1. 构件名称； 2. 拆除构件的规格尺寸	t/m	1. 以 t 计算，按拆除构件的质量计算； 2. 以 m 计算，按拆除延长米计算
011611005	其他金属构件拆除	1. 构件名称； 2. 拆除构件的规格尺寸	t/m	
011612001	管道拆除	1. 管道种类、材质； 2. 管道上的附着物种类	m	按拆除管道的延长米计算

续表

项目编码	项目名称	项目特征	计量单位	工程量计算规则
011612002	卫生洁具拆除	卫生洁具种类	套/个	按拆除的数量计算
011613001	灯具拆除	1. 拆除灯具高度； 2. 灯具种类	套	按拆除的数量计算
011613002	玻璃拆除	1. 玻璃厚度； 2. 拆除部位	m^2	按拆除的面积计算
011614001	暖气罩拆除	暖气罩材质	个/m	1. 以个为单位计量，按拆除个数计算； 2. 以m为单位计量，按拆除延长米计算
011614002	柜体拆除	1. 柜体材质； 2. 柜体尺寸：长、宽、高	个/m	
011614003	窗台板拆除	窗台板平面尺寸	块/m	1. 以块计量，按拆除数量计算； 2. 以m计量，按拆除的延长米计算
011614004	筒子板拆除	筒子板的平面尺寸	块/m	
011614005	窗帘盒拆除	窗帘盒的平面尺寸	m	按拆除的延长米计算
011614006	窗帘轨道拆除	窗帘轨的材质	m	
011615001	开孔（打洞）	1. 部位； 2. 打洞部位材质； 3. 洞尺寸	个	按数量计算

二、案例分析

【例】某工程一层（图3-8-1）需要拆除建筑内两堵多孔砖墙，多孔砖墙净高度为3m，所有墙体厚度为240mm，建筑垃圾运距按1000m考虑。

1. 作为招标人，根据国家《房屋建筑与装饰工程工程量计算规范》GB 50584—2013，试编制拆除工程项目工程量清单。

2. 作为投标人，根据国家《建设工程工程量清单计价规范》GB 50500—2013和某省装饰工程消耗量定额及统一基价表、取费定额（管理费10.05%、附加税0.83%、利润7.41%），采用一般计税法，试计算拆除工程项目投标报价。

【解】

1. 计算工程量（表3-8-2）

（1）多孔墙拆除工程量=［（4-0.24）×3－0.9×2.1］×2×0.24=4.51m^3

（2）垃圾外运工程量（按墙体实体积1.3倍计算虚方量）=4.51×1.3=5.86m^3

2. 套用定额基价并换算（表3-8-3）

（1）16—6，多孔墙拆除的人材机费用=4.51×39.02=175.98元

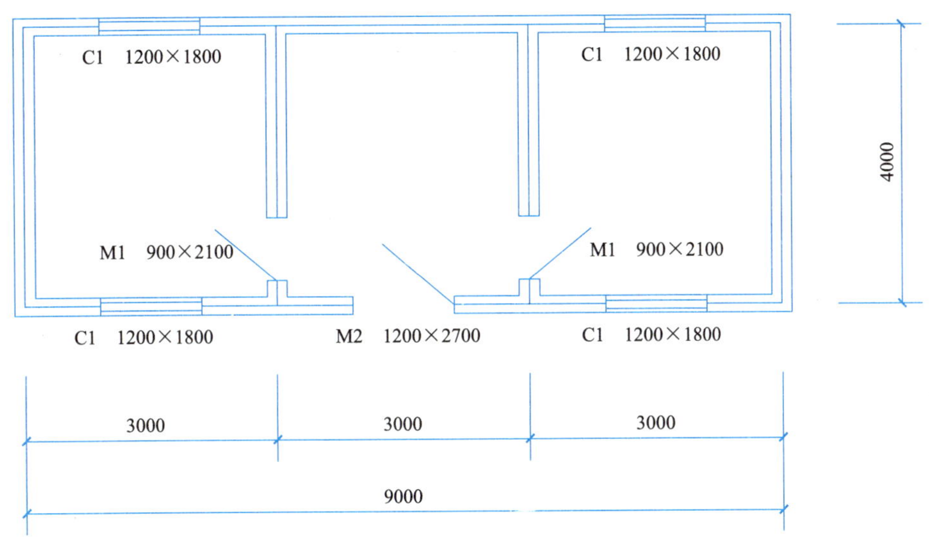

图 3-8-1　施工图

其中人工费=4.51×39.02=175.98 元

(2) 16—124，垃圾外运的人材机费用=5.86×506.82=297.00 元

其中人工费=5.86×345.10=202.23 元

(3) 人材机费用合计=175.98+297.00=472.98 元

其中人工费合计=175.98+202.23=378.21 元

企业管理费共计=人工费×费率=378.21×10.88%=41.15 元

利润=人工费×费率=378.21×7.41%=28.03 元

多孔砖墙拆除清单项目费总计=人材机费用+管理费+利润

=472.98 元+51.46 元+30.05 元=554.49 元

暂不考虑风险费用。

多孔砖墙拆除清单项目综合单价=（人材机费用+管理费+利润）÷清单工程量

=554.49÷0.66=122.95 元/m^3

分部分项工程和单价措施项目清单与计价表（招标人）　　表 3-8-2

工程名称：某工程

序号	项目编码	项目名称	项目特征描述	计量单位	工程量
1	011601001001	多孔墙拆除	1. 240mm 厚内墙； 2. 多孔砖； 3. 拆除高度 3m； 4. 拆除砌体的 4m×3m×0.24m； 5. 水泥砂浆粉刷； 6. 垃圾清运 1000m	m^3	4.51

分部分项工程和单价措施项目清单与计价表（投标人） 表 3-8-2

工程名称：某工程

序号	项目编码	项目名称	项目特征描述	计量单位	工程量	金额(元)		
						综合单价	合价	其中 暂估价
1	011601001001	多孔墙拆除	1. 240mm 厚内墙； 2. 多孔砖； 3. 拆除高度 3m； 4. 拆除砌体的 4m × 3m ×0.24m； 5. 水泥砂浆粉刷； 6. 垃圾清运 1000m	m^3	4.51	122.95	542.15	—
本页小计							542.15	—
合计							542.15	—

三、复习思考题

（一）填空题

1. 砌体拆除工程项目清单工程量按（　　　　）计算。
2. 块料面层拆除工程项目清单工程量按（　　　　）计算。
3. 门窗工程拆除清单工程量按（　　　　）计算。

（二）简答题

1. 水泥地面拆除清单工程量如何计算？
2. 水泥地面拆除综合单价如何确定？
3. 天棚抹灰拆除清单工程量如何计算？
4. 天棚抹灰拆除综合单价如何确定？

（三）单元训练

知识点训练

（1）柜体拆除清单工程量如何计算？

（2）柜体拆除综合单价如何确定？

单元九 Chapter 09

措施项目工程量清单编制及清单计价

知识点

1. 措施项目工程量清单项目设置及计算规则。
2. 措施项目工程量清单的编制及相关说明；
3. 措施项目工程量清单项目综合单价的确定。

技能点

1. 能正确编制措施项目工程量清单；
2. 能正确确定措施项目工程量清单项目的综合单价。

能力目标

能结合实际建筑装饰工程施工图纸，进行措施项目工程量清单计量与计价。

一、措施项目工程量清单项目设置及计算规则

《房屋建筑与装饰工程工程量计算规范》GB 50854—2013 中的措施项目主要包括脚手架工程、混凝土模板及支架（撑）、垂直运输、超高施工增加、大型机械设备进出场及安拆、施工排水、降水、安全文明施工及其他措施项目等内容，在装饰工程施工中常需考虑的有：脚手架工程、垂直运输、超高施工增加、安全文明施工及其他措施项目四部分。脚手架工程主要包括：综合脚手架、外脚手架、里脚手架、悬空脚手架、挑脚手架、满堂脚手架、整体提升脚手架、外装饰吊篮项目。结合江西省定额，装饰工程中常涉及的清单项目有外脚手架、里脚手架、满堂脚手架及外装饰吊篮。

（一）脚手架工程工程量清单项目设置及工程量计算规则

详见表 3-9-1。

规范摘录　　表 3-9-1

项目编码	项目名称	项目特征	计量单位	工程量计算规则
011701002	外脚手架	1. 搭设方式； 2. 搭设高度； 3. 脚手架材质	m^2	按所服务对象的垂直投影面积计算
011701003	里脚手架			
011701006	满堂脚手架			按搭设的水平投影面积计算
011701008	外装饰吊篮	1. 升降方式及启动装置； 2. 搭设高度及吊篮型号		按所服务对象的垂直投影面积计算

（二）垂直运输工程量清单项目设置及工程量计算规则

详见表 3-9-2。

规范摘录　　表 3-9-2

项目编码	项目名称	项目特征	计量单位	工程量计算规则
011703001	垂直运输	1. 建筑物建筑类型及结构形式； 2. 地下室建筑面积； 3. 建筑物檐口高度、层数	1. m^2； 2. 天	1. 按建筑面积计算； 2. 按施工工期日历天数计算

(三) 超高施工增加项目设置及工程量计算规则

详见表 3-9-3。

规范摘录　　表 3-9-3

项目编码	项目名称	项目特征	计量单位	工程量计算规则
011704001	超高施工增加	1. 建筑物建筑类型及结构形式； 2. 建筑物檐口高度、层数； 3. 单层建筑物檐口高度超过20m，多层建筑物超过6层部分的建筑面积	m^2	按建筑物超高部分的建筑面积计算

(四) 安全文明施工及其他工程量清单项目设置及工程量计算规则

详见表 3-9-4。

规范摘录　　表 3-9-4

项目编码	项目名称	工作内容及包含范围
011707001	安全文明施工	详见原规范
011707002	夜间施工	
011707003	非夜间施工照明	
011707004	二次搬运	
011707005	冬雨期施工	
011703007	已完工程及设备保护费	

二、措施项目工程量清单的编制及相关说明

(一) 编制依据

措施项目清单应根据《房屋建筑与装饰工程工程量计算规范》GB 50854—2013 规定的项目编码、项目名称、项目特征及描述、计算单位、工程量计算规则进行编制。

（二）相关说明

1. 脚手架工程

（1）同一建筑物有不同檐高时，按建筑物竖向切面分别按不同檐高编列项目清单。

（2）脚手架材质可以不描述，但应注明由投标人根据工程实际情况按照国家现行标准《建筑施工扣件式钢管脚手架安全技术规范》JGJ 130—2011 等规范自行确定。

（3）外脚手架、里脚手架、满堂脚手架项目的工作内容包括：

1）场内、场外材料搬运；

2）搭、拆脚手架，斜道，上料平台；

3）安全网的铺设；

4）拆除脚手架后材料堆放。

（4）外装饰吊篮项目工作内容包括：

1）场内、场外材料搬运；

2）吊篮的安装；

3）测试电动装置、安全锁、平衡控制器等；

4）吊篮的拆卸。

2. 垂直运输工程

（1）建筑物的檐口高度是指设计室外地坪至檐口滴水线的高度（平屋顶系指屋面板底高度）突出主体建筑物顶的电梯机房、楼梯出口间、水箱间、瞭望塔、排烟机房等不计入檐口高度。

（2）垂直运输指施工工程在合理工期内所需垂直运输机械。

（3）同一建筑物有不同檐高时，按建筑物的不同檐高做纵向分割，分别计算建筑面积，以不同檐高分别编码列项。

（4）垂直运输的工作内容：垂直运输机械的固定装置、基础制作、安装、行走式垂直运输机械轨道的铺设、拆除、摊销。

3. 超高施工增加

（1）单层建筑物檐口高度超过 20m，多层建筑物超过 6 层时，可按超高部分的建筑面积计算超高施工增加。计算层数时，地下室不计入层数。

（2）同一建筑物有不同檐高时，可按不同高度的建筑面积，以不同檐高分别编码列项。

（3）超高施工增加工作内容：建筑物超高引起的人工工效的降低以及人工工效降低引起的机械降效；高层建筑用水加压水泵的安装、拆除及工作台班；通信联络设备的使用及摊销。

4. 安全文明施工

安全文明施工内容包括环境保护、文明施工、安全施工、临时设施四方面。

5. 夜间施工工作内容包括：

（1）夜间固定照明灯具和临时可移动照明灯具的设置、拆除。

（2）夜间施工时，施工现场交通标志、安全标牌、警示灯等的设置、移动、拆除。

（3）夜间照明设备及照明用电、施工人员夜间补助、夜间施工劳动效率降低等。

6. 非夜间施工工作

其内容包括为保证工程施工正常进行，在地下室等特殊施工部位施工时所采用的照明设备的安拆、维护及照明用电等。

7. 二次搬运的工作

其内容包括由于施工场地条件的限制而发生的材料、成品、半成品等一次运输不能到达堆放地点，必须进行的二次或多次搬运。

8. 冬雨期施工工作

其内容包括冬雨期施工时增加的临时设施、施工现场的防滑处理、对影响施工的雨雪的清除、施工人员的劳动保护用品、劳动效率降低等。

9. 已完工程及设备保护工作

其内容包括对已完工程及设备采取的覆盖、包裹、封闭、隔离等必要保护措施。

三、措施项目工程量清单项目综合单价的确定

（一）脚手架工程综合单价的确定

1. 外脚手架、里脚手架项目清单工程量计算规则与定额计算规则相同且一个清单项只包含一个定额项，故综合单价确定方法为：

第一步，直接套用定额的基价。

第二步，计算企业管理费及利润。

第三步，根据招标文件规定的风险算风险费用。

第四步，汇总形成综合单价。

2. 满堂脚手架项目清单工程量计算规则与定额计算规则相同但一个清单项有可能包含两个或三个定额项（包含基本层、附加层及增加改架工费定额项），综合单价确定方法如下：

第一步，直接套用定额的基价，计算出多个子项工程的人材机费用。

第二步，计算企业管理费及利润。

第三步，根据招标文件规定的风险算风险费用。

第四步，汇总形成综合单价。

综合单价＝（人材机费＋企业管理费＋利润＋一定风险费用）÷清单工程量。

（二）其他措施项目综合单价的确定

其他措施项目的综合单价确定方法与脚手架工程相同，综合单价包含人工费、材料费、施工机具使用费、施工管理费、利润和一定的风险费用。

四、案例分析

【例】 某工程平面如图 3-2-1 所示，共三层，首层层高 6m，二、三层层高均为 3.3m，女儿墙顶标高+13.8m，室外地坪标高为−0.3m，内外墙均进行装饰装修，首层天棚需进行吊顶，墙厚 240mm，轴线尺寸为墙中心线。

1. 作为招标人，根据国家《房屋建筑与装饰工程工程量计算规范》GB 50854—2013，试编制装饰脚手架工程量清单。

2. 作为投标人，根据国家《建设工程工程量清单计价规范》GB 50500—2013 和某省装饰工程消耗量定额及统一基价表、取费定额（管理费 10.05%、附加税 0.83%、利润 7.41%），采用一般计税法，试计算装饰脚手架投标报价。

【解】

1. 招标人计算：

（1）装饰外脚手架清单工程量 $S=(20.24+6.24)\times2\times(13.8+0.3)=746.74\text{m}^2$

（2）满堂脚手架清单工程量 $S=(10-0.24)\times(4.5-0.24)\times2+(20-0.24)\times(1.5-0.24)\times2=108.05\text{m}^2$

2. 招标人编制脚手架项目工程清单（表 3-9-5）

脚手架　　表 3-9-5

序号	项目编码	项目名称	项目特征描述	计量单位	工程量	金额(元)		
						综合单价	合价	其中 暂估价
1	011701002001	外脚手架	1. 扣件式双排钢管脚手架； 2. 搭设高度 14.1m	m^2	746.74	—	—	—
2	011701002002	满堂脚手架	1. 扣件式多立杆钢管脚手架； 2. 层高 6m	m^2	108.05	—	—	—
							—	—
合计							—	—

3. 投标人计算：

（1）定额工程量计算

1）装饰外脚手架定额计价工程量$=746.74\text{m}^2$

2）满堂脚手架定额计价工程$=108.05\text{m}^2$

（2）综合单价确定

1）装饰外脚手架综合单价：

查定额 A17-49，定额基价为 1207.53 元/100m^2（其中人工费 592.03 元/100m^2）。

人材机费用＝工程量×定额基价＝746.74×1207.53÷100＝9017.11 元

其中人工费＝工程量×定额人工费＝746.74×592.03÷100＝4420.92 元

企业管理费＝人工费用×（管理费率＋附加税）＝4420.92×（10.05%＋0.83%）＝481.00 元

利润＝人工费用×利润率＝4420.92×7.41%＝327.59 元

暂不考虑风险费用。

综合单价＝（人材机费用＋企业管理费＋利润）÷工程量＝（9017.11＋481.00＋327.59）÷746.74＝13.16 元/m^2

2）满堂脚手架综合单价：

查定额 A17-59，定额基价为 1080.19 元/100m^2（其中人工费 613.53 元/100m^2），查定额 A17-60，定额基价为 164.88 元/100m^2（其中人工费 131.92 元/100m^2）

本工程首层层高为 6m，大于 5.2m，（6－5.2）/1.2＝0.67，应套用一个基本层和一个增加层定额子目，还需增加改架人工费。

改架人工费工程量 S＝（10－0.24＋6－0.24）×2×2×6＋（10－0.24＋1.5－0.24）×2×2×6＝624.72m^2

改架人工费＝636.96÷100×1.28×85＝679.70 元

人材机费用＝工程量×定额基价＝132.95×（1080.19＋164.88）÷100＋679.70＝2335.02 元

其中人工费＝工程量×定额人工费＝132.95×（613.53＋131.92）÷100＝991.08 元

企业管理费＝人工费用×（管理费率＋附加税）＝（991.08＋679.70）×（10.05%＋0.83%）＝181.78 元

利润＝人工费用×利润率＝（991.08＋679.70）×7.41%＝123.80 元

暂不考虑风险费用。

综合单价＝（人材机费用＋企业管理费＋利润）÷工程量＝（2335.02＋679.70＋181.78＋123.80）÷132.95＝24.97 元/m^2

（3）投标报价（表 3-9-6）

分部分项工程和单价措施项目清单与计价表　　表 3-9-6

工程名称：某工程

序号	项目编码	项目名称	项目特征描述	计量单位	工程量	金额(元)		
						综合单价	合价	其中 暂估价
1	011701002001	外脚手架	1. 扣件式双排钢管脚手架； 2. 搭设高度 14.1m	m^2	746.74	13.16	9827.10	
2	011701002002	满堂脚手架	1. 扣件式多立杆钢管脚手架； 2. 层高 6m	m^2	132.95	24.97	3319.76	
合计							13146.86	

五、复习思考题

（一）填空题

1. 装饰外脚手架清单工程量按（　　　　）计算。
2. 装饰内墙粉刷脚手架清单工程量按（　　　　）计算。
3. 装饰满堂脚手架清单工程量按（　　　　）计算。

（二）判断题

1. 脚手架工程清单项目设置为单排脚手架、双排脚手架和满堂脚手架。（　　）
2. 装饰外脚手架清单工程量按外墙的外边线长乘墙高以 m^2 计算，不扣除门窗洞口的面积。（　　）
3. 装饰内墙粉刷脚手架清单工程量按内墙的垂直投影面积计算，应扣除门窗洞口的面积。（　　）
4. 装饰满堂脚手架清单工程量按房间净空面积计算，不扣除附墙柱、柱所占的面积。（　　）
5. 层高 3m 的天棚抹灰应按房间净空面积计算装饰满堂脚手架清单工程量。（　　）
6. 装饰满堂脚手架清单工程量计算时不扣除附墙柱、柱所占的面积。（　　）

（三）单选题

1. 装饰外脚手架清单工程量按外墙的（　　）乘墙高以 m^2 计算，不扣除门窗洞口的面积。

A. 外边线长　　B. 中心线长　　C. 轴线长　　D. 内边线长

2. 装饰满堂脚手架清单工程量按（　　）计算，不扣除附墙柱、柱所占的面积。

A. 水平面积　　B. 实际搭设的水平投影面积

C. 房间净空面积　　D. 实际搭设的体积

3. 装饰满堂脚手架清单计价时，凡超过 3.6m、在（　　）m 以内的天棚抹灰及装饰，应按定额满堂脚手架基本层组价。

A. 4　　B. 4.5　　C. 5.2　　D. 5.5

4. 装饰内墙粉刷脚手架清单工程量按内墙的（　　）计算，不扣除门窗洞口的面积。

A. 垂直投影面积　　B. 延长米

C. 投影面积　　D. 水平面积

(四) 简答题

1. 装饰外脚手架清单工程量如何计算?
2. 装饰外脚手架综合单价如何确定?
3. 满堂脚手架清单工程量如何计算?
4. 满堂脚手架综合单价如何确定?

(五) 单元训练

1. 知识点训练

1) 装饰外脚手架清单工程量如何计算?
2) 装饰外脚手架综合单价如何确定?
3) 满堂脚手架清单工程量如何计算?
4) 满堂脚手架综合单价如何确定?
5) 垂直运输工程量如何计算?
6) 超高施工增加工程量如何计算?
7) 成品保护工程量如何计算?
8) 安全文明施工包含哪些内容?
9) 建筑物的檐口高度如何计算?
10) 建筑物的檐口高度不同时，垂直运输工程量如何计算?

2. 技能点训练

作为招标人，完成以下住宅施工图装饰脚手架工程量清单的编制。作为投标人请按某省装饰工程消耗量定额及统一基价表编制措施项目报价，(内外墙均需装饰装修)。

单元十 Chapter 10

清单计价模式下的建筑装饰工程造价

知识点

1. 清单计价模式下装饰工程造价的费用组成及说明；
2. 分部分项工程量清单综合单价及单价措施项目计算程序表；
3. 总价措施项目费计算程序表；
4. 单位工程工程费用计算程序表。

技能点

能正确确定清单计价模式下的建筑装饰工程造价。

能力目标

能结合实际建筑装饰工程施工图纸，进行实际项目建筑装饰工程清单与计价。

一、清单计价模式下装饰工程造价的费用组成及说明

1. 工程量清单指载明建设工程分部分项工程项目、措施项目、其他项目的名称和相应数量以及规费、税金项目等内容的明细清单。

2. 分部分项工程项目清单必须载明项目编码、项目名称、项目特征、计量单位和工程量。分部分项工程项目清单必须根据《建设工程工程量清单计价规范》GB 50500—2013、《房屋建筑与装饰工程工程量计算规范》GB 50854—2013、《通用安装工程工程量计算规范》GB 50856—2013、《市政工程工程量计算规范》GB 50857—2013 等国家标准规定的项目编码、项目名称、项目特征、计量单位和工程量计算规则进行编制。

3. 措施项目清单是指为完成工程项目施工，发生于该工程施工准备和施工过程中的技术、生活、安全、环境保护等方面的项目清单，包括单价措施费项目清单和总价措施费项目清单。

4. 工程量清单计价指投标人完成由招标人提供的工程量清单所需的全部费用。包括分部分项工程费、措施项目费、其他项目费和规费、税金。

5. 分部分项工程量清单计价应当根据工程量清单中分部分项工程量清单项目的特征描述及有关要求，以综合单价形式计算。

6. 工程量清单计价采用综合单价计价。综合单价是指完成一个规定计量单位的清单项目所需的人工费、材料和工程设备费、施工机具使用费和企业管理费、利润及一定范围内的风险费用。其可按《各专业工程消耗量定额及统一基价表》《费用定额》中规定的计算方法和费率计算。

7. 措施项目清单计价中单价措施项目清单按综合单价计算，可按《各专业工程消耗量定额及统一基价表》《费用定额》中规定的计算方法和费率计算；总价措施项目清单计价按《费用定额》中规定的计算方法和费率计算。

二、分部分项工程量清单综合单价及单价措施项目计算程序表

（一）一般计税方法

详见表 3-10-1。

计算表　　表 3-10-1

序号	费用项目＼计费基础		人工费	人工费＋机械费
一	人工费		Σ(工日消耗量×人工单价)	Σ(工日消耗量×人工单价)
	其中	定额人工费	Σ(工日消耗量×定额人工单价)	Σ(工日消耗量×定额人工单价)

续表

序号	计费基础 费用项目		人工费	人工费+机械费
二	材料费		Σ(材料消耗量×材料单价)	Σ(材料消耗量×材料单价)
三	施工机具使用费		Σ(机械消耗量×机械台班单价)	Σ(机械消耗量×机械台班单价)
	其中	定额机械费	Σ(机械消耗量×定额机械台班单价)	Σ(机械消耗量×定额机械台班单价)
四	企业管理费		(1)×相应费率	[(1)+(2)]×相应费率
五	利润		(1)×相应费率	[(1)+(2)]×相应费率
六	综合单价		(一)+(二)+(三)+(四)+(五)	(一)+(二)+(三)+(四)+(五)

注：1. 计取各项费用基数的“定额人工费”不含施工机具使用费中的人工费。
2. 采用“一般计税方法”：企业管理费中须包括附加税，其相应费率=企业管理费率+附加税费率。
3. 表中的材料费、机械费、企业管理费中不包括可抵扣的进项税额。
4. 机械费包括《各专业工程消耗量定额及统一基价表》中以“元”表示的其他机械费用。

（二）简易计税方法

详见表 3-10-2。

计算表　　表 3-10-2

序号	计费基础 费用项目		人工费	人工费+机械费
一	人工费		Σ(工日消耗量×人工单价)	Σ(工日消耗量×人工单价)
	其中	定额人工费	Σ(工日消耗量×定额人工单价)	Σ(工日消耗量×定额人工单价)
二	材料费		Σ(材料消耗量×材料单价)	Σ(材料消耗量×材料单价)
三	施工机具使用费		Σ(机械消耗量×机械台班单价)	Σ(机械消耗量×机械台班单价)
	其中	定额机械费	Σ(机械消耗量×定额机械台班单价)	Σ(机械消耗量×定额机械台班单价)
四	企业管理费		(1)×相应费率×1.0225	[(1)+(2)]×相应费率×1.0225
五	利润		(1)×相应费率	[(1)+(2)]×相应费率
六	综合单价		(一)+(二)+(三)+(四)+(五)	(一)+(二)+(三)+(四)+(五)

注：1. 计取各项费用基数的“定额人工费”不含施工机具使用费中的人工费。
2. 采用“简易计税方法”：企业管理费中不包括附加税，附加税统一列入税金。
3. 表中的材料费、机械费、企业管理费中包括可抵扣的进项税额。
4. 机械费包括《各专业工程消耗量定额及统一基价表》中以“元”表示的其他机械费用。

三、总价措施项目费计算程序表

（一）一般计税方法

详见表 3-10-3。

计算表　　表 3-10-3

序号	计费基础 费用项目		人工费	人工费+机械费
一	分部分项工程量清单计价合计		Σ(清单工程量×综合单价)	Σ(清单工程量×综合单价)
	其中	1. 定额人工费	Σ(工日消耗量×定额人工单价)	Σ(工日消耗量×定额人工单价)
		2. 定额机械费	Σ(机械消耗量×定额机械台班单价)	Σ(机械消耗量×定额机械台班单价)
二	单价措施项目清单计价合计		Σ施工单价措施项目费	Σ施工单价措施项目费
	其中	3. 定额人工费	Σ(工日消耗量×定额人工单价)	Σ(工日消耗量×定额人工单价)
		4. 定额机械费	Σ(机械消耗量×定额机械台班单价)	Σ(机械消耗量×定额机械台班单价)
三	总价措施项目费		[(1)+(3)]×相应费率	[(1)+(2)+(3)+(4)]×相应费率

注：1. 计取各项费用基数的“定额人工费”不含施工机具使用费中的人工费。
2. 表中的材料费、机械费、总价措施费中不包括可抵扣的进项税额。
3. 机械费包括《各专业工程消耗量定额及统一基价表》中以“元”表示的其他机械费用。

（二）简易计税方法

详见表 3-10-4。

计算表　　表 3-10-4

序号	计费基础 费用项目		人工费	人工费+机械费
一	分部分项工程量清单计价合计		Σ(清单工程量×综合单价)	Σ(清单工程量×综合单价)
	其中	1. 定额人工费	Σ(工日消耗量×定额人工单价)	Σ(工日消耗量×定额人工单价)
		2. 定额机械费	Σ(机械消耗量×定额机械台班单价)	Σ(机械消耗量×定额机械台班单价)
二	单价措施项目清单计价合计		Σ施工单价措施项目费	Σ施工单价措施项目费
	其中	3. 定额人工费	Σ(工日消耗量×定额人工单价)	Σ(工日消耗量×定额人工单价)
		4. 定额机械费	Σ(机械消耗量×定额机械台班单价)	Σ(机械消耗量×定额机械台班单价)
三	总价措施项目费		[(1)+(3)]×相应费率×1.06	[(1)+(2)+(3)+(4)]×相应费率×1.06

注：1. 计取各项费用基数的“定额人工费”不含施工机具使用费中的人工费。
2. 表中的材料费、机械费、总价措施费和企业管理费中包括可抵扣的进项税额。
3. 机械费包括《各专业工程消耗量定额及统一基价表》中以“元”表示的其他机械费用。

四、单位工程工程费用计算程序表

（一）一般计税方法

详见表 3-10-5。

计算表　　表 3-10-5

<table>
<tr><th>序号</th><th colspan="2">费用项目</th><th>计算方法</th></tr>
<tr><td rowspan="3">一</td><td colspan="2">分部分项工程量清单计价合计</td><td>Σ(分部分项清单工程量×综合单价)</td></tr>
<tr><td rowspan="2">其中</td><td>1. 定额人工费</td><td>Σ(工日消耗量×定额人工单价)</td></tr>
<tr><td>2. 定额机械费</td><td>Σ(机械消耗量×定额机械台班单价)</td></tr>
<tr><td rowspan="3">二</td><td colspan="2">单价措施项目清单计价合计</td><td>Σ(单价措施项目清单工程量×综合单价)</td></tr>
<tr><td rowspan="2">其中</td><td>3. 定额人工费</td><td>Σ(工日消耗量×定额人工单价)</td></tr>
<tr><td>4. 定额机械费</td><td>Σ(机械消耗量×定额机械台班单价)</td></tr>
<tr><td>三</td><td colspan="2">总价措施项目清单计价合计</td><td>Σ总价措施项目费</td></tr>
<tr><td>四</td><td colspan="2">其他项目清单计价合计</td><td>Σ其他项目费</td></tr>
<tr><td rowspan="3">五</td><td rowspan="3">规费</td><td>1. 社会保险费</td><td rowspan="3">[(1)+(2)+(3)+(4)]×相应费率</td></tr>
<tr><td>2. 住房公积金</td></tr>
<tr><td>3. 工程排污费</td></tr>
<tr><td>六</td><td colspan="2">税金</td><td>[(一)+(二)+(三)+(四)+(五)]×税率</td></tr>
<tr><td>七</td><td colspan="2">工程总造价</td><td>(一)+(二)+(三)+(四)+(五)+(六)</td></tr>
</table>

注：1. 计取各项费用基数的“定额人工费”不含施工机具使用费中的人工费。
2. 表中的材料费、机械费、总价措施费和企业管理费中不包括可抵扣的进项税额。
3. 机械费包括《各专业工程消耗量定额及统一基价表》中以“元”表示的其他机械费用。

（二）简易计税方法

详见表 3-10-6。

计算表　　表 3-10-6

<table>
<tr><th>序号</th><th colspan="2">费用项目</th><th>计算方法</th></tr>
<tr><td rowspan="3">一</td><td colspan="2">分部分项工程量清单计价合计</td><td>Σ(分部分项清单工程量×综合单价)</td></tr>
<tr><td rowspan="2">其中</td><td>1. 定额人工费</td><td>Σ(工日消耗量×定额人工单价)</td></tr>
<tr><td>2. 定额机械费</td><td>Σ(机械消耗量×定额机械台班单价)</td></tr>
<tr><td rowspan="3">二</td><td colspan="2">单价措施项目清单计价合计</td><td>Σ(单价措施项目清单工程量×综合单价)</td></tr>
<tr><td rowspan="2">其中</td><td>3. 定额人工费</td><td>Σ(工日消耗量×定额人工单价)</td></tr>
<tr><td>4. 定额机械费</td><td>Σ(机械消耗量×定额机械台班单价)</td></tr>
</table>

续表

序号	费用项目		计算方法
三	总价措施项目清单计价合计		∑总价措施项目费
四	其他项目清单计价合计		∑其他项目费
五	规费	3. 社会保险费	[(1)+(2)+(3)+(4)]×相应费率
		4. 住房公积金	
		5. 工程排污费	
六	税金		[(一)+(二)+(三)+(四)+(五)]×(征收率+附加税)
七	工程总造价		(一)+(二)+(三)+(四)+(五)+(六)

注：1. 计取各项费用基数的“定额人工费”不含施工机具使用费中的人工费。

2. 表中的材料费、机械费、总价措施费和企业管理费中包括可抵扣的进项税额。

3. 机械费包括《各专业工程消耗量定额及统一基价表》中以“元”表示的其他机械费用。

建筑工程费项目组成见图 3-10-1。

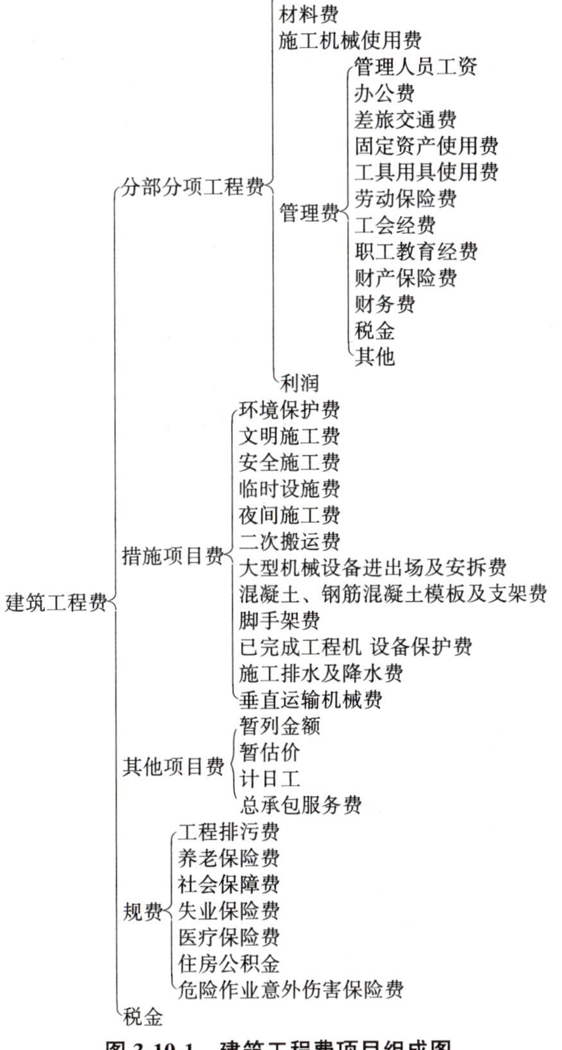

图 3-10-1　建筑工程费项目组成图

五、复习思考题

（一）填空题

1. 工程量清单计价的费用由（　　　　）、措施项目费、（　　　　）、规费、（　　　　）组成。

2. 分部分项工程费是指完成形成工程实体的各分部分项工程所需要的人工费、材料费、施工机械使用费、管理费和利润，并考虑（　　　　）的费用。分部分项工程费采用（　　　　）计价。

3. 他项目费包括（　　　　）、暂估价、（　　　　）、总承包服务费。

4. 总承包服务费是指（　　　）人为配合协调（　　　）进行的工程分包自行采购的设备、材料等进行管理、服务以及施工现场管理、竣工资料汇总整理等服务所需的费用。

5. （　　　　）是指在施工过程中，完成发包人提出的施工图纸以外的零星项目或工作，按合同中约定的综合单价计价。

6. 暂估价是指（　　　　）在工程量清单中提供的用于支付必然发生但暂时不能确定价格的材料的单价及专业工程的金额，包括（　　　　），（　　　　）。

7. （　　　　）是指招标人在工程量清单中暂定并包括在合同价款中的一笔款项。

8. 暂列金额用于施工合同签订时尚未确定或者（　　　　）、设备、服务的采购，施工中可能发生的（　　　　）、合同约定调整因素出现时的工程价款调整以及发生的（　　　　）、（　　　　）等的费用。

9. 施工机械使用费是指使用（　　　　）所发生的费用，具体包含的内容同定额计价费用所述。

10. 人工费是指（　　　　）施工的生产工人开支的各项费用，具体包含的内容同定额计价费用所述。

（二）简答题

1. 简述建筑安装工程费用构成（清单计价）。
2. 简述定额计价费用和工程量清单计价费用的区别。
3. 建筑工程清单计价程序与方法是什么（举例说明）？
4. 简述分部分项工程费的构成。
5. 简述其他项目费用的构成及计算。

（三）单元训练

1. 简述建筑安装工程费用构成。
2. 简述定额计价费用和工程量清单计价费用的区别。
3. 建筑工程计价程序与方法是什么？

单元十一 Chapter 11

清单报价书评价展示、资料整理归档

知识点

1. 建筑装饰工程清单计价报价书的组成；
2. 建筑装饰工程清单计价报价书的编制内容。

技能点

1. 能正确进行清单报价说明编制；
2. 能正确、规范的装订清单报价书。

能力目标

能用计算机编制或手写的方式，完成清单报价说明、目录、计算书等编制任务。

一、建筑装饰工程清单计价报价书的组成

根据《建设工程工程量清单计价规范》GB 50500—2013 中的要求，工程量清单计价成果文件应采用统一格式，封面、表格等应满足工程计价的需要并方便使用。工程量清单计价成果文件主要分为招标清单、招标控制价、投标报价、竣工结算、工程造价鉴定意见书五类。各类成果文件应包封面、扉页、总说明、工程项目（单项、单位）工程招标工程量清单、招标控制价（投标报价）汇总表、分部分项工程和单价措施项目清单与计价表、总价措施项目清单与计价表、其他项目清单与计价汇总表［含暂列金额明细表、材料（设备）暂估价汇总表、计日工表、总承包服务费计价表］、规费、税金项目计价表等，本节主要介绍各种成果文件封面、扉页、表格等内容。

二、建筑装饰工程清单计价报价书的编制内容

1. 封面、扉页：封面应按规定的内容填写、签字、盖章，建筑装饰工程量清单计价投标报价书应由造价员或造价工程师签字、盖章以及编制单位盖章。

招标工程量清单：封面一、扉页一；招标控制价：封面二、扉页二；投标报价：封面三、扉页三；竣工结算成果文件：封面四、扉页四；工程造价鉴定意见书：封面五、扉页五。

2. 总说明：表 01，应包括的主要内容：

（1）工程概况：建设规模、工程特征、计划周期、施工现场实际情况、自然地理条件、环境保护要求等；

（2）工程招标和分包范围；

（3）工程报价的编制依据；

（4）其他需要说明的问题。

3. 各种表格：根据招标文件的要求，依次装订工程项目（单项、单位）工程报价汇总表、分部分项工程和单价措施项目清单与计价表、总价措施项目清单与计价表、其他项目清单与计价汇总表［含暂列金额明细表、材料（设备）暂估价汇总表、计日工表、总承包服务费计价表］、规费、税金项目计价表等表格。

4. 装订成册，整理归档。

三、计价表格的组成

1. 封面：

(1) 工程量清单　封-1；
(2) 招标控制价　封-2；
(3) 投标总价　封-3；
(4) 竣工结算总价　封-4。
2. 总说明：表-01。
3. 汇总表：
(1) 工程项目招标控制价（投标报价）汇总表：表-02；
(2) 单项工程招标控制价（投标报价）汇总表：表-03；
(3) 单位工程招标控制价（投标报价）汇总表：表-04；
(4) 工程项目竣工结算汇总表：表-05；
(5) 单项工程竣工结算汇总表：表-06；
(6) 单位工程竣工结算汇总表：表-07。
4. 分部分项工程量清单表：
(1) 分部分项工程量清单与计价表：表-08；
(2) 工程量清单综合单价分析表：表-09。
5. 措施项目清单表：
(1) 措施项目清单与计价表（一）：表-10；
(2) 措施项目清单与计价表（二）：表-11。
6. 其他项目清单表：
(1) 其他项目清单与计价汇总表：表-12；
(2) 暂列金额明细表：表-12-1；
(3) 材料（工程设备）暂估单价表：表-12-2；
(4) 专业工程暂估价表：表-12-3；
(5) 计日工表：表-12-4；
(6) 总承包服务费计价表：表-12-5；
(7) 索赔与现场签证计价汇总表：表-12-6；
(8) 费用索赔申请（核准）表：表-12-7；
(9) 现场签证表：表-12-8。
7. 规费、税金项目清单与计价表：表-13。
8. 工程款支付申请（核准）表：表-14。

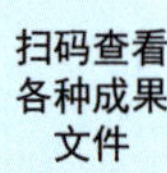

四、复习思考题

（一）填空题

1. 清单报价书封面应按规定的内容填写、签字、盖章，建筑装饰工程量清单计价投标报价书应由（　　　　）或（　　　　）签字、盖章以及编制单位盖章。

2. 根据招标文件的要求，依次装订（　　　　　）、（　　　　　）、（　　　　　）、（　　　　　）、（　　　　　）、（　　　　　）等表格。

3. 其他项目清单与计价汇总表包括：（　　　　　）、（　　　　　）、（　　　　　）、（　　　　　）。

（二）简答题

1. 工程量清单计价成果文件主要有哪些？
2. 清单报价说明的主要内容有哪些？

（三）单元训练

1. 知识点训练

（1）建筑装饰工程清单计价报价书由哪些内容组成的？

（2）清单报价说明的主要内容有哪些？

2. 技能点训练

请完成实际工程的清单报价封面、报价说明的填写并装订成册、归档。

工程造价软件

知识领域四

单元 Chapter

工程造价软件的应用

知识点

1. 工程造价软件概述；
2. 工程造价软件的类型；
3. 工程造价软件在建筑装饰工程计量与计价中的应用。

技能点

能熟练地使用工程造价软件。

能力目标

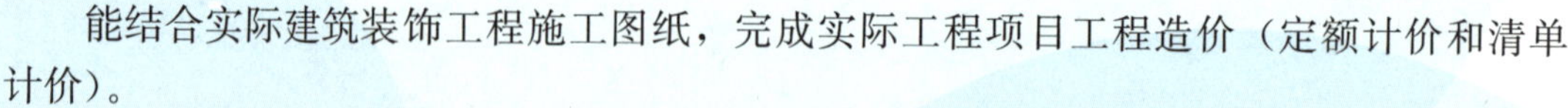

能结合实际建筑装饰工程施工图纸，完成实际工程项目工程造价（定额计价和清单计价）。

一、工程造价软件概述

随着社会的快速发展，我国建筑企业之间的竞争日益激烈，工程造价控制在企业竞争中所起的作用越来越大。严格、快速完成工程造价，并合理控制造价已经成为当今建筑施工企业的必然选择，软件的使用更是提升速度的一大方法。

BIM是指创建并利用数字技术对建设工程项目的设计、建造和运营全过程进行管理和优化的过程、方法和技术。其以三维数字技术为基础，以三维模型所形成的数据库为核心，不仅包含了各个专业设计师们的专业设计理念，而且还容纳了从设计到施工乃至建成使用和最终拆除的全过程信息，集成了工程图形模型、工程数据模型以及和管理有关的行为模型；是基于参数化设计的，是一个面向对象的、参数化、智能化的建筑物的数字化表示，支持建设工程中的各种运算，且包含的工程信息都是相互关联的。

对于装饰工程造价而言，软件的使用简化了造价人员的工作量，减少了重复计算的工作内容。

二、工程造价软件的类型

目前可使用的软件很多，常用的绘图软件有CAD和天正；常用的建模算量软件有广联达、智多星、鲁班和斯维尔；常用的计价软件有神机妙算，广联达云计价GCCP6.0。

三、工程造价软件在建筑装饰工程计量与计价中的应用

（一）广联达BIM装饰计量软件DecoCost 2021简介

广联达BIM装饰计量软件DecoCost 2021是国内一款精装修算量软件，主要针对大型公共建筑装饰工程计算精装修项目的工程量，可以处理一些简单的园林、外装工程，也可以解决招标投标、过程提量、结算对量过程中出现的问题。

（二）广联达BIM装饰计量软件DecoCost 2021算量软件流程（图4-1-1）

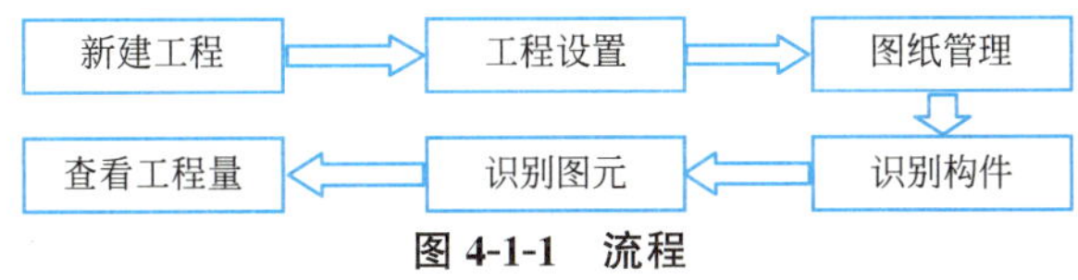

图4-1-1　流程

（三）广联达 BIM 装饰计量软件 DecoCost 2021 功能应用

以江西建设职业技术学院建筑工程专业技能实训中心二层室内装饰工程为例：

1. 双击广联达 BIM 装饰计量软件 DecoCost 2021 图标进入开始界面（图 4-1-2）。

2. 新建工程。点击“新建工程”到新建工程界面，输入工程名称并选择清单库和定额库（图 4-1-3）再点击“确定”。

注意事项：（1）清单库和定额库如果选错了是改不了的。

（2）如果电脑上没有清单库和定额库则打不开选择了清单定额库的工程文件。

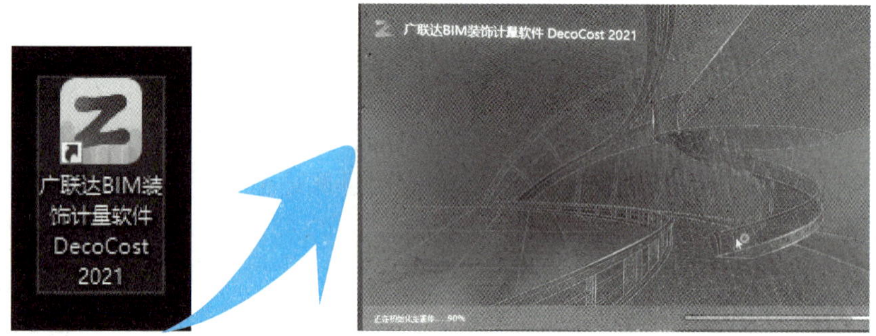

图 4-1-2　点击工程图标

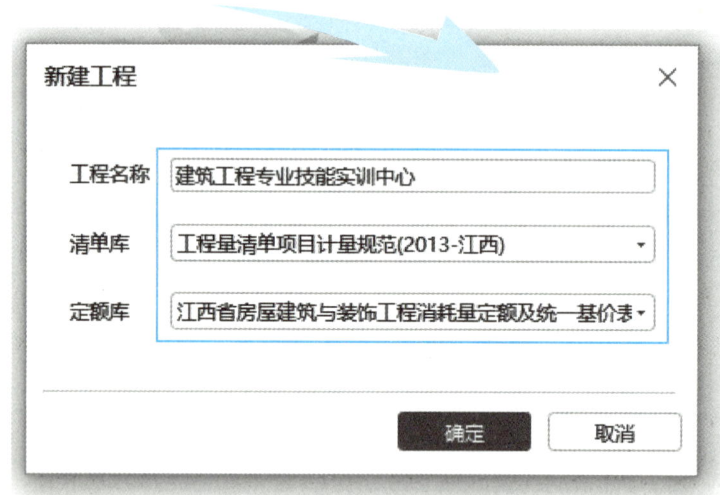

图 4-1-3　新建工程

3. 工程设置。这个环节分为两个部分：工程信息和楼层设置。点击“工程信息”进入编辑界面，根据个人需要按照图纸设计说明进行填写，前三项在上一个步骤已完成。楼层信息完成后关闭，再单击“楼层设置”按钮进入楼层的建立。楼层的设置要注意楼层的插入，光标选在首层上，单击“插入楼层”按钮可插入楼上部分，光标选在“基础层”可插入地下部分（图 4-1-4）。

4. 图纸管理。单击“添加图纸”，然后选中要添加的图纸。注意：图纸可以单张添加

工程信息

	属性名称	属性值
1	⊟ 工程信息	
2	工程名称	建筑工程专业技能实训中心
3	清单库	工程量清单项目计量规范(2013-江西)
4	定额库	江西省房屋建筑与装饰工程消耗量定额及统一基价表(2017)
5	项目代码	
6	工程类别	住宅
7	结构类型	框架结构
8	基础形式	条形基础
9	建筑特征	矩形
10	地下层数(层)	
11	地上层数(层)	
12	建筑面积(m2)	
13	⊟ 编制信息	
14	建设单位	
15	设计单位	
16	施工单位	
17	编制单位	
18	编制日期	2022-10-05
19	编制人	
20	编制人证号	
21	审核人	
22	审核人证号	

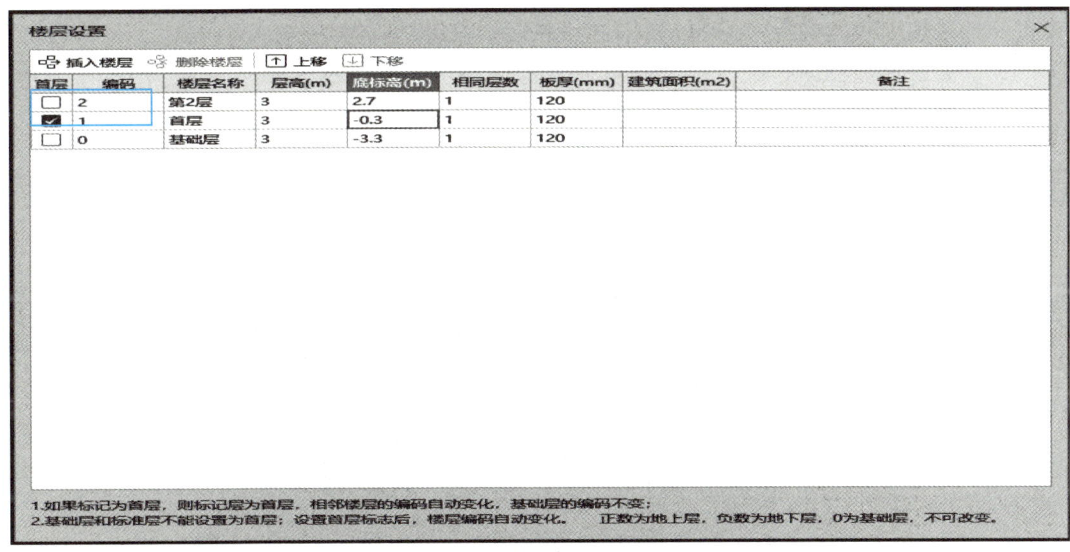

楼层设置

插入楼层　删除楼层　上移　下移

首层	编码	楼层名称	层高(m)	底标高(m)	相同层数	板厚(mm)	建筑面积(m2)	备注
☐	2	第2层	3	2.7	1	120		
☑	1	首层	3	-0.3	1	120		
☐	0	基础层	3	-3.3	1	120		

1.如果标记为首层，则标记层为首层，相邻楼层的编码自动变化，基础层的编码不变；
2.基础层和标准层不能设置为首层；设置首层标志后，楼层编码自动变化。　正数为地上层，负数为地下层，0为基础层，不可改变。

图 4-1-4　工程设置

也可以多张同时添加。可以添加 PDF 格式也可以添加 CAD 格式（图 4-1-5）。同时还可根据实际工程图纸选择添加模型或布局。导入图纸后如果图纸的比例与软件默认不一样，可通过“设置比例”对其调整，“设置比例”可以一次性调整全部导入的图纸比例，操作简单快速。设置好比例后，要对此工程进行保存，单击“保存”按钮，选择工程保存的路径，如桌面，这时发现桌面会生成两个文件，一个是工程文件，另一个是与工程同名的存放图样的文件夹。一定要保存好这两个文件，这样下次打开工程文件时可不用再重复导入图样。

5. 识别构件：单击“识别构件”，一次只能识别一个构件，适用于多个文本的情况。

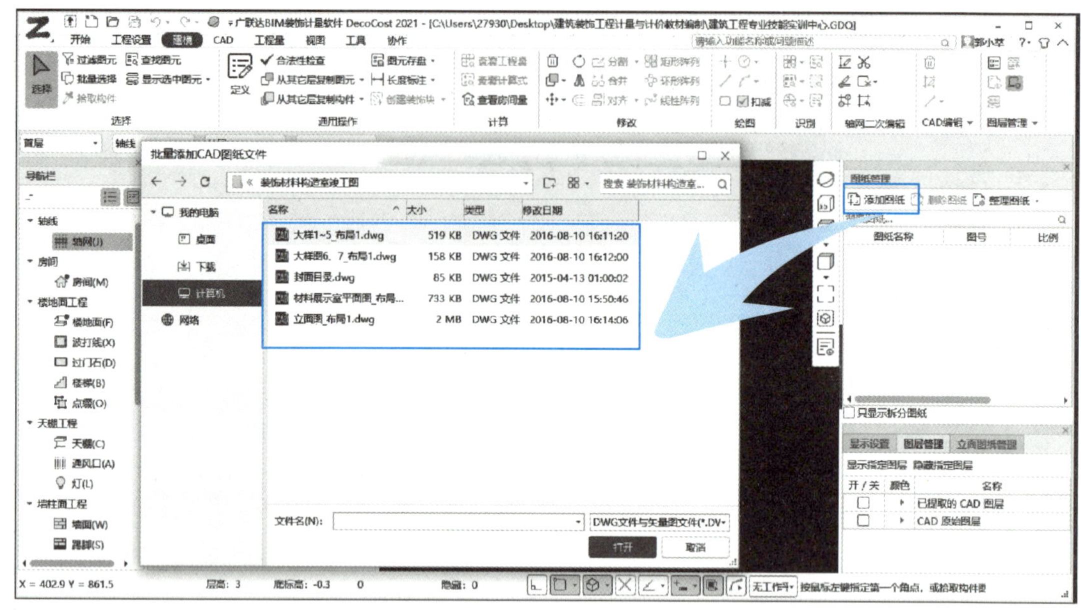

图 4-1-5　图纸管理

单击“批量识别构件”，一次可以识别多个构件，适用于一次识别多个单文本构件名称，可以点选或者框选材质名称，选中的材质名称就会进入构件列表中。识别完构件，CAD中字体的颜色会变成深绿色，说明识别成功。以楼地面为例（图 4-1-6）。

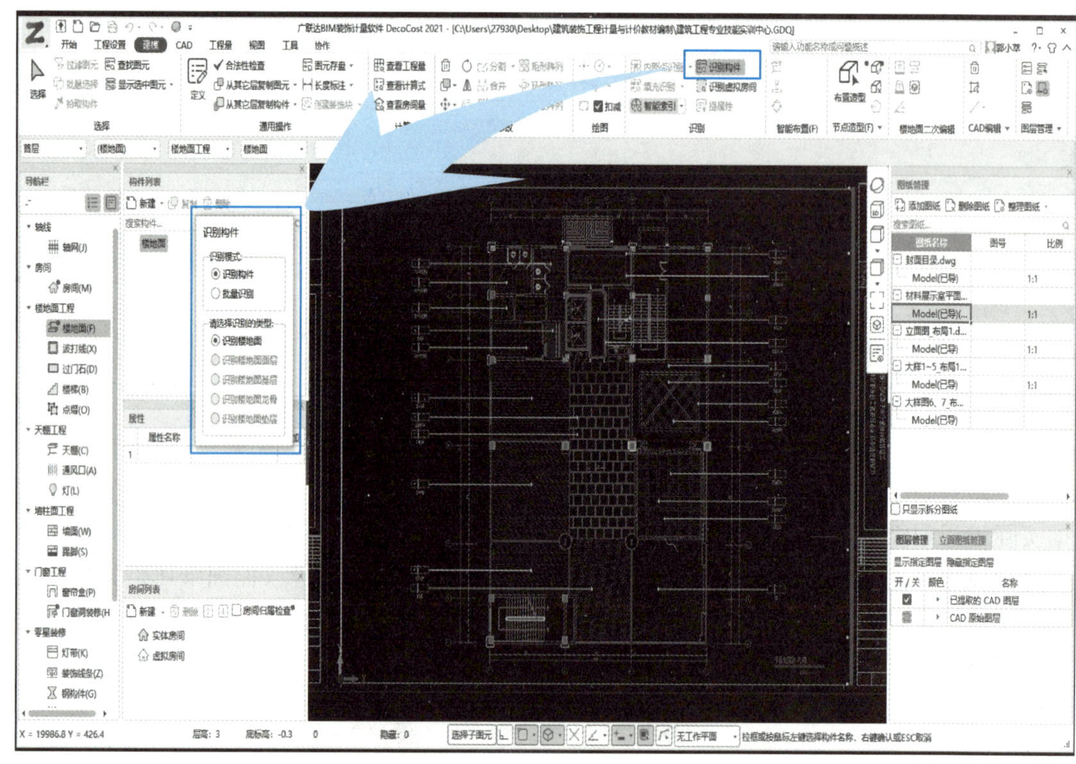

图 4-1-6　楼地面工程计量（一）

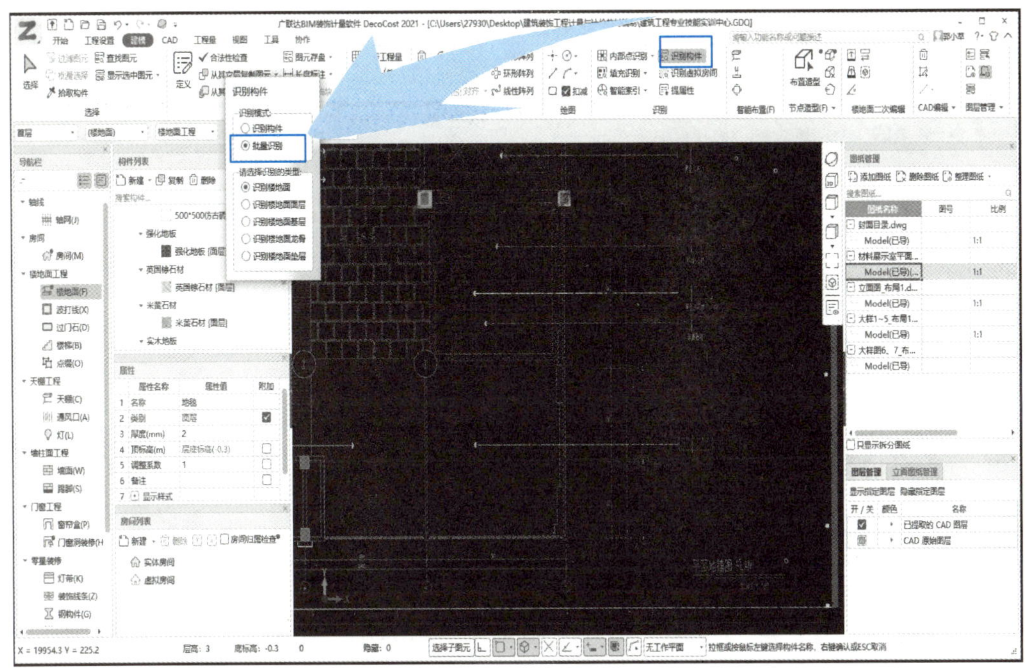

图 4-1-6　楼地面工程计量（二）

6. 识别图元。首先在“构件列表”中选择要算量的材质名称，如地毯。对于这种封闭的 CAD 线区域，直接单击“内部点识别”按钮，然后把鼠标移动到绘图区该材质对应的区域，可以看到鼠标周围会生成一个白框，如果是要识别的区域，直接单击鼠标左键就可以看到在相应位置生成了一个图元，很直观。“填充识别”适用于有 CAD 填充的区域，单击“填充识别”按钮再将鼠标移动到需要识别的区域，左键选择右键确认。“Shift＋左键”：一键选中同图层多片填充，适用于同一图纸中不同区域相同材质批量识别（图 4-1-7）。

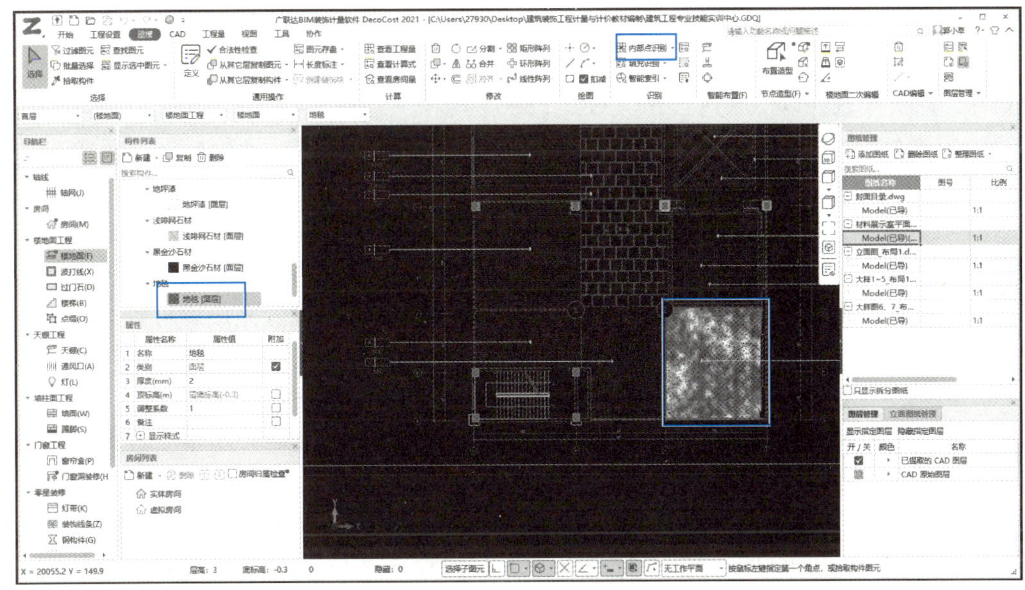

图 4-1-7　内部点识别

7. 查看工程量及计算式：选中单个图元或者批量选择多个图元，然后单击“查看工程量”或“查看计算式”按钮即可（图 4-1-8）。

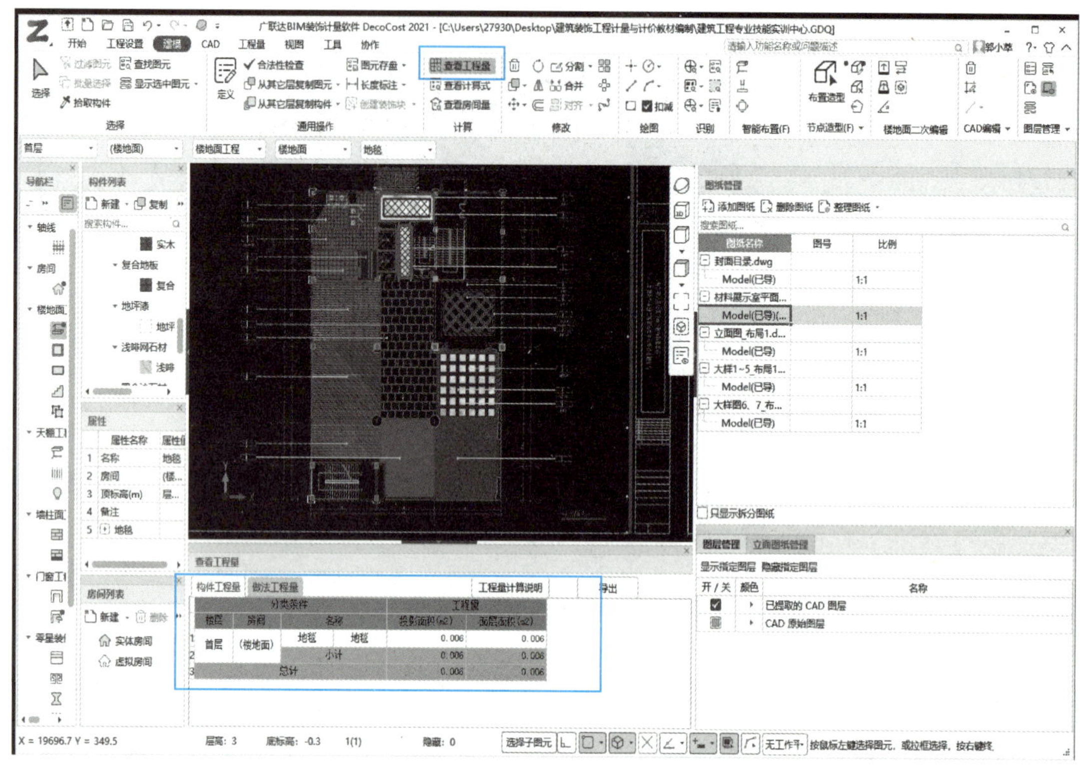

图 4-1-8 查看工程量

（四）计价软件

计价软件主要是将工程量通过软件进行换算、套价和取费后形成以“元”为单位的一种软件。计价类软件以广联达云计价 GCCP6.0 为例：

1. 双击软件图标，开启软件。选择相应的模板和选择项目的计价标准然后单击“立即新建”按钮（图 4-1-9）。

2. 项目信息：进入广联达软件“新建工程”下面的操作页面中，在左侧有在建项目下的单项工程和单项工程下的单位工程，在右侧输入相关的项目信息，红字带＊号信息是必填项。也可以单击“导入导出”把做好的计量文件导进来。设置完成后可以进入下一个页面，完成价格信息设定、公共变量设定以及动态费率的设置（图 4-1-10）。

3. 清单定额措施：清单定额的设置是整个软件操作内容耗时最长的工作，在这个步骤中需要将计量出来的工程量按照定额或者清单子目进行逐行编辑，单击“查询”按钮会出现查询界面，有清单指引、清单和定额的项目库，点开清单指引找到需要的子目通过双击完成子目添加。在右侧会出现清单下相应的定额，双击确定即可，或者直接点开定额库，双击相应的定额子目进行添加。当需要进行换算时，在界面的下侧，有相应的对话框，可以进行项目的各项换算。输入完成后进行清单整理（图 4-1-11）。

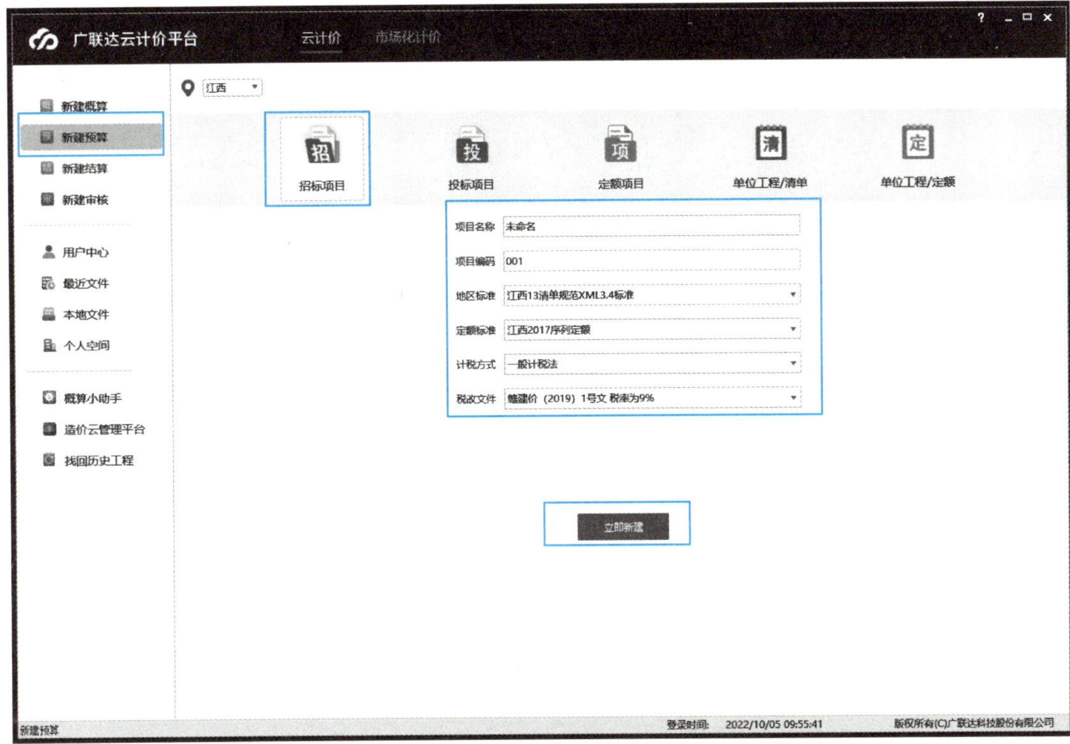

图 4-1-9　开始工程

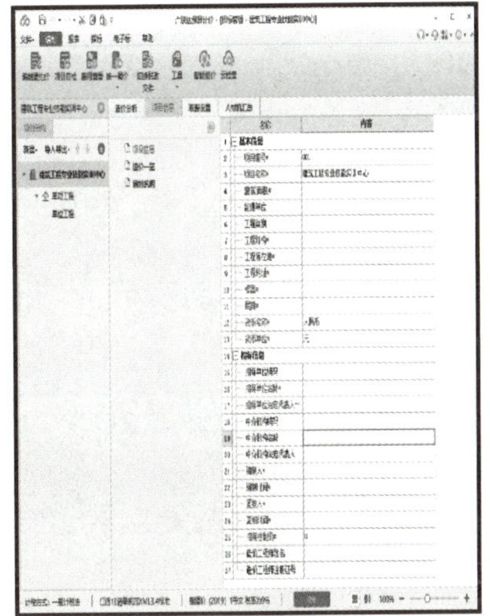

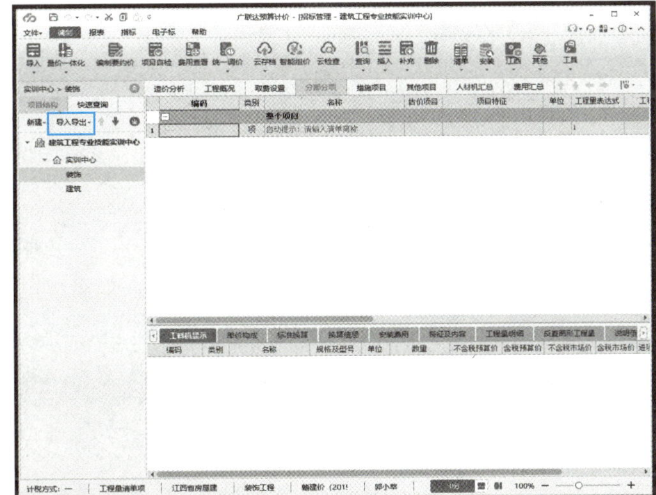

图 4-1-10　项目信息录入

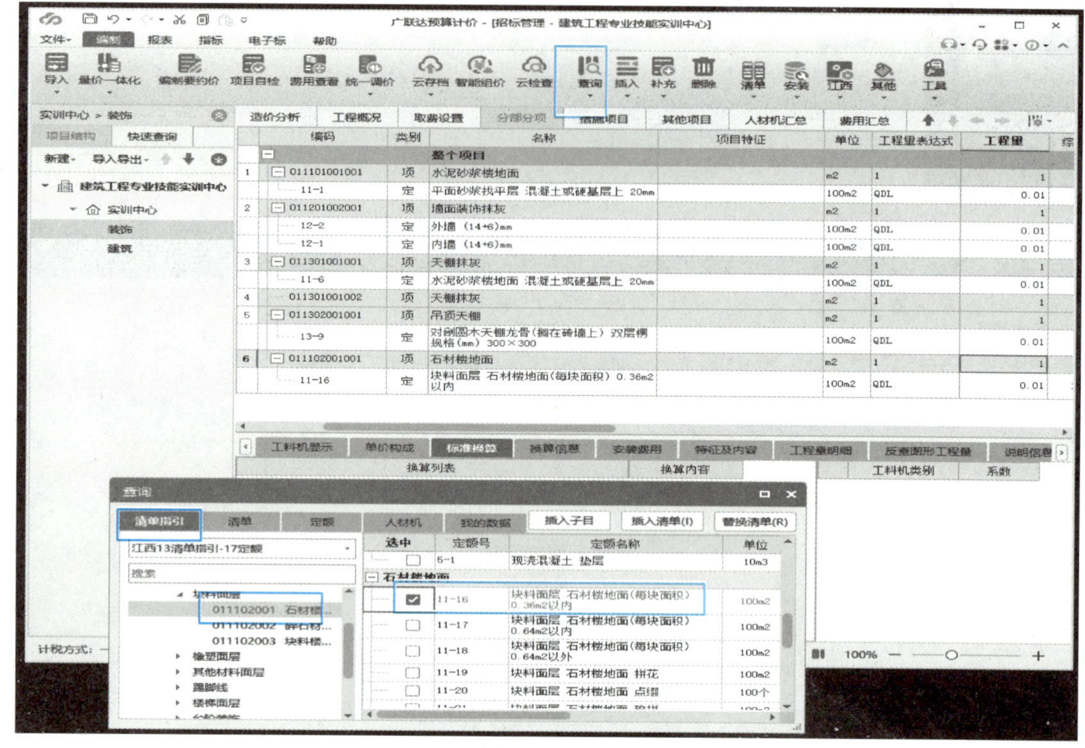

图 4-1-11　清单定额编辑

4. 整理清单。单击“整理清单”下拉有分部整理和清单排序两个选择。在弹出的“分部整理”对话框中勾选“需要章分部标题”，单击确定按钮软件会按照计价规范的章节编排增加分部行，并建立分部行和清单行的分部关系（图 4-1-12）。

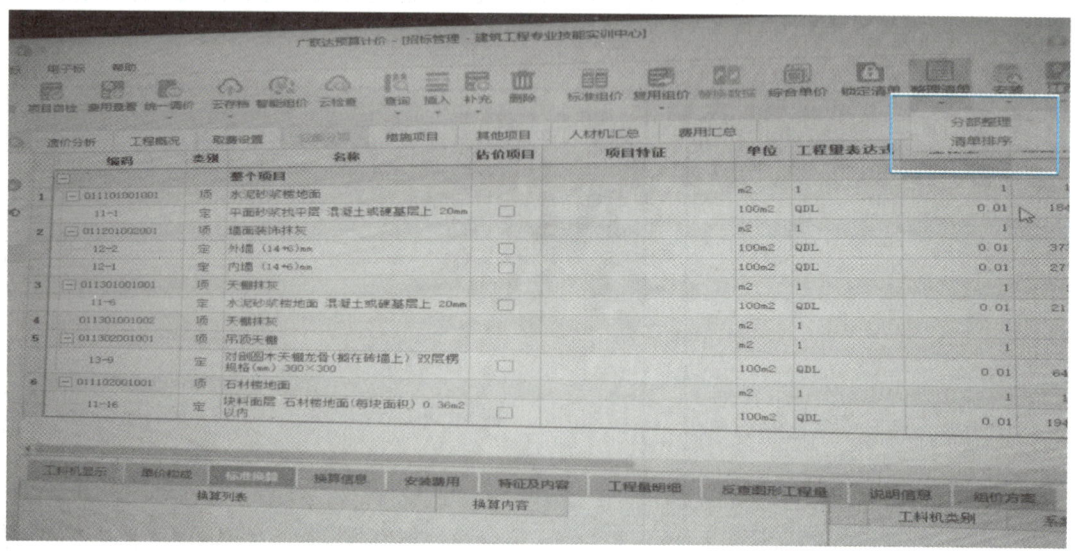

图 4-1-12　整理清单（一）

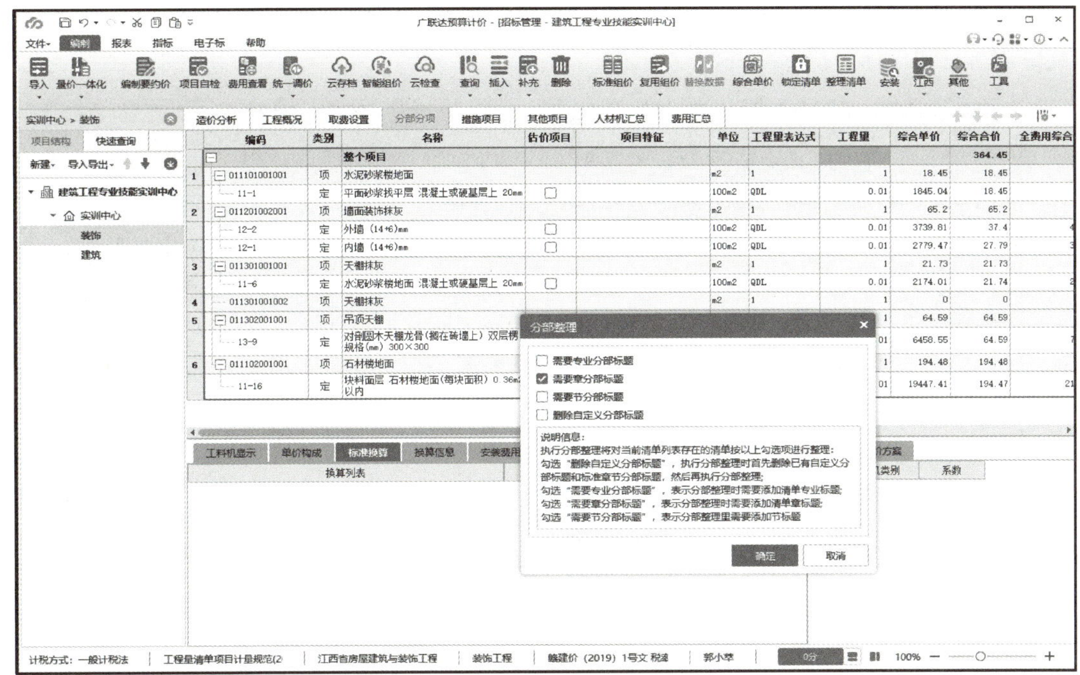

图 4-1-12　整理清单（二）

5. 主要材料和价差：价差的调整是在人材机汇总界面下，按照与项目相关的资料文件进行市场价调整。单击“人材机汇总”按钮，在含税市场价一列直接点击“进行调整”（见图 4-1-13）。

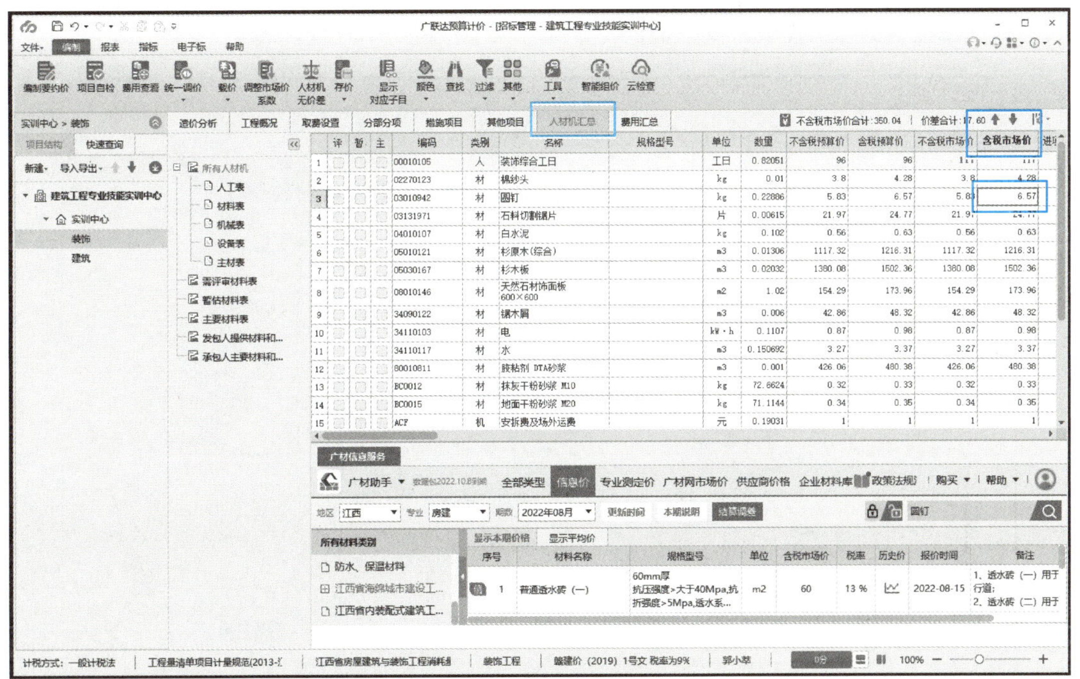

图 4-1-13　价差调整

6. 费用汇总：完成相应设置之后单击“费用汇总”按钮，进入单项工程造价、规费及税金项目和投标报价逐一查阅（图 4-1-14）。

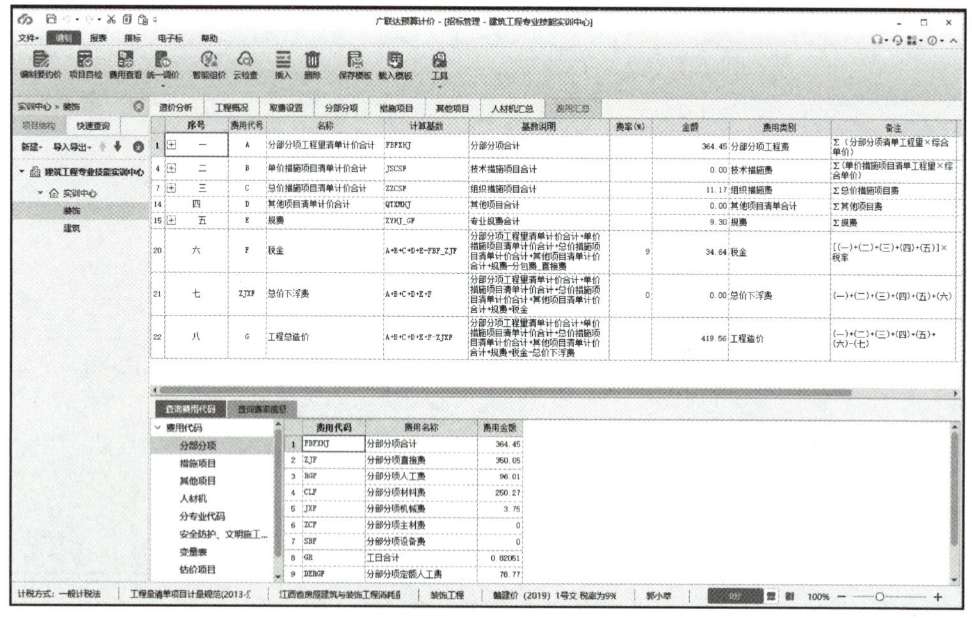

图 4-1-14　费用汇总

7. 报表输出：单击“报表”弹出预览整个项目报表框，报表可以单张也可以批量导出，导出的报表可以是 Excel 和 PDF 格式，单击“批量导出 Excel”按钮在弹出的对话框中勾选需要导出的报表，点击“导出选择表”输入文件名按“确定”即可。这其中包括制作工程项目招标投标控制价，工程项目投标报价，分部分项工程量清单与计价表等（图 4-1-15）。

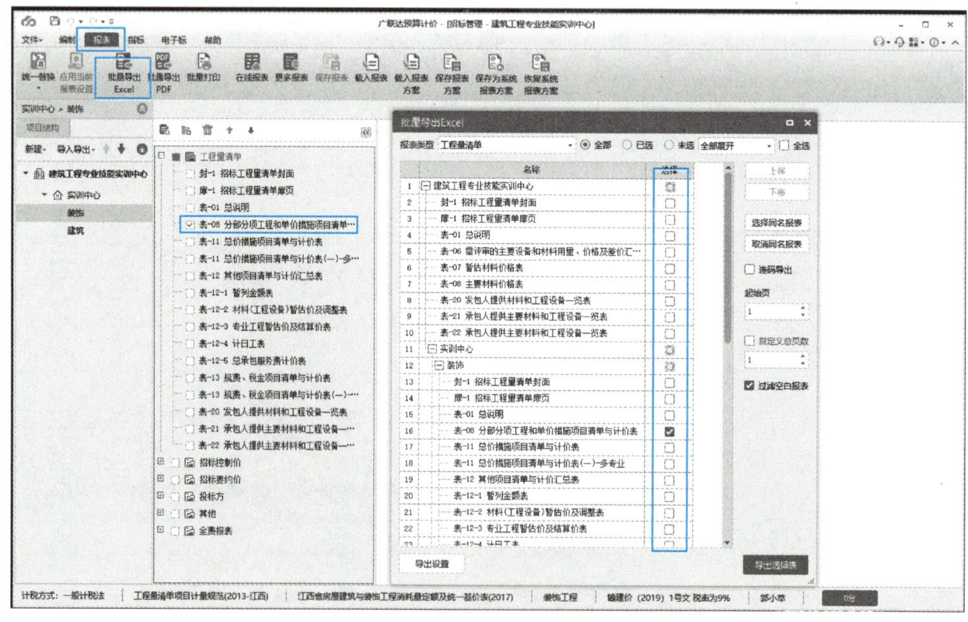

图 4-1-15　报表输出

建筑装饰工程造价全过程工作

知识领域五

扫码阅读

参考文献

1. 杜晓玲．建筑工程计量与计价［M］．南昌：江西教育出版社，2015.
2. 肖毓珍．工程量清单计价［M］．武汉：武汉大学出版社，2014.
3. 赵勤贤．装饰工程计量与计价（第三版）［M］．大连：大连理工大学出版社，2014.